JN234336

白熱電灯

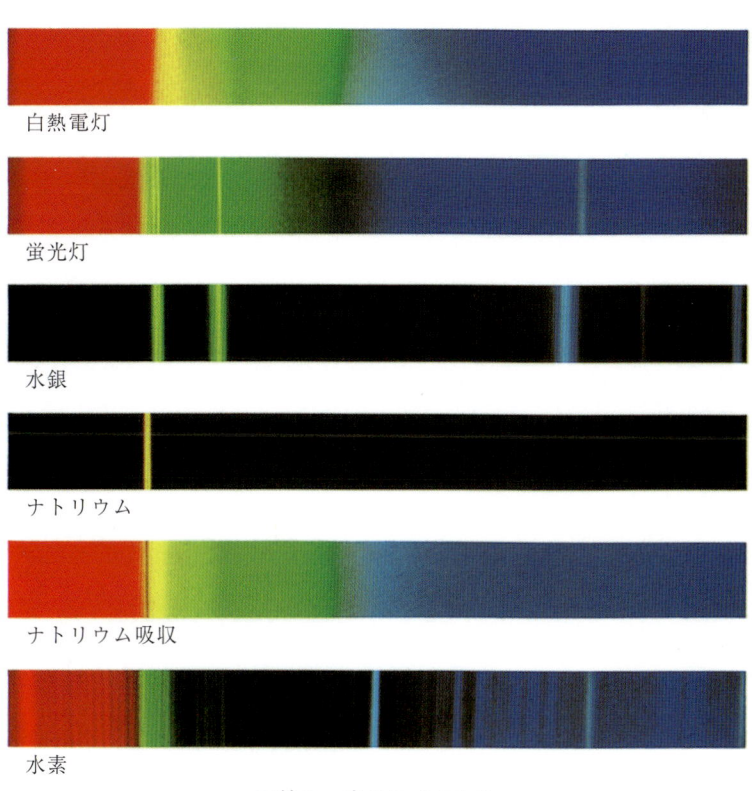

蛍光灯

水銀

ナトリウム

ナトリウム吸収

水素

口絵1　光のスペクトル

口絵2　磁界によって曲げられた電子線（4.3.3(d)項参照）

やさしく学べる基礎物理［新装版］　口絵

やさしく学べる
基礎物理

基礎物理教育研究会 編

新装版

森北出版株式会社

● 本書のサポート情報を当社Webサイトに掲載する場合があります．下記のURLにアクセスし，サポートの案内をご覧ください．

https://www.morikita.co.jp/support/

● 本書の内容に関するご質問は，森北出版 出版部「(書名を明記)」係宛に書面にて，もしくは下記のe-mailアドレスまでお願いします．なお，電話でのご質問には応じかねますので，あらかじめご了承ください．

editor@morikita.co.jp

● 本書により得られた情報の使用から生じるいかなる損害についても，当社および本書の著者は責任を負わないものとします．

■ 本書に記載している製品名，商標および登録商標は，各権利者に帰属します．

■ 本書を無断で複写複製（電子化を含む）することは，著作権法上での例外を除き，禁じられています．複写される場合は，そのつど事前に（一社）出版者著作権管理機構（電話03-5244-5088, FAX03-5244-5089, e-mail：info@jcopy.or.jp）の許諾を得てください．また本書を代行業者等の第三者に依頼してスキャンやデジタル化することは，たとえ個人や家庭内での利用であっても一切認められておりません．

まえがき

　国木田独歩，といっても明治後半の旧い作家です．若い人にはなじみが薄いかもしれません．その独歩の代表作の一つに『牛肉と馬鈴薯』という作品があります．
　東京新橋のある倶楽部の灯火のもとに，当時の少壮気鋭の紳士が集まって語り合っています．そのうち，牛肉と馬鈴薯のどちらを選ぶか，話が弾みます．牛肉は現実主義，つまり富貴栄達の象徴です．馬鈴薯は理想主義，志を高くもった清貧の象徴です．この分け方も明治という創世記の息吹を感じます．
　はじめから，片隅で一人の作家が沈黙を続けています．かれが何を考えているのか，紳士たちは待ちきれなくなって，しきりに，この作家に発言をうながします．すると作家は思いもよらぬ，不思議な願いを情熱を込めて告白します．
　「吃驚(びっくり)したいといふのが僕の願なんです」「宇宙の不思議を知りたいといふ願ではない，不思議なる宇宙を驚きたいといふ願です！」
　この答えに一同あ然とします．しかし，現在の高度情報化社会では，私たちはこの素朴な作家の「びっくりする心」を失いがちではないでしょうか．
　たとえば，煙はなぜ立ち昇るか，火はなぜ燃えるか，ものはなぜ落下するか，夕日はなぜ赤くみえるか，私たちの身辺の現象には，なぜと問いかけられると説明に苦しむことが多くあります．
　それにつけても，最近の若者の「理科離れ」がこの「びっくりする心」を失った結果であるとすると，深刻どころかこの国の病弊ではないでしょうか．
　唐突に話を変えます．NHKにクローズアップ現代という番組があることをご存じでしょう．2000年10月12日，「ニュートリノに質量があった」という番組が放映されました．ニュートリノ検出装置のスーパーカミオカンデを背景にして，国谷裕子キャスターと評論家の立花　隆の対話をまじえて印象的な好番組でした．それにもまして びっくりしたのは，ガウンをまとったクリントン米国大統領が「日本でニュートリノに質量があることが発見された」と2回にわたって演説したことでした．
　わが国の政界・官界の有力者がクリントンに似た発言をしたことを聞いたことがあるでしょうか．どうやら理科離れは若者だけではないようです．

　まえおきが長くなりました．
　これらの弊害を少しでも防ぐために，この本は，高校で物理の単位を取らなかった

とか，学習に不足を感じている大学生のための教科書および参考書として編集しました．

多くの大学および高専の教員の協力を得て以下のことに重点をおきました．

① 物理を初めて学ぶ学生にも理解できるよう，微積分を使わずに平易に記述しました．
② 実際の講義や学習に便利なように，節の内容や順序を工夫しました．
③ 小さな"問"を充実させ，学習の効果が上がるように配慮をしました．
④ SI単位がますます普及する傾向にあるので，積極的にSI単位を採用しました．

執筆者が互いに担当以外の原稿を査読し，相互の批判を積み重ね，内容をできるだけ共通性の高いものにするよう努力しました．

しかし，不十分なところもなお残っていると考えられます．隔意のないご意見やご叱正をいただければ幸いです．

2000年10月

基礎物理教育研究会
代表　小暮陽三

新装版の刊行にあたって

このたびの新装版では，初版の企画方針を保ちつつ，古い記述の見直しや各種のデータの更新を行い，読みやすい教科書となるようにレイアウトを一新しました．

また，一部に重力単位で記述されている部分がありましたが，新装版の刊行にあわせてSI単位系に統一しました．

2012年5月

出版部

目　　次

第 1 章　力と運動

1.1 運　動 ··· 1
 1.1.1 速　さ　1　　　　　　　　1.1.2 速　度　3
 1.1.3 等加速度直線運動　7
 問　題　1.1 ·· 12
1.2 力 ·· 12
 1.2.1 力の大きさ　12　　　　　　1.2.2 1 点に作用する力のつり合い　14
1.3 運動の法則 ·· 16
 1.3.1 運動の第 1 法則（慣性の法則）　16
 1.3.2 運動の第 2 法則（運動方程式）　17　　1.3.3 重　力　18
 1.3.4 運動の第 3 法則（作用・反作用の法則）　18
 1.3.5 運動方程式のつくり方　19
 問　題　1.2 ·· 21
1.4 運動量と力積 ··· 21
 1.4.1 運動量と力積　21　　　　　1.4.2 運動量保存の法則　22
 1.4.3 反発係数　24　　　　　　　1.4.4 次　元　24
 問　題　1.3 ·· 25
1.5 力学的エネルギー ·· 26
 1.5.1 仕　事　26　　　　　　　　1.5.2 運動エネルギー　28
 1.5.3 位置エネルギー　28　　　　1.5.4 力学的エネルギーの保存の法則　29
 問　題　1.4 ·· 31
1.6 いろいろな運動 ··· 32
 1.6.1 水平方向に投げ出した物体の運動　32
 1.6.2 摩擦力がはたらく場合の運動　35
 1.6.3 斜面上にある物体の運動　37　　1.6.4 等速円運動　38
 1.6.5 慣性力　40　　　　　　　　1.6.6 惑星の運動　41
 1.6.7 単振動　44
 問　題　1.5 ·· 48
1.7 剛体や流体にはたらく力のつり合い ··· 49
 1.7.1 剛体にはたらく力　49　　　1.7.2 剛体のつり合いの条件　52
 1.7.3 静止した流体　54
 問　題　1.6 ·· 57
練習問題 1 ·· 58

第 2 章　温度と熱

2.1 温度と熱膨張 ··· 60
 2.1.1 温　度　60　　　　　　　　2.1.2 固体・液体の熱膨張　61
2.2 熱　量 ·· 63
 2.2.1 熱容量・比熱　63　　　　　2.2.2 固体の比熱の測定　65
 2.2.3 融解熱と気化熱　66

2.3	熱と仕事	68
2.4	気体法則	69
	2.4.1 ボイルの法則　69　　2.4.2 シャルルの法則　70	
	2.4.3 ボイル-シャルルの法則　71	
2.5	気体の分子運動	73
2.6	エネルギー保存の法則	75
	2.6.1 内部エネルギー　75　　2.6.2 熱力学の第1法則　76	
	2.6.3 気体の比熱　78　　2.6.4 熱機関と効率　80	
練習問題 2		82

第3章　波と光

3.1	波	83
	3.1.1 波源と媒質　83　　3.1.2 波長, 振動数と波の速さ　83	
	3.1.3 横波と縦波　84　　3.1.4 正弦波　86	
	3.1.5 弦を伝わる横波（弦の波の速さ）　87	
3.2	波の重ね合わせ	87
	3.2.1 重ね合わせの原理と波の独立性　87　　3.2.2 波の干渉　88	
	3.2.3 反射による位相の変化　89　　3.2.4 定常波　91	
	3.2.5 弦に生じる定常波　92	
3.3	波の伝わり方	93
	3.3.1 回　折　93　　3.3.2 ホイヘンスの原理　93	
	3.3.3 反射の法則　94　　3.3.4 屈折の法則　95	
	3.3.5 ドップラー効果　96	
3.4	音　波	98
	3.4.1 音の三要素　98　　3.4.2 音の速さ　101	
	3.4.3 共　鳴　102　　3.4.4 うなり　103	
	問　題　3.1	104
3.5	光	105
3.6	光速度	105
3.7	光の反射と屈折	106
	3.7.1 反射と屈折　106　　3.7.2 プリズムによる屈折　108	
3.8	光の回折・干渉	108
	3.8.1 光路長　108	
	3.8.2 2本のスリットによる回折と干渉（ヤングの実験）　109	
	3.8.3 薄膜による干渉　110　　3.8.4 ニュートンリング　111	
3.9	偏　光	112
	3.9.1 偏　光　112　　3.9.2 反射による偏光　113	
3.10	光のスペクトル	114
	3.10.1 屈折による光の分散　114　　3.10.2 回折による光の分離　115	
	3.10.3 レイリー散乱　116	
	問　題　3.2	116
3.11	光学機器	116
	3.11.1 平面鏡　116　　3.11.2 レンズ　117	
	3.11.3 眼の構造　120　　3.11.4 虫めがね　120	
	3.11.5 顕微鏡　121　　3.11.6 望遠鏡　122	
	3.11.7 その他の光学機器　122	

　　　　問　題　3.3 ……………………………………………………………… 125
　　練習問題 3 ………………………………………………………………………… 125

第 4 章　電磁気

　4.1　静電界 ………………………………………………………………………… 128
　　　4.1.1　静電気力　128　　　　　　　4.1.2　電　界　131
　　　4.1.3　電位差　135　　　　　　　　4.1.4　電気容量　138
　　　　問　題　4.1 ……………………………………………………………… 144
　4.2　直　流 ………………………………………………………………………… 145
　　　4.2.1　電圧と電流　145　　　　　　4.2.2　直流回路　149
　　　4.2.3　電流のする仕事　153
　　　　問　題　4.2 ……………………………………………………………… 154
　4.3　電流と磁界 …………………………………………………………………… 156
　　　4.3.1　磁石による磁界　156　　　　4.3.2　電流による磁界　157
　　　4.3.3　電流が磁界から受ける力　159
　　　4.3.4　磁化の強さと磁気モーメント　166
　　　　問　題　4.3 ……………………………………………………………… 169
　4.4　電磁誘導と交流 ……………………………………………………………… 170
　　　4.4.1　電磁誘導　170　　　　　　　4.4.2　交　流　176
　　　4.4.3　電磁波　183
　　　　問　題　4.4 ……………………………………………………………… 185
　　練習問題 4 ………………………………………………………………………… 186

第 5 章　原子の世界

　5.1　電子と光 ……………………………………………………………………… 190
　　　5.1.1　電子の電荷と質量　190　　　5.1.2　粒子性と波動性　196
　　　　問　題　5.1 ……………………………………………………………… 203
　5.2　原子と原子核 ………………………………………………………………… 204
　　　5.2.1　原子の構造　204　　　　　　5.2.2　原子核　209
　　　5.2.3　放射能　210　　　　　　　　5.2.4　核エネルギー　213
　　　　問　題　5.2 ……………………………………………………………… 216
　5.3　素粒子 ………………………………………………………………………… 216
　　　5.3.1　素粒子　216　　　　　　　　5.3.2　クォーク模型　217
　　　5.3.3　自然の階層性　218
　　練習問題 5 ………………………………………………………………………… 219

付　録 ………………………………………………………………………………… 221
　1．基本物理定数表 ………………………………………………………………… 221
　2．国際単位系（SI） ……………………………………………………………… 222
　3．接頭語（SI） …………………………………………………………………… 222
　4．数学公式 ………………………………………………………………………… 223
　5．元素の周期表と原子量 ………………………………………………………… 224
　6．三角関数表 ……………………………………………………………………… 226

問・問題・練習問題の解答 ………………………………………………………… 227

さくいん ……………………………………………………………………………… 237

スーパーカミオカンデ

岐阜県旧神岡鉱山内に設けられたスーパーカミオカンデの内部写真である．水5万トンを収蔵する．半円形の光る鏡は光電管，この装置により，素粒子（本文5.3節参照）の一つであるニュートリノを測定している．

第 1 章

力 と 運 動

　物体に力を加えると，運動をはじめる．この章では，物体に加えた力とその結果生じる運動との間の関係を調べる．ニュートンは，天体の運動と地上でボールを投げたときの運動が本質的に同じであって，同一の法則によって説明できることを発見した．この法則は，力学の根本であるだけでなく，物理学の各分野を構成するうえでの模範となった．エネルギーなどの自然科学全体にわたる重要な概念についても，この章で考えていこう．

1.1 運　動

1.1.1 速　さ

　図 1.1 は，模型機関車の運動のようすを示すものである．物体の運動を明らかにするためには，たとえば，一定時間ごとの物体の位置の変化を調べればよい[1]．

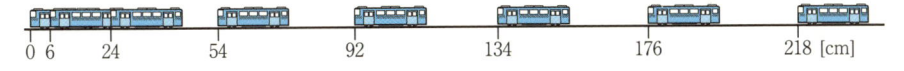

図 1.1 模型機関車の運動（時間間隔 0.10 秒）

　ある時間間隔 t [s] の位置の変化 x [m] を測定し，その時間間隔における平均の速さ[2] $\overline{v}$ [m/s][3] は次式で計算できる．この位置の変化 x を変位という．

$$\overline{v} = \frac{x}{t} \tag{1.1}$$

　物体が，図 1.2 のように一直線上を運動し，どの時間間隔においても同じ速さを示すとき，この物体の運動を等速直線運動という．この運動では，時間 t [s]，その間の変位 x [m]，物体の速さ v [m/s] の間に次の関係式が成り立つ．

$$v = \frac{x}{t}, \quad x = vt \tag{1.2}$$

---

[1] 測定手段としては，一定時間間隔で発光するストロボ装置を使ったマルチストロボ写真などがある．
[2] より正確な速さを求めたければ時間間隔を短くしていけばよい．その極限をとくに瞬間の速さということがある．
[3] 速さの単位には m/s（メートル毎秒）のほか，km/h（キロメートル毎時）などが使われる．

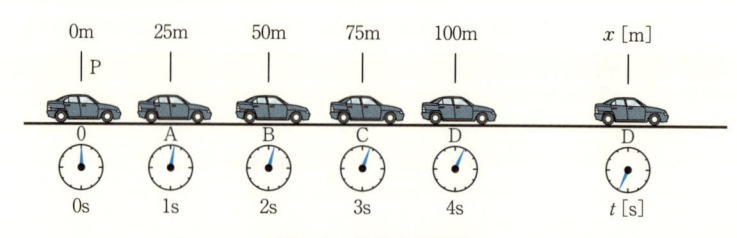

図 1.2 等速直線運動

変位 x と時間 t との関係を示すグラフを，*x-t* グラフとよぶ．等速直線運動の *x-t* グラフは図 1.3 のようになり，速さはこの直線の傾きになっている．また，速さ v と時間 t との関係を示すグラフを，*v-t* グラフという．等速直線運動の *v-t* グラフを図 1.4 に示す．

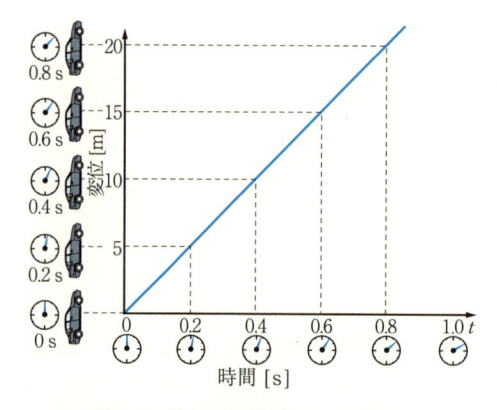

図 1.3 等速直線運動の *x-t* グラフ

図 1.4 等速直線運動の *v-t* グラフ

問 1.1 高速道路を走っている自動車が，長さ 2400 m のトンネルを 1 分 20 秒で通過した．自動車は等速で運動しているとして，その速さを m/s と km/h で求めよ．

問 1.2 等速直線運動の *v-t* グラフから，変位を知る方法を考えよ．図 1.4 から 0.6 s 間に進む距離を求め，図 1.3 から求められる値に等しいことを確かめよ．　（解答は巻末参照）

参考 1.1　単位　物理では種々の物理量を取り扱うが，これらの量はいくつかの基本になる量，たとえば長さ，質量，時間の組合せで表すことができる．長さ，質量，時間に対する単位の組合せを基本単位系という．長さ，質量，時間の単位として m（メートル），kg（キログラム），s（秒）が最もよく用いられている．これを MKS 系という．また，cm（センチメートル），g（グラム），s（秒）を用いる CGS 系もある．

　MKS 系の基本単位は，現在，次のように決められている．光が真空中を 1 秒間に進む距離の 299 792 458 分の 1 を 1 m とする．1 kg はパリにあるキログラム原器（図 1.5 参照）の質量である．

また，1 s はセシウム原子を用いた原子時計を基準に定めている（詳しくは，^{133}Cs 原子の基底状態の超微細二準位間の遷移による放射周期の 9 192 631 770 倍の時間である）．現在では，これら以外の基本単位として，電流（アンペア，A），温度（ケルビン，K），光度（カンデラ，cd），物質量（モル，mol）を付け加えた国際単位系（SI，付録 2 参照）が決められ，国際的に使われている．

基本量以外の物理量の単位は，基本単位を組み合わせて導かれるので組立単位とよぶ．たとえば，面積，速さ，密度の単位は m^2，m/s，kg/m^3 で与えられる．SI では，ある種の組立単位に固有の単位名が決められている．たとえば，力の大きさの単位はニュートン（N）であるが，これは基本単位で表せば kg·m/s^2 である．

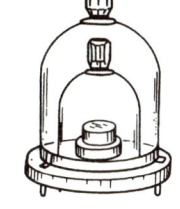

図 1.5 キログラム原器

1.1.2 速度

(a) 速度

物体が直線上を運動するとき，速さが同じでも向きが逆であれば，移動する向きが逆になる（図 1.6（a）参照）．また，一般の運動では速さのほか，方向と向きを指定しなければ運動が決まらない（同図（b）参照）．

速さと，方向と向きをともに考えた量を速度[1]という．速度のように大きさと方向，向きをもつ量をベクトルという．速度を示すベクトルをとくに速度ベクトルという．後述する加速度や力もベクトルである．ベクトルを図示するには，矢印のついた線分を用い，ベクトルの方向，向きと大きさは，それぞれ矢印の方向，向き，線分の長さに対応している（同図参照）．ベクトルを記号で示すには，$\vec{v}$ などを用いる．一方，時

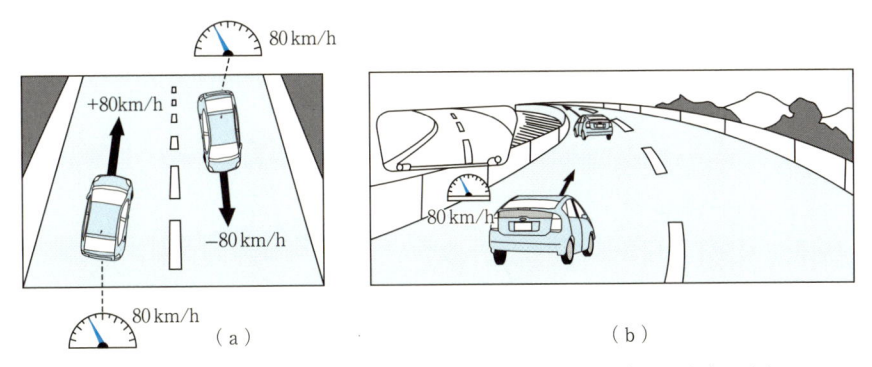

図 1.6 スピードメーターの指針が同じでも自動車の進む向きや方向は違う

---

[1] 一直線上の運動では向きに正負を決め，速さに正負の符号をつけて速度を表すことができる（図 1.6（a）参照）．「速度の大きさ」を速さという．

間や長さ，質量，体積などのように，単に大きさのみをもつ量を**スカラー**という．

（b）　速度の合成

流水上を船が航行する場合を考えてみよう（図1.7（a）参照）．静水ならば速度$\vec{u}$で進む船が，速度$\vec{v}$で流れる水の上を進んだ場合，岸から見た船の速度$\vec{w}$は，$\vec{u}$，$\vec{v}$による両方の移動（変位）を合成したものになる．この場合，図1.7（b）のように，速度ベクトル$\vec{w}$は速度ベクトル$\vec{u}$，$\vec{v}$を二辺とする平行四辺形の対角線によって与えられる．$\vec{w}$を**合速度**という．

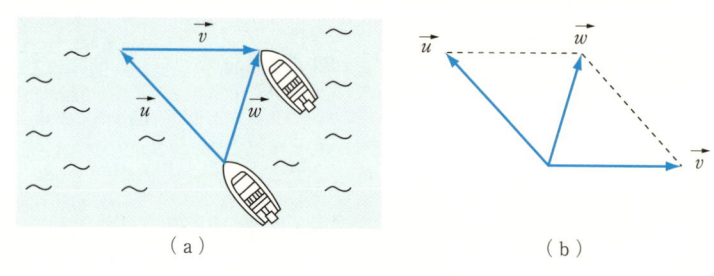

図1.7　速度の合成

（c）　ベクトル

速度ベクトルの合成で示したように，ベクトル$\vec{A}$，$\vec{B}$の合成（和）ベクトルは，この二つのベクトルを二辺とする平行四辺形の対角線で与えられる（**平行四辺形の法則**，図1.8（a）参照）．正確には，大きさと方向，向きをもち，その合成が平行四辺形の法則で求められる量を**ベクトル量**という．ベクトルを合成するには，平行四辺形をつくらなくても，図1.8（b）のように1点Oから$\vec{A}$を引き，さらに$\vec{A}$の先端の点Pから$\vec{B}$を引き，$\vec{B}$の終点QとOを結ぶ有向線分$\overrightarrow{OQ}$によって表されるベクトル$\vec{C}$を求めてもよい（**三角形法**）．

たとえば，$\vec{A}$と$\vec{B}$の和が$\vec{C}$であるなら，次のようなベクトル式で示される．

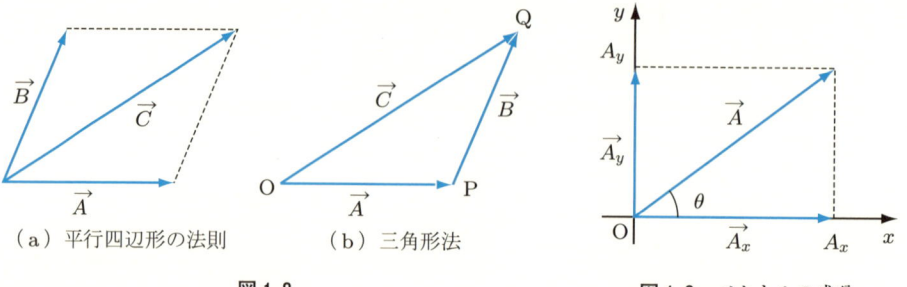

$$\vec{A}+\vec{B}=\vec{C} \tag{1.3}$$

（a）平行四辺形の法則　　（b）三角形法

図1.8

図1.9　ベクトルの成分

あるベクトル $\vec{A}$ と大きさ，方向が等しく，向きが反対であるベクトルを $-\vec{A}$ と書く．$\vec{A}$ と $-\vec{A}$ の和は明らかに零[1])である．すなわち，

$$\vec{A} + (-\vec{A}) = \vec{0} \tag{1.4}$$

ベクトルの大きさは単に A，または $|\vec{A}|$ で示す．

合成とは逆に，あるベクトルを，二つのベクトルの和になるように分けることを**ベクトルの分解**という．ベクトルを分解するには二つの方向を指定する必要がある[2])．とくに互いに直交する 2 方向 x 軸，y 軸にベクトル $\vec{A}$ を分解したとき，分解されたベクトルをそれぞれの方向への**成分ベクトル**といい，$\vec{A_x}$，$\vec{A_y}$ と表す．x 軸，y 軸の正負の向きも考慮して成分ベクトルの大きさに正負の符号をつけた量をベクトル $\vec{A}$ の x 成分，y 成分といい，A_x，A_y[3]) と表す（図 1.9 参照）．

問 1.3 物体を鉛直方向に 20 m/min の速さでつり上げているクレーンが同時に 30 m/min の速さで水平方向に移動している．この物体の合速度の大きさは何 m/min か．

問 1.4 図 1.10 は速度 $\vec{w}$ で進む船を示している．座標を図のようにとれば図の u，v は $\vec{w}$ の x 成分，y 成分を表す．速さ 10 m/s で東から 30 度北よりに進む船の速度の x 成分，y 成分を求めよ．また，同じ速さで東から 60 度南よりに進む船の成分はどうか．

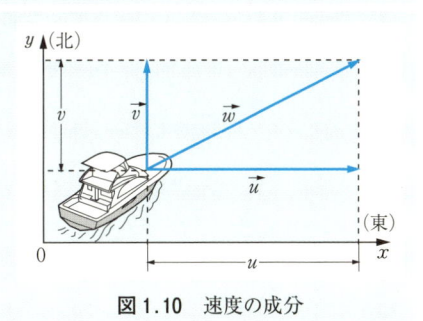

図 1.10 速度の成分

（d）相対速度

電車 P，Q，R，S が，複々線をそれぞれ速度 $\vec{u}$ （$u = 30$ m/s，東向き），$\vec{v}$ （$v = 40$ m/s，東向き），$\vec{U}$ （$U = 50$ m/s，西向き），$\vec{V}$ （$V = 20$ m/s，西向き）で走行している（図 1.11 (a) 参照）．このとき，電車 P に乗っている人にとって，電車 Q は速度 $\vec{v'} = \vec{v} - \vec{u}$ （$v' = 10$ m/s，東向き）で走行しているように見える（同図 (b) 参照）．

一般に，速度 $\vec{v_A}$ の物体 A を速度 $\vec{v_B}$ の物体 B から見れば，A は速度

$$\vec{v_{BA}} = \vec{v_A} - \vec{v_B} \tag{1.5}$$

で運動するように見える．$\vec{v_{BA}}$ を A の B に対する**相対速度**という．

このように，基準となる座標系（測定機器が置かれているところ）のとり方によっ

---

1) 零ベクトルといい $\vec{0}$ で表す．
2) 合成は一通りに決まるが，分解は分解する二つの方向を指定しないと決まらない．
3) $|\vec{A}|^2 = A^2 = A_x^2 + A_y^2$，$A_x = A\cos\theta$，$A_y = A\sin\theta$ の関係がある（θ は図 1.9 中に示した $\vec{A}$ の向きと x 軸の正方向のなす角度）．sin，cos などについては巻末の付録 4 を参照のこと．

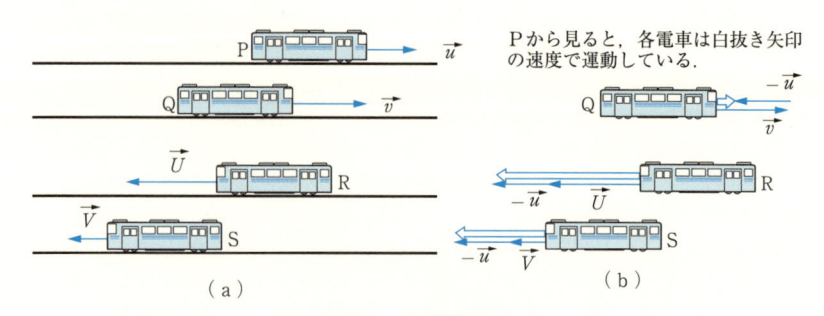

図 1.11 相対速度

て，物体の速度が違ってくる．通常は，地表に固定した座標系で運動を記述するが，実際には太陽を基準とすると地球は公転も自転もしており，しかも公転の速さは約 30 km/s にも達する．

問 1.5 図 1.11 (a) で，電車 P から見た電車 R，S の速度（速さと向き）を答えよ．

問 1.6 同図で，電車 Q から見た電車 P，R，S の速度（速さと向き）を答えよ．また，同図 (b) にならって，それらの速度ベクトルの関係を図示せよ．

例題 1.1 図 1.12 (a) のように，角度 θ で分岐する道路を自動車 P，Q が速度 $\vec{u}$，$\vec{v}$ で走っている．このとき，Q に乗っている人から P を見たときの速度（Q に対する P の相対速度）を求めよ．

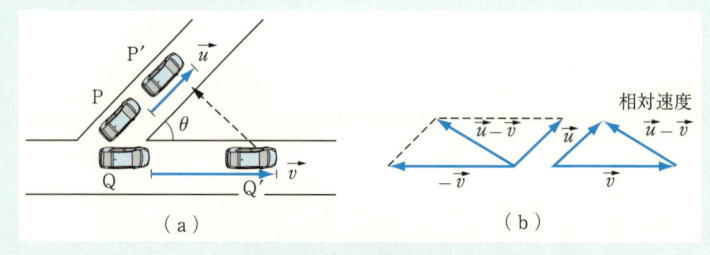

図 1.12 相対速度ベクトル

解 図からわかるように，Q からの距離は Q'P' 方向にだんだん遠ざかっていく．式 (1.5) から相対速度をベクトルで求めると，図 1.12 (b) のようになる．

問 1.7 例題 1.1 で，$u = 10$ m/s，$v = 20$ m/s，$\theta = 30°$ とするとき，Q に対する P の相対速度の大きさを求めよ．

1.1.3 等加速度直線運動

(a) 加速度

図 1.13 は，静かに離した物体が，斜面をすべり落ちるときの位置を，0.1 秒ごとに撮影したものである．

この写真を見ると，物体の速さが，しだいに大きくなることがわかる．

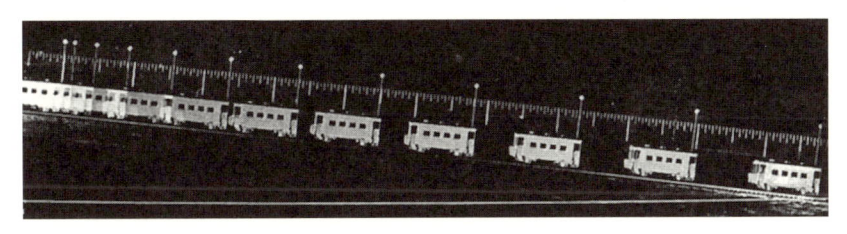

図 1.13 等加速度直線運動

各時間帯の平均の速さを計算すると，表 1.1 のようになる．この表から，v-t グラフをつくると，図 1.14 のように直線が得られる．これから，速さはほぼ時間に比例して増加していることがわかる．

表 1.1

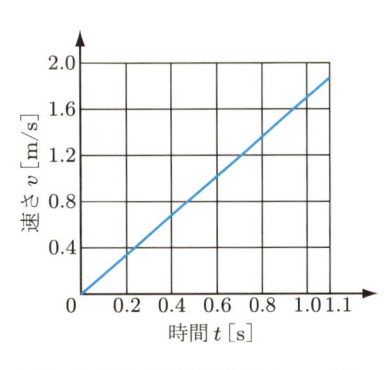

時刻 [s]	位置 [m]	平均の速さ [m/s]	速さの増加 [m/s]
0	0		
		0.13	
0.1	0.013		0.17
		0.30	
0.2	0.043		0.17
		0.47	
0.3	0.090		0.17
		0.64	
0.4	0.154		0.17
		0.81	
0.5	0.235		0.18
		0.99	
0.6	0.334		0.17
		1.16	
0.7	0.450		0.16
		1.32	
0.8	0.582		0.16
		1.48	
0.9	0.730		0.17
		1.65	
1.0	0.895		0.17
		1.82	
1.1	1.077		

図 1.14 等加速度直線運動の v-t グラフ

単位時間あたりの速さの増加量を**加速度**とよぶ．つまり，時刻 t_1 における速さが v_1，これから時間 t 後の時刻 t_2 の速さが v_2 であるとき，加速度 a は，次式で与えられる．

$$a = \frac{v_2 - v_1}{t_2 - t_1} = \frac{v_2 - v_1}{t} \tag{1.6}$$

直線運動では，速さに正，または負の符号をつけて速度を表した[1]．加速度もベクトルであり，直線運動においては速度と同様，正，負でその方向が示される．$a > 0$

---

1) このような直線上の速度を，速さということも多い．

のときは，正の方向に速さが増加する．

加速度の単位は m/s² (メートル毎秒毎秒) である．

問 1.8 図 1.13 の運動では，加速度はどのくらいになるか．表 1.1 および図 1.14 から，どちらも同じ一定の値になることを確かめよ．

問 1.9 ある物体の速さが 3.0 s 間に 6.0 m/s から 12 m/s になった．加速度はいくらか．

問 1.10 直線上を運動する物体の速度が 6.0 s の間に $+12\,\mathrm{m/s}$ から $-6.0\,\mathrm{m/s}$ になった．加速度を求めよ．

(b) 等加速度直線運動

図 1.13 のように，直線上を一定の加速度 $a\,[\mathrm{m/s^2}]$ で運動する物体は，**等加速度直線運動**をしているという．

初速度 $v_0\,[\mathrm{m/s}]$ の物体の時間 $t\,[\mathrm{s}]$ 後の速度 $v\,[\mathrm{m/s}]$ は，式 (1.6) から $a = \dfrac{v - v_0}{t}$ で，これを変形して次式で与えられる．

$$v = v_0 + at \tag{1.7}$$

v-t グラフを利用して，この間の物体の変位を求めよう．$a > 0$ の場合の v-t グラフは図 1.15 のようになる．時刻 t_1 から，わずかのちの時刻 $t_1 + t'$ の間の速度はほぼ一定で v_1 とみてよい．したがって，時間 t' 間の変位は $v_1 t'$ であるので，これは同図において青色の長方形の面積に相当する．時刻 0 から t までの変位は，ほぼこのような長方形の面積の和で示されるが，t' を小さくすればこの和は台形 OAPQ の面積に等しくなってくる．この台形の面積は $\dfrac{(v_0 + v)t}{2}$ である．これに式 (1.7) を代入すると，変位 $x\,[\mathrm{m}]$ は次式で与えられる．

$$x = v_0 t + \frac{1}{2}at^2 \tag{1.8}$$

式 (1.7) と式 (1.8) から時間 t を消去すれば，速度と変位の関係式が得られる．

$$v^2 - v_0^2 = 2ax \tag{1.9}$$

これらの式 (1.7)〜(1.9) は，等加速度直線運動の基本的関係である．

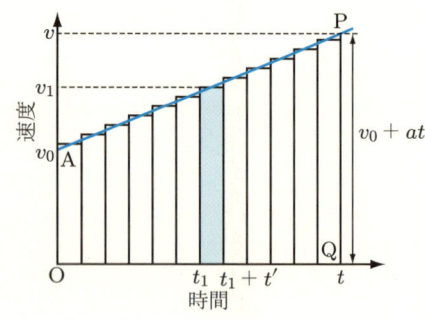

図 1.15 等加速度直線運動の v-t グラフ

例題 1.2 東西方向の直線の線路上を，東向きに速さ 16 m/s で走ってきた電車が減速しはじめ，ついに向きを西向きに変えて加速し，20 s 後には速さ 24 m/s になった．電車は等加速度運動をしたとして，減速しはじめた地点を原点とし，その時刻を 0 s として，加速度と，20 s 後の位置，20 s 間に実際に通過した距離を求めよ．

解 東の向きを正とすれば，加速度 a は，
$$a = \frac{(-24) - 16}{20} = \frac{-40}{20} = -2.0 \text{ m/s}^2$$
20 s 後の位置 x は，
$$x = 16 \times 20 + \frac{1}{2} \times (-2.0) \times 20^2 = -80 \text{ m}$$
つまり，原点から西方 80 m の位置になる．向きを変えた時刻 t では，速度は 0 であるから，
$$0 = 16 + (-2.0)t$$
より，
$$t = 8.0 \text{ s}$$
その位置は，
$$16 \times 8.0 + \frac{1}{2} \times (-2.0) \times 8.0^2 = 64 \text{ m}$$
したがって，20 s 間に実際に通過した距離は，
$$64 \times 2 + 80 = 208 \text{ m}$$

問 1.11 例題 1.2 の v-t グラフを描いて 20 s 間の移動距離と 20 s 後の位置がグラフ上でどのようにして求められるか考えよ．

問 1.12 直線道路を走っている自動車の速さが 10 m/s であった．加速度 2.0 m/s^2 で加速しはじめて 5.0 s 後の速さと，この間に進んだ距離を求めよ．

問 1.13 72 km/h で走っていた自動車がブレーキをかけはじめてから 150 m 走って止まった．この間，等加速度直線運動であったとして，加速度を求めよ．

問 1.14 自転車が A 地点から出発し，直線道路を走って B 地点に着いた．このときの v-t グラフは図 1.16 のようになっていた．加速度はどのように変化したか．また，A 地点と B 地点の間の距離を求めよ．

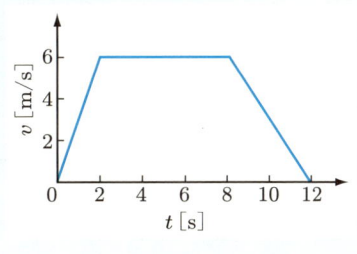

図 1.16

(c) 自由落下運動

空中で支えていた物体を，静かに離した[1]とき，物体が落下する運動を自由落下運動という．図 1.17 は，質量の異なる二つの物体（球と猫）が同時に自由落下をはじめたあと，一定の時間ごとに撮影したマルチストロボ写真である．これによると，加速

---

1) これは初速がゼロの場合である．

度は物体の質量に無関係であることがわかる．次に，この写真から，図 1.14 のように v-t グラフをつくり，加速度の値を計算すると，落下している間はつねに一定で，約 $9.8\,\mathrm{m/s^2}$ となる．これを**重力加速度**という．表 1.2 は，各地における重力加速度の値である．本書では，重力加速度の値として $9.80\,\mathrm{m/s^2}$ を用い，g で表す．

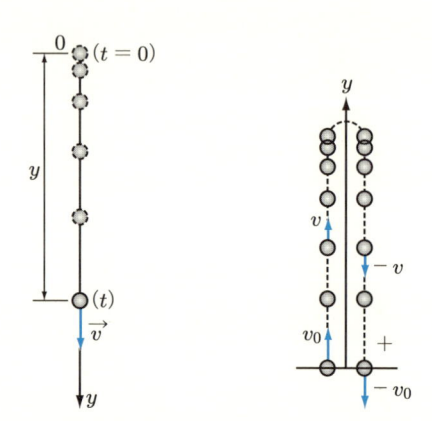

図 1.17 物体の自由落下　　**図 1.18** 自由落下　　**図 1.19** 直上に投げられた物体

表 1.2 各地の重力加速度 g

地　　　名	緯　　度	重力加速度 [m/s²]
北　　極	90°N	9.83
パ　　リ	48°49′N	9.8093
ワシントン	38°53′N	9.8010
シンガポール	1°17′N	9.7807
東　　京	35°38′N	9.7976
富士山頂	35°21′N	9.788

いま，自由落下運動をする物体の最初の位置を原点とし，鉛直下向きを y 軸の正の向きにとる（図 1.18 参照）．時間 t [s] 後の，物体の速度と位置を，それぞれ v [m/s]，y [m] とすれば，式 (1.7)～(1.9) において，$x = y$，$v_0 = 0$，$a = g$ とおき，ただちに，

$$v = gt \tag{1.10}$$

$$y = \frac{1}{2}gt^2 \tag{1.11}$$

$$v^2 = 2gy \tag{1.12}$$

の関係が得られる．

問 1.15 ある塔の頂上から小石を静かに離すと，3.0 s 後に地面に落ちる．塔の高さはいくらか．また，地面に落ちるときの速さはいくらか．

問 1.16 初速 v_0 で，真下に投げ落とした物体について，式 (1.10)〜(1.12) に対応する関係が，次式であることを説明せよ．

$$v = v_0 + gt \tag{1.13}$$

$$y = v_0 t + \frac{1}{2} g t^2 \tag{1.14}$$

$$v^2 - v_0^2 = 2gy \tag{1.15}$$

（d） 真上に投げ上げられた物体の運動

図 1.19 のように，初速 $v_0\,[\mathrm{m/s}]$ で真上に投げた物体の運動を調べよう．

今度は，鉛直上向きを y 軸の正の向きとする．原点は物体の最初の位置である．重力加速度は y 軸の負の向きであるから，$a = -g$ としなければならない．したがって，等加速度直線運動の式から次式の関係が得られる．

$$v = v_0 - gt \tag{1.16}$$

$$y = v_0 t - \frac{1}{2} g t^2 \tag{1.17}$$

$$v^2 - v_0^2 = -2gy \tag{1.18}$$

投げ上げられた物体の速さはしだいに減少し，ついにはゼロとなる．このとき，物体は最高点に達する．その後，運動は下向きに転じ，下向きに速さが増加していく．

問 1.17 最高点では $v=0$ ということを使って，最高点までの時間 T が，

$$T = \frac{v_0}{g} \tag{1.19}$$

また，その高さ H が，次式であることを示せ．

$$H = \frac{v_0^2}{2g} \tag{1.20}$$

問 1.18 初速 v_0 で地上から投げ上げたあと，再び地上に落下するまでの時間と，地上に落下する瞬間の速度を求めよ．

問 1.19 速度 6.0 m/s で上昇する気球から砂袋を落としたところ，10 s 後に地上に落ちた．砂袋を落としたとき，気球の高さは地上から何 m であったか．

問 1.20 塔の頂上から真上に速さ 19.6 m/s で射出された物体は，どれだけの時間上昇し続けるか．また，最高点の高さを求めよ．次に 1 秒後，3 秒後，5 秒後の物体の位置を示せ．場所はすべて発射点を基準とせよ．そして，上昇速度が初速の半分になる位置はどこか．

問題 1.1　　　　　　　　　　　　　　　　　　　　　　　　　　　（解答は巻末参照）

1. 新幹線のぞみ号で，東京から博多まで5時間かかるものとする．途中の停車時間の合計を15分間として，平均の速さは時速何kmか．また，それは秒速何mか．ただし，東京・博多間の距離を1200 kmとせよ．
2. 西から東へ2.0 m/sで流れる運河を，静水ならば真北に5.0 m/sの速さで進む船が航行している．岸から見た船の進行方向は北から何度ずれるか．また，船の速さを求めよ．
   また，同じ運河を，真北に5.0 m/sの速さで航行する船がある．もし，水が流れていなければ，本来，船はどの方向にどんな速さで進むか．
3. 鉄道線路と平行して東西方向に道路があり，電車と自動車がともに東向きに並んで走っている．自動車に乗っている人が電車に追い抜かれてから4.0秒後に，その電車が20 m先を走るのを確認した．自動車の速度メーターは54 km/hを示していた．電車の速さは何km/hと考えられるか．
4. 列車がA駅を出発して，50秒間は一定の加速度 0.800 m/s^2 で速さが増加し，その後，一定の速さで10.8 kmを運行し，次に 1.00 m/s^2 の一定の割合で速さが減少してB駅に停車した．両駅の間のレールは直線であるとして，
   (a) 出発して50秒後の速さは時速何kmか．
   (b) 両駅間の所要時間は何秒か．
   (c) 両駅間の距離は何kmか．
5. 離陸に必要な揚力を得るため，ある飛行機は少なくとも120 m/sの滑走速度が必要であるという．安全な加速度が 4.0 m/s^2 であるとき，必要な滑走距離を求めよ．ただし，滑走は等加速度直線運動であるものとせよ．
6. 高さ15 mの屋根にいる人に，下から物体を投げ上げ，この人に取らせたい．最小いくらの速さで投げ上げればよいか．
7. 高さ49 mのビルの屋上から小球Aを静かに落とす．同時に地上から小球Aの落下と同一鉛直線上に小球Bを投げ上げる．Bが上昇中にAにぶつかるためには，Bの初速をいくら以上にすればよいか．

1.2　力

1.2.1　力の大きさ

体重 60 "キログラム[1)]" の人が月面上に立ったら体重が 10 "キログラム" に減るという．これは，人体を構成する物質そのものが減るのではない．地球に比べて月の引力[2)]が小さいので，重さ（重量，重力の大きさ）が減るのである．この例からわかるように，物体を構成する物質の量（これを**質量**とよぶ）と，それにはたらく重力の大

きさ（力）とは別の概念である．物体の重さは場所により異なるが，質量は変わらない．

力には，手で押す力，弾性力，摩擦力のように，2物体が接触して作用する力と，重力，電気力，磁気力のように，2物体が接触していなくても作用する力がある．

起源が異なっていても，これらの力は物体の速度を変えたり，物体を変形させたりするという点において共通するものである（図 1.20 参照）．

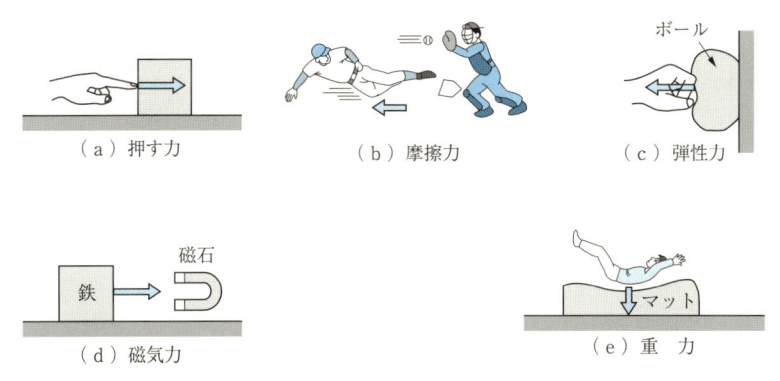

（a）押す力　　（b）摩擦力　　（c）弾性力

（d）磁気力　　（e）重力

図 1.20　力

力の大きさを表すのに重力の大きさを利用する[3]．力の大きさは，重力の大きさと比較して測定することができる（図 1.21 参照）．

力による物体の変形を利用することで，力の大きさを測定することもできる．ばねの伸びは，伸ばそうとする力の大きさに比例することが実験で確かめられている（図 1.22 参照）．すなわち，力の大きさを F [N]，伸びを x [m] とするとき，

$$F = kx \tag{1.21}$$

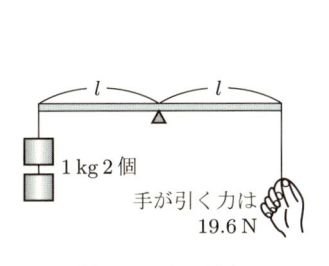

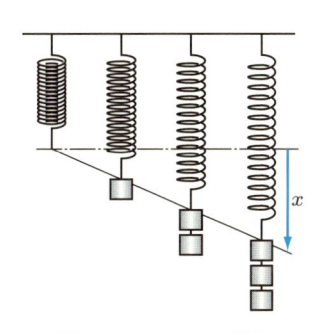

図 1.21　力の測定　　　図 1.22　フックの法則

1）　これは日常用語であって，キログラムという単位はすでに示したように，質量の単位として使われている．
2）　1.6.6 項で学ぶ．
3）　質量 1 kg の物体の，地球上の規準となる場所の真空中における重力の大きさを，1 重量キログラム（kgw，工学関係では kgf と書くのが一般的である）と決める．この単位を力の大きさの重力単位という．しかし，一般には SI 単位系のニュートン［N］が使われる．1 kgw は約 9.8 N である（1.3.2，1.3.3 項参照）．

という関係（フックの法則）が成り立つ．比例定数 $k\,[\mathrm{N/m}]$ は，ばねによって決まる定数で，ばね定数という．この性質により，ばねばかりに目盛をつければ力の大きさが測定できる（図 1.23 参照）．

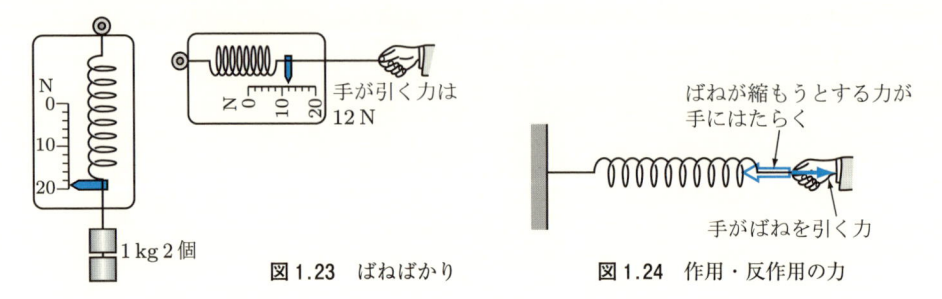

図 1.23　ばねばかり　　　図 1.24　作用・反作用の力

ばねを手で引いて伸ばしたとき，ばねは縮もうとする力を手に及ぼす．逆に縮めたときは，ばねは伸びようとする力を手に及ぼす．このばねの力が弾性力である．

ばねが手に及ぼす弾性力と手がばねを引く力とは大きさが等しく，向きが反対である（図 1.24 参照）．これは，後述する作用・反作用の法則の例である．

> **問 1.21** 図 1.21 が月面上であったとしたら，手が引く力はおよそ何 N か．ただし，月面上では重力加速度が地上の約 1/6 になるとする．

1.2.2　1 点に作用する力のつり合い

（a）　2 力のつり合い

ある物体を右に引っ張ったとき，同時に左に引っ張らなければ物体は動いてしまう．物体が静止したままでいる（つり合う）ためには，同一直線上に反対向きの力をはたらかせなければならない．このとき，右のばねばかりが 10 N を示していたとすれば，左のばねばかりも 10 N を示す（図 1.25 参照）．すなわち，

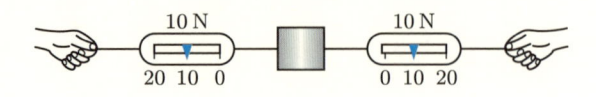

図 1.25　2 力のつり合い

「一つの物体にはたらく二つの力は，それらの大きさと方向が等しく，互いに逆向きであるときに限ってつり合う」

（b）　3 力のつり合い

次に，三つの力が 1 点に作用する場合を考える．図 1.26 のように，3 本の糸をある力 $\vec{F_\mathrm{A}}$，$\vec{F_\mathrm{B}}$，$\vec{F_\mathrm{C}}$ で引く実験を行うと，ある状態でつり合う．

この状態では，糸 A, B, C は同一平面上にある．図のように，

$\overrightarrow{OA'} : \overrightarrow{OB'} : \overrightarrow{OC'} = F_A : F_B : F_C$
なる点 A′, B′, C′ をとり，$\overrightarrow{OA'}$, $\overrightarrow{OB'}$ を隣りあう 2 辺とする平行四辺形 OA′O′B′ を書くと，その対角線 $\overrightarrow{OO'}$ は必ず $\overrightarrow{OC'}$ の延長線上にあって $\overrightarrow{OO'} = \overrightarrow{OC'}$ となる．このようになるときに，点 O に作用する 3 力 $\overrightarrow{F_A}$, $\overrightarrow{F_B}$, $\overrightarrow{F_C}$ がつり合う．すなわち，力 $\overrightarrow{OO'}$ が $\overrightarrow{OC'}$ ($\overrightarrow{F_C}$) とつり合うので，力 $\overrightarrow{OO'}$ は力 $\overrightarrow{OA'}$ ($\overrightarrow{F_A}$), $\overrightarrow{OB'}$ ($\overrightarrow{F_B}$) の 2 力を合わせたものとまったく同一である．このように，力 $\overrightarrow{OA'}$ と $\overrightarrow{OB'}$ から力 $\overrightarrow{OO'}$ を求めることを**力の合成**とよび，$\overrightarrow{OO'}$ を**合力**という．逆に，$\overrightarrow{OO'}$ から $\overrightarrow{OA'}$ と $\overrightarrow{OB'}$ の 2 力に分けることを**力の分解**といい，その結果の力を**分力**という[1]．力は大きさと方向，向きをもつ量，すなわち，ベクトルであることがわかる．

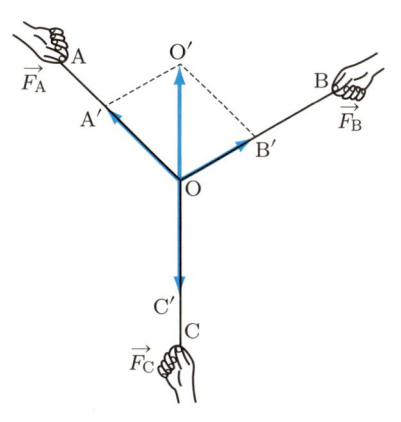

図 1.26　3 力のつり合い

(c)　1 点にはたらく力のつり合いの条件

1 点にいくつかの力が同時に作用しているとき，2 力の合成に関する平行四辺形の法則をこれらの力に次々と適用して合成し，$\vec{0}$ となればこれらの力はつり合っている．

$$\vec{F_1} + \vec{F_2} + \vec{F_3} + \cdots = \vec{0} \tag{1.22}$$

または，任意の直交座標において，これらの力の x 成分の和，y 成分の和がともに 0 になるとき，これらの力はつり合っている．

$$F_{1x} + F_{2x} + F_{3x} + \cdots = 0, \quad F_{1y} + F_{2y} + F_{3y} + \cdots = 0 \tag{1.23}$$

例題 1.3　斜面上に置かれた物体　傾き θ の摩擦のない斜面に大きさが無視できる[2]重さ W の物体を置き，図 1.27 のように水平方向の力 $\vec{F}$ をはたらかせて物体を静止させた．力のつり合いを考察せよ．

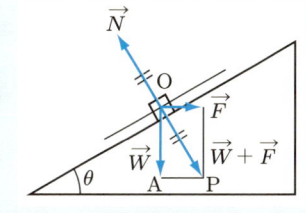

図 1.27

解　摩擦のないとき，斜面から物体にはたらく力は斜面に垂直な力 $\vec{N}$ のみである．したがって，$\vec{W} + \vec{F}$ は $\vec{N}$ とつり合わなければならない．矢印 $\vec{W}$ の先 A から $\vec{F}$ に水平な線を引き，物体の中心 O を通って斜面に垂直な線との交点を P とすれば，$\overrightarrow{OP}$ が $\vec{W} + \vec{F}$ である．

1）合成は一通りに決まるが，分解は分力の方向を指定しないと決まらないことに注意せよ．
2）大きさを考えない質量をもつ物体（点）を**質点**という．

1.3 運動の法則

1.3.1 運動の第1法則（慣性の法則）

　水平な面の上で物体をすべらせるとき，面がなめらかでなければ，押していた手を離すと，物体は間もなく止まってしまう．面をなめらかにしていくと，手を離したのちも，物体はしばらく止まらず，面をなめらかにすればするほど，遠くまですべり続ける．

　つまり，水平面と物体の間の摩擦を小さくしていくと，物体がすべる距離はしだいに大きくなり，速さの変化はゆるやかになる．したがって，摩擦がないときには，物体はその速さを変えず，直線の上をどこまでもすべっていくであろう．**物体に力がはたらかなければ（または力がはたらいてもその合力がゼロであれば），静止している物体はいつまでも静止し，運動している物体はいつまでも等速直線運動を続ける．**

　これを**慣性の法則**または**運動の第1法則**という[1]．

　慣性の法則は，どんな物体も力がはたらかない限り，その速度を保ち続けようとする性質をもっていることを示している．この性質を物体の**慣性**という．

　日常の経験では，走っている自転車はこぐのを止めると間もなく止まってしまうようなことなどは，一見，慣性の法則と矛盾しているように見える．しかし，これは，物体に摩擦力などがはたらくためで，慣性の法則と矛盾はしていない．むしろ慣性の法則は，力がはたらいていないように見える場合でも，速度が変化するときは，必ず何かの力が物体にはたらいていることを教えているのである．

問 1.22 日常生活で，慣性の法則を示す現象をできるだけ多くあげよ．

問 1.23 図 1.28（a）のように，等速運動をしている車の窓から石を真下に落とした．石は図の（b）〜（d）のどこに落ちるか．

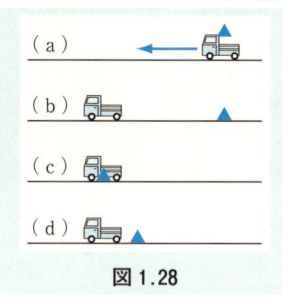

図 1.28

---

[1] 慣性の法則が成り立つ基準の座標系を，**慣性座標系**または**慣性系**という．地上の物体の運動を扱うとき，地面に固定した座標系を慣性系であるとしてよい．また，地面に対して等速度運動をしている車は慣性系であるが，加速している車は慣性系ではない．

1.3.2 運動の第2法則（運動方程式）

図1.29において，Pは床の上で静止している物体であるとする．いま，Pに一定の力$\vec{F}$を作用させると，その結果として，$\vec{F}$の方向に加速度が生じる．単位時間つまり1秒あたりの速度の増加（加速度）は，力$\vec{F}$が大きくなるほど大きくなる．たとえば，力の大きさが，2倍，3倍，…になるに従って，加速度も，2倍，3倍，…になる．次に，Pと同じ物体を2個つなげたものをQとする．QにPと同じ力$\vec{F}$を作用させたとき，Qに生じる加速度は，Pに生じる加速度の1/2になる．Qは，Pよりも速度の変化が起こりにくいので，慣性が大きいと考えられる．物体の慣性の大きさを**質量**という．この場合，Qの質量は，Pの質量の2倍である[1]．一般に，**物体に力が作用するとき，力の方向に加速度を生じる．加速度の大きさは，力の大きさに比例し，物体の質量に反比例する**ことが確かめられている．これを**運動の第2法則**という．加速度の大きさ，力の大きさ，質量を，それぞれa, F, mとして，第2法則を式で表せば，

$$a = k\frac{F}{m} \tag{1.24}$$

となる．ここで，kは比例定数である．

ここで，質量の単位をkg，加速度の単位をm/s^{2}としたとき，$k=1$となるように，質量1 kgの物体にはたらいて1 m/s^{2}の加速度を生じさせる力の大きさを**1ニュート**

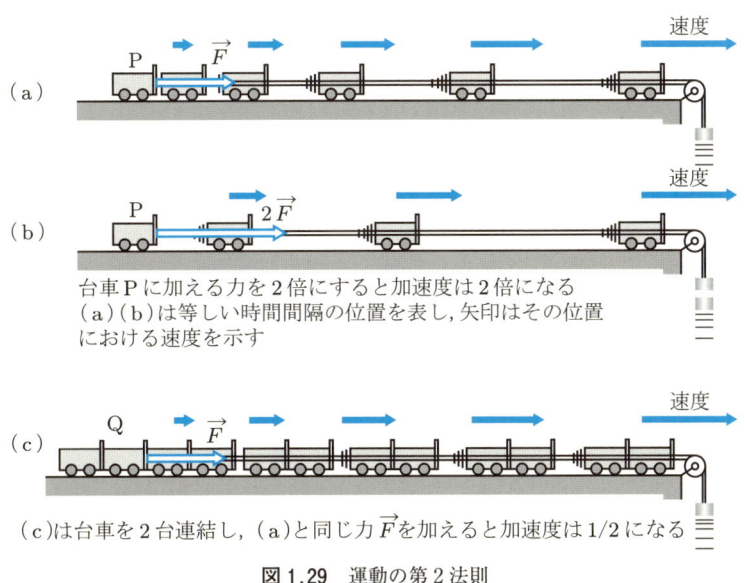

(a) 台車Pに加える力を2倍にすると加速度は2倍になる
(a)(b)は等しい時間間隔の位置を表し，矢印はその位置における速度を示す

(c)は台車を2台連結し，(a)と同じ力$\vec{F}$を加えると加速度は1/2になる

図1.29 運動の第2法則

---

[1] 物体Aの質量を単位質量と定め，物体AとBに同じ力を作用させたとき，Bに生じる加速度が，Aに生じる加速度の$1/n$ならば，Bの質量はAのそれのn倍であると決める．

ン [N] と定める．そのとき，式 (1.24) は，
$$ma = F \tag{1.25}$$
となる．この式を**運動方程式**とよび，力学において最も基本的な関係式である．

単位については，運動方程式から，
$$1\,\mathrm{N} = 1\,\mathrm{kg \cdot m/s^2} \tag{1.26}$$
であることがわかる．

運動方程式は，運動の方向と力の方向が一致しない一般の場合（たとえば，1.6節で述べる円運動）にも成り立ち，次のようなベクトルの式で与えられる．
$$m\vec{a} = \vec{F} \tag{1.27}$$

問 1.24 質量 5 kg の物体に 100 N の力がはたらくとき，生じる加速度の大きさはいくらか．

1.3.3 重　力

1.1.3（c）項で述べたように，落下する物体は鉛直下向きに重力加速度 g [m/s^2] で等加速度運動をする．これは，鉛直下向きに一定の力，つまり，重力が作用しているということを示している．運動方程式により質量 m [kg] の物体に作用する重力の大きさ W [N] は，次式で与えられる．
$$W = mg \tag{1.28}$$

g の値は，地球表面上で場所によりわずかに異なるので（表 1.2 参照），同じ物体（質量）でも場所により重力の大きさ（重量，重さ）はわずかに異なる．そこで，標準重力加速度（$g_\mathrm{n} = 9.80665\,\mathrm{m/s^2}$）を用いて，力の重力単位を定める．質量 1 kg の物体にはたらく重力の大きさが 1 kgw であるから，力の単位，kgw と N との換算式は，
$$1\,\mathrm{kgw} = 9.80665\,\mathrm{N} \quad (\fallingdotseq 9.8\,\mathrm{N})$$
となる．

問 1.25 質量 29.4 kg の物体に 10.0 m/s^2 の加速度を生じさせる力は何 N か．

問 1.26 軽くて丈夫なひもに質量 0.50 kg の物体をつけ，上方に引き上げている．
（a）上昇の速さが一定のとき，ひもから物体に作用する力は何 N か．
（b）上昇の加速度が 1.0 m/s^2 であった．このとき，ひもから物体に作用する力は何 N か．
（c）ひもから物体に作用する力を 2.0 N にすると，物体の運動はどうなるか．

1.3.4 運動の第 3 法則（作用・反作用の法則）

ボールをバットで打つとき，ボールがバットから受ける力を $\vec{F}$ とすると，バットはボールから $-\vec{F}$ の力を受ける．また，プールで泳いでいる人が U ターンをするとき，

人は壁をけって，壁に力$\vec{F}$を及ぼし，逆に人は壁から力$-\vec{F}$を受けて泳ぐ向きを変える（図 1.30 参照）．

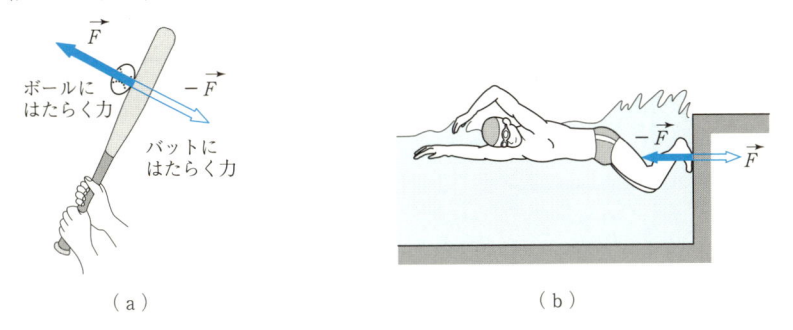

（a）　　　　　　　　　　　　　　（b）

図 1.30　作用・反作用

このように，力はつねに対になって現れる．この対の一方を**作用**，他方を**反作用**[1]といい，次のような法則がある．

「**物体Aが物体Bに力$\vec{F}$を及ぼすと，必ず物体Bから物体Aに力$\vec{F'}$がはたらく．$\vec{F}$と$\vec{F'}$は同一直線上にあって，大きさは等しく，向きは反対である**」
これを**運動の第 3 法則**，または**作用・反作用の法則**という．

作用・反作用の関係にある 2 力を 2 力のつり合いと混同してはならない．たとえば，ある物体Cを両側から引く場合を考える（図 1.31 参照）．手Aが物体Cを力$\vec{F_1}$で引くとき，物体Cは手Aを$-\vec{F_1}$で引っ張りかえす．$\vec{F_1}$と$-\vec{F_1}$は作用・反作用の力である．手Bが物体Cを力$\vec{F_2}$（$F_2 < F_1$）で引くとき，物体Cは手Bを$-\vec{F_2}$で引っ張りかえす．$\vec{F_2}$と$-\vec{F_2}$は作用・反作用の力である（同図（a）上参照）．

物体Cの運動を扱うには，外力$\vec{F_1}$と$\vec{F_2}$の合力$\vec{F}$を考えればよい．$F_1 > F_2$のときは，$\vec{F}$は$\vec{F_1}$と同じ向きで，物体はその向き（同図（a）下では左向き）に加速される．$F_1 = F_2$の場合は，2 力はつり合い，加速度はゼロになる（同図（b）参照）．

1.3.5　運動方程式のつくり方

運動方程式を用いると，物体にはたらく力がわかっているときには，容易にその加速度が求められ，運動のようすを知ることができる．逆に，物体の運動のようすがわかっているときには，その加速度から，物体にはたらいている力を知ることができる．

たとえば，図 1.32 に示すように，質量がそれぞれ m_1，m_2 の物体A，Bを接してなめらかな水平面上に置き，物体Aを水平方向に力 F で押す場合を考えよう．

---

[1] いずれを作用，反作用とよんでもよい．

作用・反作用 作用・反作用 作用・反作用 作用・反作用

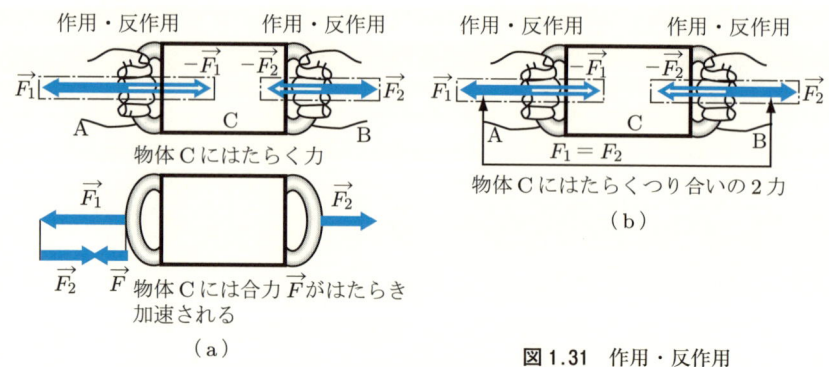

物体Cにはたらく力

物体Cには合力 $\vec{F}$ がはたらき加速される

（a）

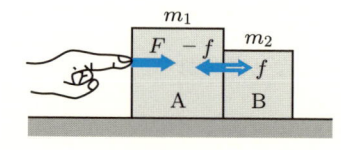

物体Cにはたらくつり合いの2力
$F_1 = F_2$
（b）

図 1.31 作用・反作用

図 1.32

この場合，物体Aが物体Bに及ぼす力を f とすると，作用・反作用の法則によって，物体Aは f と逆向きの力 $-f$ を受ける．したがって，A，Bについての運動方程式は，

$$m_1 a = F - f, \quad m_2 a = f$$

となる．これから a を求めると，次式となる．

$$a = \frac{F}{m_1 + m_2} \tag{1.29}$$

上の解では，それぞれA，Bについての運動方程式をつくったが，A，Bを一つの物体とみなして運動方程式をつくると，

$$(m_1 + m_2)a = F$$

となり，式 (1.29) と同じ結果が得られる．このように，A，B間の力 f は全体の運動には関係しない．

例題 1.4 質量 200 kg の船Aと質量 500 kg の船Bが，静かな水面上で互いに軽い綱で引き合っている．船Bが引く力を 100 N になるように綱をたぐりよせるとき，2.0秒後の両船の速さを求めよ．ただし，水の抵抗は無視し，両船は最初静止していたとする（図 1.33 参照）．

図 1.33

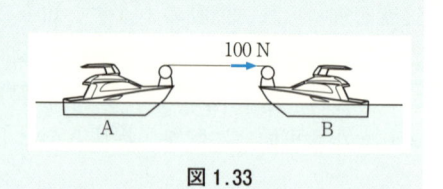

解 作用・反作用の法則により，船Aが船Bから100 N で引かれていると，船Bも船Aから同じ100 N で引かれている．船Aと船Bに生じる加速度の大きさは $a = F/m$ から，それぞれ $0.5\,\mathrm{m/s^2}$, $0.2\,\mathrm{m/s^2}$ となり，2秒後の速さは $v = at$ から船Aは $1.0\,\mathrm{m/s}$, 船Bは $0.4\,\mathrm{m/s}$ となる．

問題 1.2

1. 質量 30 g の弾丸を地中に打ち込んだところ，8.0 cm 侵入した．弾の速さを 300 m/s とすると砂の平均の抵抗力はいくらか．
2. 速さ 10 m/s で直線上を進んでいる質量 20 kg の物体に，100 N の力が，運動方向に 0.80 s 間はたらいた．物体の速さはいくらになるか．その後，この物体を 2.0 s 間で静止させるには，運動と反対方向に，どれだけの力を作用させればよいか．
3. 質量 500 g の物体を糸の下端につけ，糸を鉛直上方に $2.0\,\mathrm{m/s^2}$ の加速度で引き上げるとき，糸の張力はいくらか．
4. 図 1.34 のように，質量 20 kg の物体と 30 kg の物体をひもでつないで滑車にかけ，静かに手を離した．このときの物体の加速度とひもの張力を求めよ．ただし，重力加速度 g を $9.8\,\mathrm{m/s^2}$ とする．
5. 図 1.35 のように，なめらかな長い机の上に，質量 M の物体Aがある．このAに糸をつけ，滑車を通して他端に質量 m のおもりBをつける．はじめにAを手で止めておき，静かに手を離した．
   (a) Aの加速度 a を求めよ．
   (b) Aを引く糸の張力 T を求めよ．
   (c) 動きはじめてから，経過した時刻 t における，速さ v と，それまでにAが行った変位 x を求めよ．

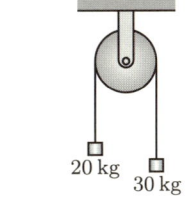

図 1.34

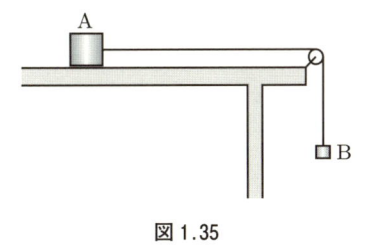

図 1.35

1.4 運動量と力積

1.4.1 運動量と力積

速度変化の程度は，力の大きさだけでなく，力が作用した時間の長さによっても変わる．そこで，力 $\vec{F}$ [N] とそれが物体に作用した時間 t [s] との積 $\vec{F} \cdot t$ を**力積**と定義する．力積はベクトルであり，その大きさの単位は N・s である．

図 1.36 に示すように，速度 $\vec{v}$ [m/s] で運動している質量 m [kg] の物体に時間 t [s] の間，一定の力 $\vec{F}$ [N] を加えたとしよう（ただし，物体と床との間の摩擦はないものとする）．その結果，速度が $\vec{v'}$ [m/s] に変化したとすると，加速度は，

$$\vec{a} = \frac{\vec{v'} - \vec{v}}{t}$$

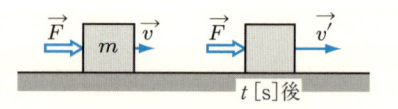

図 1.36 運動量と力積

であるから，運動方程式は次のようになる．

$$m\frac{\vec{v'} - \vec{v}}{t} = \vec{F}$$

したがって，力積は次のようになる．

$$\vec{F} \cdot t = m\vec{v'} - m\vec{v} \tag{1.30}$$

ここで，物体の質量 m とその速度 $\vec{v}$ との積 $m\vec{v}$ を**運動量**と定義する．運動量もベクトルであり，その大きさの単位は kg·m/s である．すると，式 (1.30) は，

「**物体の運動量の変化は，その間に物体に与えられた力積に等しい**」

ことを示している（**力積の法則**）．

ボールをバットで打つときのように，物体に加えられる力が変化する場合，運動量の変化から求められた力積を作用した時間で割ったものを平均の力と考えることができる（問 1.29 参照）．

問 1.27 運動量と力積の大きさの単位，kg·m/s と N·s は同じ組立単位であることを示せ．

問 1.28 なめらかな床の上に静止している質量 3.0 kg の物体に，水平方向に 3.5 N の力を 6.0 s 間はたらかせた．物体に与えられた力積はいくらか．また，6.0 s 後の物体の運動量と速さを求めよ．

問 1.29 投手が投げた質量 0.20 kg の野球のボールを，飛んできた方向に打者が打ち返した．打撃前後のボールの速さは，それぞれ 35 m/s，50 m/s であった．ボールが受けた力積の大きさは何 N·s か．また，ボールとバットの接触時間が，0.010 s であったとすれば，ボールに加えられた平均の力は何 N か．

1.4.2 運動量保存の法則

図 1.37 のように，一直線上で，質量 m_1，m_2 [kg] の 2 個の小球 1 と 2 が衝突する運動について調べてみよう．

球 1，2 の衝突前の速度をそれぞれ v_1，v_2 [m/s]，

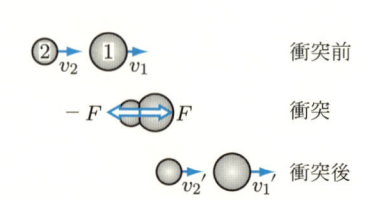

図 1.37 2 球の衝突

衝突後の速度を v_1', v_2' [m/s] とする．両球が衝突している時間を t [s] とし，その間に球 2 から球 1 に作用する平均の力を F [N] とする．作用・反作用の法則より，球 1 から球 2 に作用する平均の力は $-F$ となる．式 (1.30) を両球の場合に適用すると，

$$m_1 v_1' - m_1 v_1 = Ft, \quad m_2 v_2' - m_2 v_2 = -Ft$$

この両式から Ft を消去して，

$$m_1 v_1' + m_2 v_2' = m_1 v_1 + m_2 v_2 \tag{1.31}$$

が得られる．この式は，衝突前後で両球の運動量の和が変化しないことを示している．

もちろん，この法則は一直線上の衝突だけではなく，平面内の衝突に対しても成り立つ（例題 1.5 参照）．

$$m_1 \vec{v_1'} + m_2 \vec{v_2'} = m_1 \vec{v_1} + m_2 \vec{v_2} \tag{1.32}$$

二つの物体に限らず，一般に，いくつかの物体が互いに力を作用し合うだけで，外部から力が作用しない場合，それらの物体の運動量の和はつねに一定に保たれる．これを**運動量保存の法則**という．

問 1.30 質量 m [kg] の空の貨車が速さ v [m/s] で走ってきて，同じレール上に止まっていた質量 $2m$ [kg] の満載貨車に連結し動き出した．連結後の貨車の速さを求めよ．

問 1.31 速さ 5.0 m/s で飛んできた質量 20 kg の物体が質量 10 kg ずつの二つの部分に分裂し，一方は分裂前と同じ向きに 15 m/s で飛んでいった．もう一方の部分はどの向きにどれだけの速さで飛んでいくか．

例題 1.5 なめらかな水平面上で，質量 1.0 kg の球 A が速さ 6.0 m/s で直進してきて，静止していた質量 1.0 kg の球 B にあたり，球 A は図 1.38 (a) のように左 30° の方向にそれ，球 B は右 60° の方向に動き出した．衝突後の球 A，B の速さをそれぞれ求めよ．

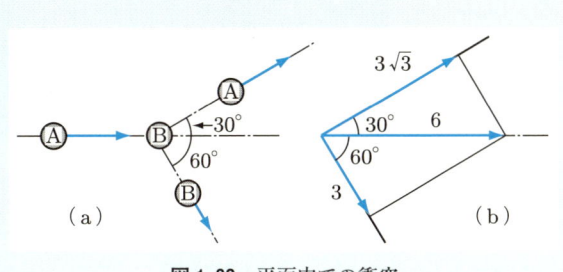

図 1.38 平面内での衝突

解 衝突前の運動量の大きさは $1.0 \times 6.0 = 6.0$ kg·m/s であるから，この運動量ベクトルを書き，それを左 30°，右 60° の方向に分解する．その分解されたベクトルの長さを測って運動量の大きさを出す．A, B の質量は 1 kg であるから，速さは直ちに求められる．図 1.38 (b) より，球 A の速さは 5.2 m/s，球 B の速さは 3.0 m/s となる．

1.4.3 反発係数

図1.37における2球が衝突する前の近づく速さ $v_2 - v_1$ と，衝突したのち，遠ざかる速さ $v_1' - v_2'$ の比を，v_1 と v_2 をいろいろと変えて調べてみると，ほぼ一定であることがわかっている．一般に，

$$e = \frac{v_1' - v_2'}{v_2 - v_1} \tag{1.33}$$

を，物体1と物体2の**反発係数**（はね返り係数）という．とくに図1.39のように物体1が，つねに静止している床や壁などの場合には，$v_1 = v_1' = 0$，したがって，

$$e = -\frac{v_2'}{v_2} \tag{1.34}$$

となる．式 (1.34) から，卓球の球を，硬いなめらかな床に落としたときには衝突前後の速さはほとんど変わらず，$e \fallingdotseq 1$ である．また，粘土のかたまりを床に落とせば衝突後は静止するので，$e = 0$ であることは明らかであろう．反発係数 e の値は，$0 \leqq e \leqq 1$ の範囲にあって，物体1と物体2の物質の種類でおおよそ決まり，速さにはほとんど関係しない．もし，$e = 1$ ならば**完全弾性衝突**，$e < 1$ ならば**非弾性衝突**，$e = 0$ ならば**完全非弾性衝突**という．

図1.39 硬い球と床とのはね返り

> **問 1.32** 小球1，2が一直線上をそれぞれ速度 2.5 m/s，-1.5 m/s で近づき，正面衝突して速度 -1.0 m/s，2.0 m/s で遠ざかっていった．この場合の反発係数を求めよ．
>
> **問 1.33** なめらかな床の上に小球Bを置き，これに，同質量の小球Aを 2.0 m/s の速さで正面衝突させた．2球は完全弾性衝突をするとして衝突後の2球の速度を求めよ．

1.4.4 次 元

参考1.1で述べたように，物理量の単位は基本単位の組合せでできている．長さ，時間，質量の三つの基本単位の組合せで表されている物理量 A の単位 $[A]$ は，長さ，時間，質量の三つの基本単位を $[L]$，$[T]$，$[M]$ とすれば，

$$[A] = [L^p \cdot T^q \cdot M^r] \tag{1.35}$$

と表される．この式におけるべき指数，p, q, r を，物理量 [A] の<u>次元</u>という．式の両辺の次元は必ず等しくなければならない．

例題 1.6 力の次元を求めよ．
解 運動方程式から {力＝質量×加速度} である．加速度の単位は [長さ/時間^2] であるので，力の単位は [質量×長さ/時間^2] となり，力の次元は長さの次元が 1，時間の次元が -2，質量の次元が 1 となり，[LT^{-2}M] で表される．

問 1.34 次の量の次元を求めよ．
(a) 速さ　　(b) 角度　　(c) 反発係数　　(d) 運動量　　(e) 力積

例題 1.7 単振り子の周期 T [s] は，おもりの質量 m [kg]，振り子の長さ l [m]，重力加速度 g [m/s^2] に関係することが予測される．周期がこれらにどう関係するか，次元を考察して答えよ．
解 定数を k として $T = k m^a l^b g^c$ と仮定する．次元の関係から，
$$[T] = [M]^a [L]^b [L \cdot T^{-2}]^c$$
でなければならない．すなわち，
$$1 = -2c, \quad 0 = a, \quad 0 = b + c$$
これを解いて，
$$a = 0, \quad b = \frac{1}{2}, \quad c = -\frac{1}{2}$$
したがって，次式でなければならないことがわかる．
$$T = k l^{1/2} g^{-1/2} = k \sqrt{\frac{l}{g}}$$

問題 1.3

1. 速さ 12 m/s でまっすぐ飛んできた質量 0.40 kg のボールを打ったら，方向が 90° 変わり速さは 16 m/s になった．ボールに与えられた力積の大きさと方向を答えよ．また，ボールとバットの接触時間が 0.025 s であったとすると，ボールに与えられた平均の力の大きさはいくらか．

2. 速さ 300 m/s で水平に飛んできた質量 200 g の球に，地上から鉛直に発射された質量 100 g の弾丸が速さ 600 m/s で命中して，球と一体となって運動をはじめた．衝突後の速度を求めよ．

3. 質量 2.5 kg のライフルから 0.030 kg の銃弾が速さ 720 m/s で発射された．発射直後の

ライフルの反跳（逆向き）の速さを求めよ．また，この反跳を 0.40 s で止めるとき，肩にかかる平均の力を求めよ．
4．直線上を同じ向きに，質量が 3.0 kg と 7.0 kg で，速さがそれぞれ 6.0 m/s と 1.0 m/s で進む二つの物体が衝突したのち，おのおのは，どのような向きに，どんな速さで進むか．ただし，二つの物体の反発係数は 0.80 とする．
5．平行して同じ速度で進んでいる質量 M のロケット A，B がある．ロケット A が総質量 m の燃焼物を，進行方向の反対向きに噴射し，その速さはロケット B に対して v であった．その後のロケット A のロケット B に対する速さを求めよ．
6．なめらかな水平面上を，速さ $2v$ で直線運動をしていた質量 $3m$ の物体 A が，急に質量 m の物体 B と $2m$ の物体 C に分裂し，B は A の進行方向と 60° をなす方向に速さ v で進み出した．C の進む方向を，図を描いて求めよ．

1.5 力学的エネルギー

1.5.1 仕事

(a) 仕事

物体に一定の力 $\vec{F}$ をはたらかせて，力の向きに距離 s 移動させたとき，この力は物体に，力の大きさと移動距離の積 $(F \cdot s)$ の仕事をしたという．1 N の力でその向きに物体を 1 m 移動させたとき，力がした仕事を **1 ジュール** [J] とする．1 J は 1 N·m である．

力の方向・向きと，移動の方向・向きとが異なるときには，移動の方向への力の成分を考える．図 1.40 のように物体に力 $\vec{F}$ [N] をはたらかせ，この向きと角 θ をなす向きに距離 s [m] 移動させたとき，移動の方向への力の成分は $F\cos\theta$ であるので，この力が物体にする仕事 W [J] は，次式となる．

$$W = Fs\cos\theta \tag{1.36}$$

θ が 90° を超えると W は負になる．このとき，力 $\vec{F}$ は負の仕事をしたという．

問 1.35 負の仕事の例をあげよ．
問 1.36 質量 m [kg] の物体を高さ h [m] 引き上げる．引き上げる力のする仕事はいくらか．
問 1.37 力の単位を kgw とすると仕事の単位は kgw·m となる．1 kgw·m は何 J か．

(b) 仕事の原理

図 1.41 のように，高さ h [m] の場所へ質量 m [kg] の物体を運び上げる場合について考えよう．

そのまま垂直に持ち上げれば $mg \times h$ の仕事を物体にする必要がある．一方，傾斜

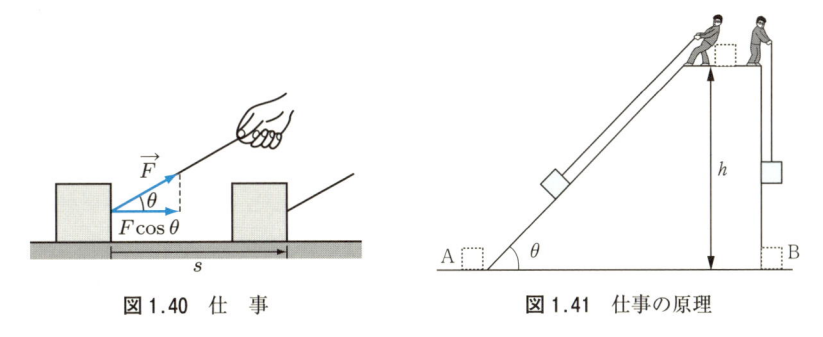

図 1.40 仕　事　　　　　　　　　図 1.41　仕事の原理

角 θ のなめらかな斜面を使った場合は，力は $mg \times \sin\theta$ で小さくてすむが，距離は $\dfrac{h}{\sin\theta}$ となり長くなる．そして，力のなす仕事は，

$$(mg \times \sin\theta) \times \frac{h}{\sin\theta} = mgh$$

となる．つまり，どちらの場合も仕事は mgh [J] となる[1]．

一般に，ある仕事をするとき，道具，機械を使えば必要な力を小さくできるが，仕事で得をすることはできない．これを仕事の原理という．

問 1.38　てこを用いて重い物を持ち上げるとき，仕事の原理が成り立つことを示せ．

（c）仕事率

動力機械などでは，単位時間あたりにどれだけ仕事ができるかが問題になる．すなわち，時間 t の間に W の仕事をするとき，

$$P = \frac{W}{t} \tag{1.37}$$

を仕事率という．1 s あたり 1 J の仕事をするときの仕事率を 1 ワット [W] という．1 W は 1 J/s である．

ある動力源が物体に一定の力 F [N] を加えて，摩擦などに抗して力の向きに一定の速さ v [m/s] で運動させている場合，動力源のなす仕事の仕事率 P [W] は，次のようになる．

$$P = \frac{W}{t} = \frac{F \cdot s}{t} = \frac{F \cdot vt}{t} = Fv \tag{1.38}$$

問 1.39　自動車が 490 N の力で物体を引いて 36 km/h で等速度運動をしている．自動車が物体にしている仕事の仕事率を求めよ．

---

[1] 図 1.41 で，AC の斜面で物体を上げても，まず AB 間を水平移動（摩擦がなければ仕事はいらない）させてから，BC で物体を上げても仕事は同じである．このように，物体を移動させるのに必要な仕事が経路によらない重力のような力を保存力という．

問 1.40 質量 50 kg の人が 4.0 s で高さ 5.0 m の階段をかけ上がった．この人が重力に逆らって行った仕事の仕事率を求めよ．

1.5.2 運動エネルギー

一般に，物体の力学的状態（速度や位置）が変化すると，ほかの物体に仕事をすることができる．運動している物体は，ほかの物体に衝突して仕事をすることができる．この能力を**運動エネルギー**という．

ある物体にほかの物体から仕事がなされると，その物体のエネルギーは与えられた仕事と同じ量だけ増加する．逆に，ほかの物体に仕事をすると，エネルギーは同じ量だけ減少する．したがって，エネルギーの単位は仕事の単位と同じ J（ジュール）である．

図 1.42 のように，静止している質量 m [kg] の物体に一定の力 F [N] をはたらかせて力の向きに距離 x [m] 移動させたところ，速度が v [m/s] となったとする．この場合の加速度 a [m/s^2] は，式 (1.9) によって，

$$a = \frac{v^2}{2x}$$

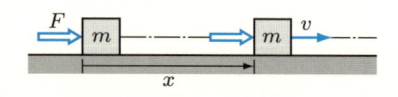

図 1.42 運動エネルギー

となる．力が物体になした仕事，すなわち，物体になされた仕事 $F \cdot x$ [J] は運動方程式を使って，次のようになる．

$$F \cdot x = (ma) \cdot x = m \cdot \frac{v^2}{2x} \cdot x = \frac{1}{2} mv^2$$

この値を物体のもつ運動エネルギーとする．すなわち，運動エネルギー K [J] は，

$$K = \frac{1}{2} mv^2 \tag{1.39}$$

となる．

問 1.41 質量 500 kg の自動車が 60 km/h で走っている．この自動車の運動エネルギーは何 J か．

問 1.42 速さ v_0 で直線運動をしている物体に，その運動の向きに一定の力 F を距離 x だけ作用させたとき，物体になされた仕事が運動エネルギーの増加に等しくなることを示せ．また，逆向きに力を作用させたときは運動エネルギーは減少するが，このような例をあげよ．

1.5.3 位置エネルギー

（a）重力による位置エネルギー

質量 m [kg] の物体を高さ h [m] 上げるには，mgh [J] の仕事を必要とする．すな

わち，持ち上げられた物体はエネルギー mgh をもつ．これを重力による**位置エネルギー**とよぶ．

$$U = mgh \tag{1.40}$$

この場合，基準となる水平面を決める必要がある．U の値は基準水平面より上であるときは正，下であるときには負となる．

問 1.43 基準水平面より高さが 10 m 上のところにある質量 20 kg の物体の位置エネルギーはいくらか．また，これが基準水平面より 5.0 m 下にあればどうか．

(b) 弾性力による位置エネルギー

ばね定数 k [N/m] のばねを x [m] 伸ばすのに必要な仕事を考えよう．ばねを引く力の大きさは伸びに比例する（フックの法則，図 1.43 参照）．

図において，ばねの伸びが x_1 のとき，ばねを引く力は kx_1 で，わずかな距離 Δx 伸ばす仕事は $kx_1 \cdot \Delta x$ であり，これは，図の青色の四角の面積に等しいとしてよい．最初から x 伸ばす仕事は，図の長方形の面積の和となり，Δx をきわめて短くすると △OAB の面積に一致する．この値は $\frac{1}{2}kx^2$ である．この仕事が，ばねがもつ位置エネルギー U [J] となる（**弾性エネルギー**ともいう）．ばねが縮められた場合も同様である．

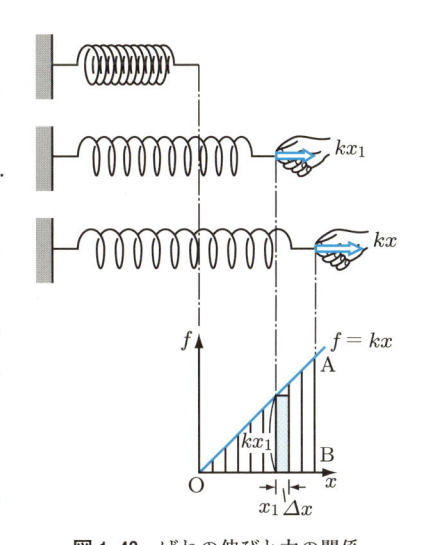

図 1.43 ばねの伸びと力の関係

$$U = \frac{1}{2}kx^2 \tag{1.41}$$

問 1.44 ばね定数 5.0 N/m の軽いばねの一端に小球をつけて，ばねを 0.20 m 伸ばしたときのばねによる位置エネルギーは何 J か．

1.5.4 力学的エネルギー保存の法則

物体のもっている運動エネルギーと位置エネルギーの和を**力学的エネルギー**という．

図 1.44 のように，質量 m [kg] の小球を基準水平面 O より速さ v_0 [m/s] で真上に投げ上げる．高さ h [m] の位置 H まで上がったときの速さを v [m/s] とすると，等加速度運動の式（1.9）より，

$$v^2 - v_0^2 = -2gh \tag{1.42}$$

の関係がある．一方，O での力学的エネルギー E_0 [J] は運動エネルギーのみで，

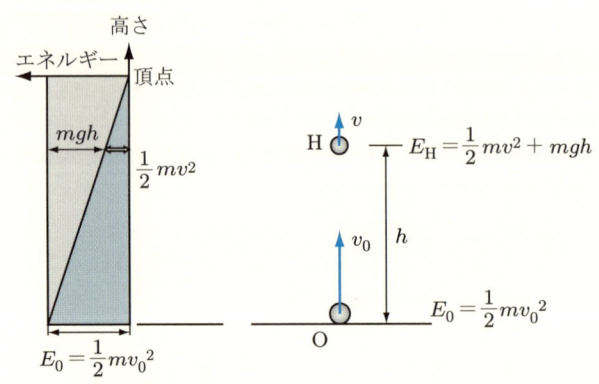

グレーの網掛けは位置エネルギー，青色は運動エネルギー，和の全エネルギーは一定である．

図 1.44　投げ上げたときのエネルギー

$$E_0 = \frac{1}{2}mv_0{}^2$$

となり，また，Hでの力学的エネルギー E_H [J] は，

$$E_H = \frac{1}{2}mv^2 + mgh$$

となる．E_H は先の関係式（1.42）を使って，

$$E_H = \frac{1}{2}m(v_0{}^2 - 2gh) + mgh = \frac{1}{2}mv_0{}^2$$

となる．つまり，$E_H = E_0$ となり，OとHでの物体の力学的エネルギーは変化しない．この例のように，一般に重力やばねの力（保存力）による物体の運動では，

「物体のもつ力学的エネルギーは一定に保たれる」

これを，力学的エネルギー保存の法則という．

例題 1.8　図 1.45 のように，ばね定数 k [N/m] の軽いばねに，質量 m [kg] の物体をつけ，自然の長さより x [m] 縮めて静かに離した．
(a)　自然の長さに戻ったときの物体の速さ v [m/s] を求めよ．
(b)　自然の長さより x' [m] 伸びたときの物体の速さ v' [m/s] を求めよ．
(c)　x' の最大値を求めよ．

図 1.45

解　(a)　縮めた状態の力学的エネルギーは，

$$E_1 = \frac{1}{2}kx^2$$

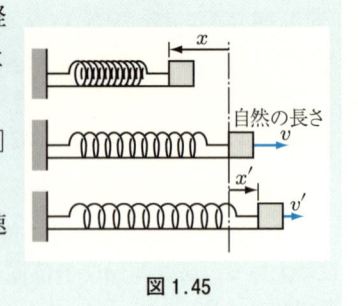

自然の長さに戻ったときの力学的エネルギーは，
$$E_2 = \frac{1}{2}mv^2$$
力学的エネルギー保存の法則より，
$$E_2 = E_1, \quad \frac{1}{2}kx^2 = \frac{1}{2}mv^2$$
したがって，
$$v = \sqrt{\frac{k}{m}}\,x$$

（b） 自然の長さより x' [m] 伸びたときの力学的エネルギー E_3 は E_1 に等しい．
$$E_3 = \frac{1}{2}mv'^2 + \frac{1}{2}kx'^2 = \frac{1}{2}kx^2$$
したがって，
$$v' = \sqrt{\frac{k}{m}(x^2 - x'^2)} \tag{1.43}$$

（c） 式 (1.43) の括弧の中は負にはならないから $x' \leq x$，すなわち，x' の最大値は x である．

問 1.45 質量 m [kg] の小球に長さ l [m] の糸をつけ，図 1.46 のように鉛直と θ の角をなす位置まで傾けて静かに離す．糸が鉛直になったときの小球の速さを求めよ．

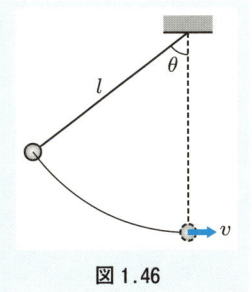

図 1.46

問題 1.4

1. 落差が 10 m，流量が 5.0 m³/s の滝がある．これを利用して発電するとき，流水のする仕事の 75% が発電機の出力として有効に使われるという．この発電機の仕事率を求めよ．
2. 地上 10 m の高さから，鉛直上方に 24 m/s の速さで質量 0.050 kg の物体を投げた．3.0 秒後のこの物体について，地面を基準としたときの位置エネルギーと運動エネルギーはそれぞれいくらか．
3. なめらかな水平面上で，ばね定数 50 N/m のばねの一端を固定し，他端に質量 0.50 kg のおもりをつける．
   （a） ばねを 0.10 m 押し縮めると，どれだけのエネルギーが蓄えられるか．
   （b） 手を離して，ばねが自然の長さになったとき，おもりの速さはいくらか．ただし，

ばねの質量は無視するものとする.

4. 図1.47のように，ばね定数kの軽いつるまきばねが一端を固定され，なめらかな水平面に置かれている．そこに，質量mの小球が速さvで直線運動をしてばねの他端にあたり，ばねをx縮めた．xをk, m, vで表せ．

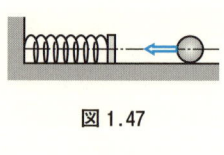

図1.47

5. 質量1.5 kgのピストルから質量0.020 kgの弾丸が速さ820 m/sで発射された．発射直後のピストルの反跳の速さを求めよ．また，火薬のエネルギーのうち，何ジュールが力学的エネルギーに転化したか．このうち，弾丸には何パーセントのエネルギーが与えられたか．

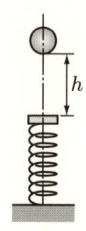

6. 図1.48に示すように，上端に質量の無視できる薄い板をつけたばね定数kの軽いつるまきばねを床に立てて，板の上hの高さから質量mの小球を静かに落とした．小球は板に衝突後，板にくっついた．ばねはどれだけ縮むか．

図1.48

7. 図1.49のように，ともになめらかな水平面と斜面がなめらかに続いている．斜面の角度は60°で頂点Aの高さはhである．水平面の端にばね定数kの軽いばねをつけ，他端に質量mの小球を置く．重力加速度をgとする．
   (a) ばねをx縮めて離すと小球はちょうど点Aまで登って引き返した．xをm, g, h, kで表せ．
   (b) 縮める長さをxより長くx'としたとき，点Aをとび出す小球の速さvをm, g, h, k, x'で表せ．
   (c) (b)のvでとび出した小球が達する高さh'はどのように表されるか．

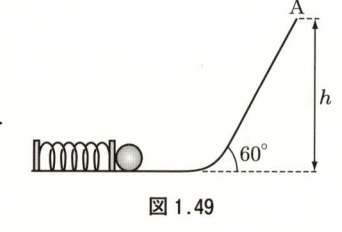

図1.49

1.6 いろいろな運動

1.6.1 水平方向に投げ出した物体の運動

物体Pが，水平方向に投げ出されたときの道すじ——軌道は，図1.50のような放物線になる．この実験で，ハンマーのはじめの高さを変えて，初速u_0を増減しても，Pが床に落ちるまでの時間は変わらない．この時間は，Pと同時に自由落下をはじめた物体Qが床に達する時間と等しい．これは，図1.51の写真からもわかる．

この現象を運動方程式によって調べてみよう．座標軸を図1.52のようにとる．水平方向に投げ出されたあと，物体Pにはたらく力は，鉛直方向の重力だけである．Pの質量をm [kg]とし，Pにはたらくx方向，y方向の分力を，F_x [N], F_y [N]とすれば，$F_x = 0$, $F_y = mg$である．次に，x方向，y方向の加速度をa_x [m/s^2],

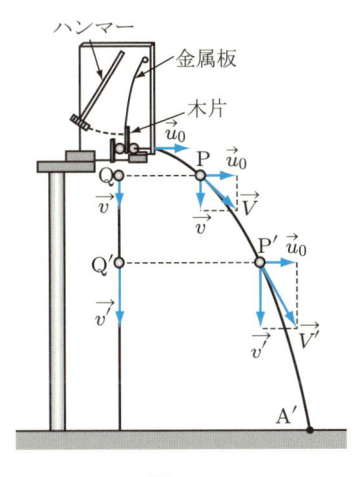

図 1.50

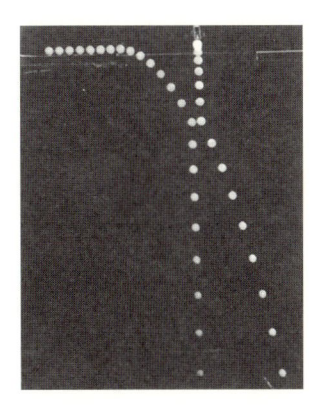

図 1.51 モンキーハンティングの実験. 左側の球を右側の球めがけて水平に投げ出すと同時に右側の球を自由落下させると, 両球は必ず衝突する.

$a_y\,[\mathrm{m/s^2}]$ で表すと, 各方向の運動方程式は,
$$ma_x = F_x, \quad ma_y = F_y \tag{1.44}$$
となり, いまの場合は,
$$ma_x = 0, \quad ma_y = mg \tag{1.45}$$
となり, これから,
$$a_x = 0, \quad a_y = g \tag{1.46}$$
となる. つまり, x 方向には力がはたらかないから, 加速度は 0, したがって, 初速 $u_0\,[\mathrm{m/s}]$ を保って等速運動をすることがわかる. また, y 方向には, 重力がはたらいていて, 等加速度運動をする. 水平方向, 鉛直方向に, 物体 P が $t\,[\mathrm{s}]$ 間に進んだ距離を, それぞれ $x\,[\mathrm{m}]$, $y\,[\mathrm{m}]$ とすれば, 次式となる.
$$x = u_0 t, \quad y = \frac{1}{2}gt^2 \tag{1.47}$$

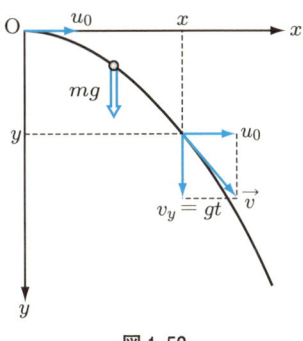

図 1.52

> **参考 1.2** このように, 平面や空間を運動する物体については, まず座標軸の方向に作用する分力を明らかにし, それぞれの方向について運動方程式をつくり, 各方向の加速度, 速度, 変位が, 時間とともにどのように変化するかを求める. 次に, 分解した運動をまとめて, 平面を運動する速度の大きさ, x 座標と y 座標の関係から軌道の形を導くことができる.

問 1.46 式 (1.47) から t を消去して，y と x の関係が，次式となることを示せ．
$$y = \frac{g}{2u_0^2}x^2 \tag{1.48}$$

問 1.47 高さ 19.6 m のビルの屋上の端から小石を水平に速さ 15.0 m/s で投げ出した．重力加速度 g を 9.80 m/s^2 として，次の各問に答えよ．
(a) 小石が地上に落ちるまでの時間はいくらか．
(b) 小石はビルから何 m 離れたところに落下するか．
(c) 小石が地上に落ちる瞬間の速さはいくらか．

問 1.48 高度 98.0 m，速度 100 km/h で水平に飛ぶ飛行機から地上に物資を届けるためには，目的地点から何 m 手前で物資を落下させればよいか．また，飛行機に乗っている人が落ちていく物資を見たらどのような運動に見えるか．

参考 1.3 斜めに投げられた物体の運動 物体を水平から角 θ 上方に初速 v_0 [m/s] で投げ出したとしよう．図 1.53 のように，投げられた点を原点とする x，y 座標を考える．鉛直上向きが y 軸の正の向きである．

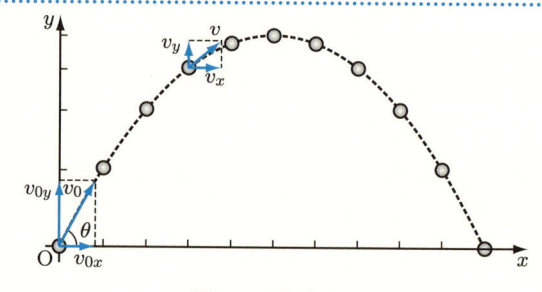

図 1.53 放物運動

x 方向，y 方向の加速度は本節の記号にならって，
$$a_x = 0, \quad a_y = -g \tag{1.49}$$
となる．初速度は x，y 両成分をもつ．これらを v_{0x}，v_{0y} [m/s] とすれば，
$$v_{0x} = v_0\cos\theta, \quad v_{0y} = v_0\sin\theta \tag{1.50}$$
である．x 方向には初速 v_{0x} を保って等速運動をし，y 方向は初速 v_{0y} で投げ上げた運動と同じになる．したがって，物体を投げ出したあと，t [s] の速度の x，y 成分を v_x，v_y [m/s]，位置の座標を x，y [m] とすれば，次の関係式が得られる．
$$v_x = v_{0x}, \quad x = v_{0x}t \tag{1.51}$$
$$v_y = v_{0y} - gt, \quad y = v_{0y}t - \frac{1}{2}gt^2 \tag{1.52}$$
ここで，式 (1.51)，(1.52) より t を消去して整理すると，
$$y = \frac{v_{0y}}{v_{0x}}x - \frac{g}{2v_{0x}^2}x^2$$
となり，放物線軌道を描くことがわかる．

1.6.2 摩擦力がはたらく場合の運動

(a) 静止摩擦力

　水平な板の上に物体を静かに載せると物体は静止を続ける．これは，物体にはたらく重力（すなわち，物体の重量）$\vec{W}$ と板から垂直に物体にはたらく力（**垂直抗力**とよぶ）$\vec{N}$ とがつり合っている結果である．これに，水平な力 $\vec{f}$ を加えてみよう．ふつう，$\vec{f}$ の大きさが小さいと物体は動かない．これは，板から物体に摩擦力 $\vec{F}$ がはたらくからである．この力 $\vec{F}$ を**静止摩擦力**といい，$\vec{F} = -\vec{f}$ の関係が成り立つ（図1.54参照）．$\vec{f}$ をだんだん大きくしていくと物体はついにすべり出す．つまり，静止摩擦力はある一定の値 F_0 以上には大きくなれないということである．すべり出す瞬間の摩擦力は $f = F_0$ となり，この F_0 を**最大静止摩擦力**という．実験によると最大静止摩擦力は垂直抗力 N（物体が板面を垂直に押す力と等しい）に比例する．すなわち，

$$F_0 = \mu N \tag{1.53}$$

である．比例定数 μ（ミュー）を，**静止摩擦係数**という．μ の値は接触面の物質や状態（たとえば，乾湿の度合い）に関係し（表1.3参照），接触面積には無関係である．

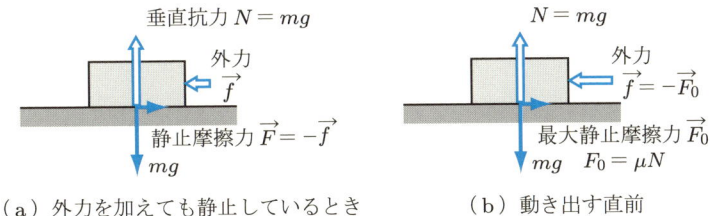

(a) 外力を加えても静止しているとき　　　(b) 動き出す直前

図1.54　静止摩擦力

表1.3　摩擦係数の値

物　質	静止摩擦係数			摩擦角 (乾) (問1.53参照)	運動摩擦係数		
	乾	湿	潤滑剤使用		乾	湿	潤滑剤使用
鋼と鋼	0.15	——	0.10〜0.13	8.5°	0.03〜0.09	——	0.009
木材と木材	0.65	0.7	0.2〜0.3	33°	0.2〜0.4	0.25	0.03〜0.17

問1.49　水平な道路で，質量 1.2×10^3 kg の自動車のタイヤをロックしておいて水平方向に引いたところ，9.8×10^3 N の力ではじめてすべった．タイヤと路面との静止摩擦係数はいくらか．

(b) 運動摩擦力

　運動している物体には，接触面からほぼ一定の運動摩擦力がはたらく．この力は，物体の運動と同方向，逆向きで，その大きさ F' は垂直抗力 N に比例し，次式で表さ

れる.

$$F' = \mu' N \tag{1.54}$$

ここで，μ' は**運動摩擦係数**とよばれ，接触面の物質と状態に関係し，接触面積や物体の速さなどによらない（表1.3参照）．一般に，運動摩擦係数は静止摩擦係数より小さい．物体の運動は，運動摩擦力と物体に作用する力の関係で決まる（図1.55参照）.

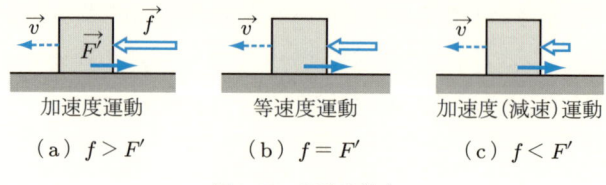

加速度運動	等速度運動	加速度（減速）運動
(a) $f > F'$	(b) $f = F'$	(c) $f < F'$

図1.55 運動摩擦力

運動摩擦力を小さくするため，接触面に油などをぬることがよく行われる．このようなものを**潤滑剤**という．また，円筒や球がすべらずにころがるときにはたらく摩擦力は**ころがり摩擦力**とよばれ，前述のすべり運動摩擦力よりはるかに小さい．軸受に用いられるボールベアリングはこのことを応用したものである.

例題1.9 水平な路面を 36 km/h で走っていた自動車が，急ブレーキをかけて 8.0 m スリップして停止した．タイヤと路面との運動摩擦係数を求めよ.

解1 等加速度運動であるとして，式 (1.9) から，

$$0 - (10)^2 = 2a \times 8.0 \quad (\because \quad 36 \text{ km/h} = 10 \text{ m/s})$$

より，

$$a = -6.25 \text{ m/s}^2$$

したがって，自動車にはたらいた力，つまり運動摩擦力は，その質量を m として，

$$-F' = m \cdot (-6.25)$$

より，

$$F' = 6.25m$$

一方，式 (1.54) より，

$$F' = \mu' N = \mu' mg$$

よって，

$$\mu' mg = 6.25m, \quad \mu' = \frac{6.25}{9.8} = 0.64$$

解2 自動車が路面に対してした仕事（摩擦力が自動車にした負の仕事）が自動車の運動エネルギーの減少と等しいと考えて，
自動車が路面にした仕事：

$$F's = \mu' mg \times 8.0$$

運動エネルギーの減少：

$$\frac{1}{2}mv^2 = \frac{1}{2}m \times 10^2 = 50m$$

よって，

$$8.0\mu' mg = 50m, \quad \mu' = \frac{50}{8.0 \times 9.8} = 0.64$$

問 1.50 上の例題で急ブレーキをかけはじめてから停止するまでの時間を求めよ．

問 1.51 （a）摩擦がないと困る場合，（b）摩擦が少ないほうがよい場合の例をあげよ．

1.6.3 斜面上にある物体の運動

傾角 θ のなめらかな[1])斜面上にある質量 m [kg] の物体にはたらく力を調べてみよう．物体に作用する力は，重力 $\vec{W}$（大きさ mg）と，斜面からの垂直抗力 $\vec{N}$（大きさ N）である（図 1.56 参照）．いま，重力を斜面に平行な分力 $\vec{P}$（大きさ $mg\sin\theta$）と，斜面に垂直な分力 $\vec{Q}$（大きさ $mg\cos\theta$）とに分解してみよう．

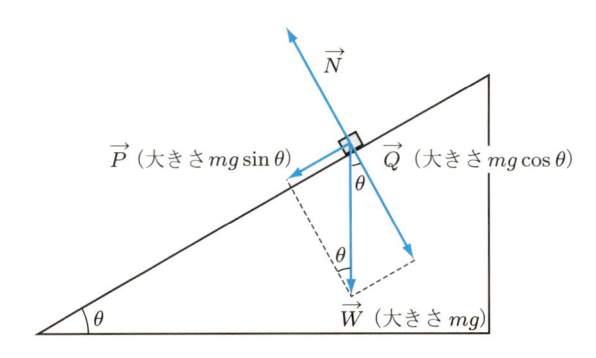

図 1.56 斜面上の物体にはたらく力

つまり，物体に作用する力は $\vec{N}$, $\vec{P}$, $\vec{Q}$ の三つの力と考えてもよい．しかし，物体は，斜面に垂直な方向にはいつもつり合っている．したがって，$\vec{N}$ と $\vec{Q}$ はつり合う2力で互いに打ち消し合う．結局，物体に作用している力としては，$\vec{P}$ だけを考えればよい．図 1.56 のように斜面の方向の運動を考え，この方向の加速度を a とする．このとき，運動方程式は，

$$ma = mg\sin\theta \tag{1.55}$$

となり，これから，ただちに，

$$a = g\sin\theta \tag{1.56}$$

が導かれる．なめらかな斜面上の物体は，この加速度で，等加速度直線運動をする．

---

1) 摩擦を考えなくてよい場合を，なめらかという．摩擦が無視できないときは，粗いという．

問 1.52 長さ 2.0 m, 高さ 0.20 m のなめらかな斜面がある. 下段から初速 0.98 m/s で, 斜面にそって上向きにすべらせた物体は, 斜面にそって, どこまで上がることができるか.

問 1.53 摩擦のある斜面上の物体は, 傾角が小さいうちは斜面上に静止しているが, 傾角を大きくしていくとついにすべり出す. この限界の傾角 θ_0 を**摩擦角**とよぶ (図 1.57 参照). 静止摩擦係数を μ としたとき, 次の式の関係が成り立つことを示せ.

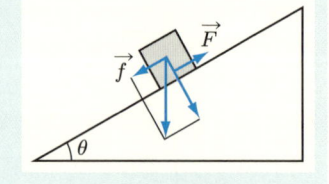

$$\mu = \tan\theta_0 \tag{1.57}$$

図 1.57 摩擦角

問 1.54 傾角を変えることのできる斜面に質量 8.0 kg の物体を置いて, 斜面を水平の状態から徐々に傾けると, 傾角が 30°になったときにすべり出した. 面を水平にしたとき, この物体を水平に押して動かすために必要な力は何 N か.

1.6.4 等速円運動

質量 m [kg] の物体Pに長さ r [m] の糸をつけ, 他端Oを中心として円運動をさせる. 単位時間あたりに回転する中心角を**角速度** $\omega^{1)}$ [rad$^{2)}$/s] という. 一定の角速度でまわる円運動を**等速円運動**という (図 1.58 参照).

等速円運動で時間 t [s] の間に回転する中心角を θ [rad] とすると, 次の関係式が成り立つ.

$$\omega = \frac{\theta}{t}, \quad \theta = \omega t \tag{1.58}$$

1周するのに必要な時間を**周期** T [s] という. 1周の中心角は 2π [rad] であるから,

$$T = \frac{2\pi}{\omega}, \quad \omega = \frac{2\pi}{T} \tag{1.59}$$

となる. また, 1秒あたりの回転数を n [Hz]$^{1)}$ とすれば, 次式となる.

$$n = \frac{1}{T} = \frac{\omega}{2\pi}, \quad \omega = 2\pi n \tag{1.60}$$

物体Pの速度の方向は円の接線の方向である. 1周 $2\pi r$ [m] するのに周期 T [s] かかるから, 速さ v [m/s] は次式となる.

$$v = \frac{2\pi r}{T} = r\omega \tag{1.61}$$

物体Pの速度の方向は絶えず変化する. ある点を始点として, 速度ベクトルを描くと, 速度ベクトルの終点も等速円運動をする (図 1.59, ホドグラフ参照). 速度はそ

---
1) ω はギリシア小文字でオメガと読む.
2) 半径 r [m] に等しい長さの円弧に対する中心角を 1 rad (「ラジアン」と読む) という (360°= 2π [rad]). 長さ s [m] の円弧に対する中心角を θ [rad] とすると $r\theta = s$ が成り立つ. このような角度の表し方を**弧度法**という (付録4参照).

1.6 いろいろな運動　39

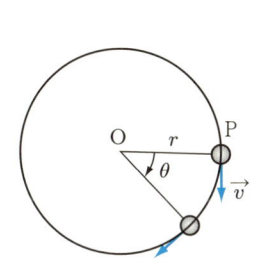

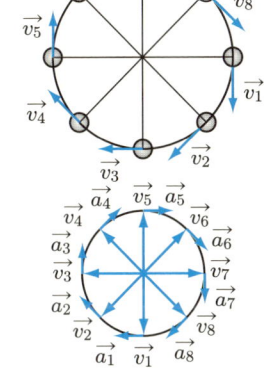

図 1.58　等速円運動　　図 1.59　ホドグラフ　　図 1.60　円運動の加速度

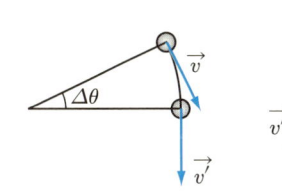

の大きさ（速さ）を変えず，方向のみを変化させるので，加速度[2]は速度の向きと垂直，つまり円の半径方向であり，向きは中心に向かっている．

物体 P が短い時間 Δt [s] の間に $\Delta\theta$ 回転したとする．すると，P の速度の変化は図 1.60 の $\vec{u}$ で表される．その大きさは $\Delta\theta$ が十分小さいと $v\Delta\theta$ となり，これを Δt で割った値が加速度の大きさ a [m/s^2] を与える．$\dfrac{\Delta\theta}{\Delta t} = \omega$ であるので，次式となる．

$$a = \frac{v\Delta\theta}{\Delta t} = v\omega = r\omega^2 = \frac{v^2}{r} \tag{1.62}$$

物体 P に円運動を続けさせるためには，つねに中心に引っ張っておかなければ物体が接線方向にとび出すことは，経験で知っているとおりである．

運動方程式により等速円運動をさせる力は加速度と同じ方向，向きをもつ．すなわち，円の中心に向かう．この力を**向心力**とよぶ．その大きさ F [N] は，次式となる．

$$F = ma = mv\omega = mr\omega^2 = \frac{mv^2}{r} \tag{1.63}$$

参考 1.4　物体 P の運動エネルギー E_k [J] は，

$$E_\mathrm{k} = \frac{1}{2}mv^2 = \frac{1}{2}m(r\omega)^2 = \frac{1}{2}(mr^2)\omega^2$$

である．ここで，mr^2 を**慣性モーメント** I [kg·m^2] と定義すれば，

$$E_\mathrm{k} = \frac{1}{2}I\omega^2 \tag{1.64}$$

---

[1] 回転数の単位は 1/s であり，これを Hz（ヘルツ）という単位で表す．
[2] 一般には，加速度は次式で与えられる（図 1.60 参照）．

$$\vec{a} = \frac{\vec{v'} - \vec{v}}{\Delta t} = \frac{\vec{u}}{\Delta t}$$

であり，これを**回転のエネルギー**ともいう．また，mrv を**角運動量**[1]H [kg·m²/s] といい，やはり慣性モーメントを使って次のように表される．

$$H = mrv = mr(r\omega) = mr^2\omega = I\omega \tag{1.65}$$

問 1.55 質量 0.15 kg の物体が毎秒 2.5 回の割合で半径 2.0 m の円運動をしている．この円運動の周期，角速度，物体の速さ，加速度の大きさ，向心力の大きさを求めよ．

1.6.5 慣性力

　一定の加速度 $\vec{a}$ で直線運動をしている列車内の天井から，質量 m のおもりを糸でつるすと，糸は鉛直線に対して傾く（図 1.61 参照）．列車外で地上に静止している人が見ると，おもりも加速度 $\vec{a}$ で運動しているのであるから $m\vec{a}$ の力が $\vec{a}$ の向きにはたらいているはずである．この力は，糸の張力 $\vec{S}$ と重力 $\vec{W}$ の合力として与えられる．

　列車とともに運動している人はこれをどう見るだろうか．この人から見るとおもりは静止しているから，張力 $\vec{S}$ と重力 $\vec{W}$ の合力を打ち消す力 $-\vec{F}$ が作用することを観測する．実際，この人はそのような力を体で感じる．

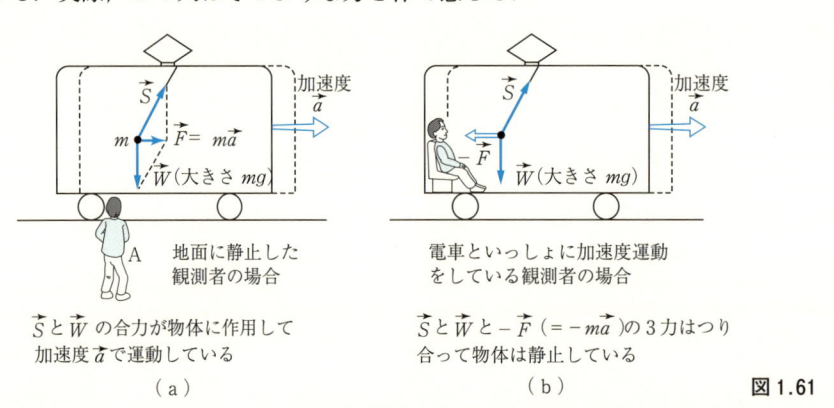

（a）地面に静止した観測者の場合
$\vec{S}$ と $\vec{W}$ の合力が物体に作用して加速度 $\vec{a}$ で運動している

（b）電車といっしょに加速度運動をしている観測者の場合
$\vec{S}$ と $\vec{W}$ と $-\vec{F}$ ($=-m\vec{a}$) の3力はつり合って物体は静止している

図 1.61

　電車の中の人のように，加速度 $\vec{a}$ で運動している観測者は，質量 m の物体に加速度と逆向きに大きさ ma の力，$-m\vec{a}$ が作用しているように見える（同図（b）参照）．このような見かけの力を**慣性力**という．

　図 1.62 の等速円運動においても，物体とともに円運動をしている観測者は向心力とつり合う外向きの力が作用して物体が静止していることを観測する．この外向きの力を**遠心力**とよぶ．この力は，円運動にともなう慣性力である．

　遠心力は向心力と向きが反対で大きさは等しいから，その大きさは式（1.63）で与えられる．

---

1) 角運動量は，実際は回転平面に垂直な方向をもつベクトルである．

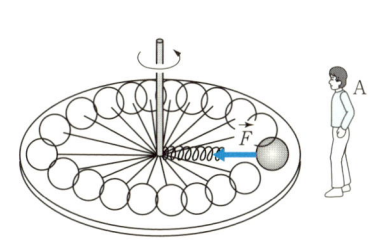

地上の観測者Aの場合
Aからは、おもりは回転して見える
向心力$\vec{F}$でおもりは回転している
（a）

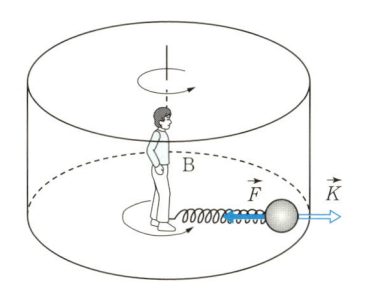

円板といっしょに回転する観測者Bの場合
Bからは、おもりは静止して見える
遠心力$\vec{K}$（$\vec{F}$と$\vec{K}$はつり合っている）
（b）

図 1.62

例題 1.10 エレベーターの天井から質量 m [kg] のおもりを糸でつるす．エレベーターが上向きで一定の加速度 a [m/s^2] で上昇するとき，糸の張力 S [N] を，
（a） 運動方程式を使って，
（b） 慣性力を使って，
求めよ（図 1.63 参照）．

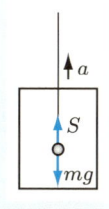

図 1.63

解 （a） おもりにはたらく力は下向きに重力 mg，上向きに張力 S，したがって，運動方程式は，
$$ma = S - mg$$
よって，
$$S = m(a + g) \quad [\text{N}]$$
（b） おもりには下向きに慣性力 ma が作用し，慣性力，重力，張力の3力がつり合っている．すなわち，
$$S = ma + mg = m(a + g) \quad [\text{N}]$$

問 1.56 次の場合，電車の吊革は鉛直方向からどちら側へ何度傾くか．
（a） 直線軌道を加速度 2.0 m/s^2 で加速している．
（b） 軌道半径 1.2 km の鉄道軌道を電車が 100 km/h で走っている．

1.6.6 惑星の運動

ケプラー（ドイツ）は，16世紀にティコ・ブラーエ（デンマーク）が長年にわたり天体を観測した記録を整理し，1610年ごろ，惑星の運動について次のケプラーの法則を発見した．

① 惑星の軌道は，太陽を一つの焦点とするだ円である（図 1.64 参照）．

表 1.4

惑星	軌道長半径 (天文単位)注1)	公転周期 (太陽年)注2)	$\dfrac{(公転周期)^2}{(軌道長半径)^3}$
水星	0.3871	0.2409	1.0005
金星	0.7233	0.6152	1.0002
地球	1.0000	1.0000	1.0000
火星	1.5237	1.8809	1.0001
木星	5.2026	11.8622	0.9992
土星	9.5549	29.4578	0.9948
天王星	19.2184	84.0223	0.9946
海王星	30.1104	164.774	0.9946

注1) 天文単位とは太陽-地球間の平均距離のことをいい，
　　　1 天文単位 $= 1.4960 \times 10^{11}$ m である．
注2) 太陽年とは地球の平均公転周期のことをいい，
　　　1 太陽年 $= 365.2422$ 日である．

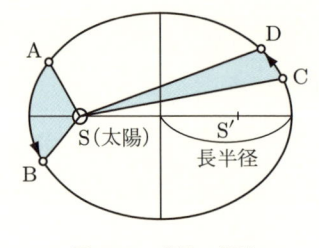

図 1.64　惑星の運動

② 惑星と太陽とを結ぶ動径が，一定時間に通過する面積（面積速度）は一定である（A→B，C→Dを同じ時間で運動したとすると扇形SABと扇形SCDの面積は等しい．同図参照）．

③ 惑星の公転周期の2乗は，だ円軌道の長半径の3乗に比例する（表1.4参照）．
ニュートン（イングランド）はこれより約半世紀後に，太陽のまわりを惑星が公転するのは太陽から惑星に引力が作用しているためであると考えた．

惑星は太陽を中心とする円運動をしているものとして，引力の説明をしよう．軌道を円とすると惑星の運動は等速円運動になることが，ケプラーの法則②からわかる．惑星の質量を m，軌道半径を r，公転周期を T とする．太陽から惑星に作用する向心力 F は，公転の角速度を ω とすると，

$$F = mr\omega^2 = mr\left(\dfrac{2\pi}{T}\right)^2 = \dfrac{4\pi^2 mr}{T^2}$$

である．一方，ケプラーの法則③から，比例定数を k として $T^2 = kr^3$ であるから，

$$F = \dfrac{4\pi^2 mr}{kr^3} = \left(\dfrac{4\pi^2}{k}\right)\dfrac{m}{r^2}$$

である．この力は太陽の質量 M にも比例すると考えられるから，G を比例定数として，次式とすることができる．

$$\dfrac{4\pi^2}{k} \equiv GM$$

結局，太陽から惑星にはたらく引力は，以下の式で表される．

$$F = G\dfrac{Mm}{r^2}$$

ニュートンは，このような力は天体だけでなく，すべての物体間に作用するものと

して，これを**万有引力**と名づけた．

「一般に，二つの物体は互いに引力を及ぼしあい，その大きさ F [N] は，それぞれの質量 M [kg]，m [kg] の積に比例し，物体間の距離 r [m] の2乗に反比例する」

これを**万有引力の法則**という．この関係を式で表せば，

$$F = G\frac{Mm}{r^2} \tag{1.66}$$

である．ここで，G は**万有引力定数**といい，その値は，

$$G = 6.673 \times 10^{-11} \text{ N·m}^2/\text{kg}^2$$

である．重力[1]は地球から地上の物体に作用する万有引力である．

18世紀にキャベンディシュ（イギリス）は，図1.65のようなねじればかりを用いて，二つの金属球間の引力を測定し，天体の間に限らず，すべての物体の間に万有引力がはたらくことを確かめ，万有引力定数の近似値を求めた．

万有引力による位置のエネルギー U [J] を考えよう．この場合は，無限遠に離れた位置を基準（エネルギー0）にとる．位置のエネルギーは無限遠から距離 r [m] まで，引力にさからって物体を運ぶ仕事に等し

図 1.65

く，運ぶ向きと引力にさからう力の向きは逆であるから，この仕事は負になり，次式で与えられる．

$$U = -G\frac{Mm}{r} \tag{1.67}$$

例題 1.11 物体の質量を m [kg]，地球の質量と半径を M [kg]，R [m] として，重力と万有引力を比較することにより重力加速度 g [m/s²] を m，M，R，および万有引力定数 G で表せ．

解 重力が物体と地球の間の万有引力のみとすれば，

$$mg = G\frac{Mm}{R^2}$$

これより，次式となる（g が地上の物体の質量 m に無関係となる実験事実に一致する）．

$$g = G\frac{M}{R^2} \tag{1.68}$$

問 1.57 例題 1.11 の結果を使い，$g = 9.80$ m/s²，$R = 6.37 \times 10^6$ m，$G = 6.67$ として地球の質量 M を求めよ．

---

1) 重力は，地球の自転のために遠心力の影響を受ける．しかし，それは小さく，通常は無視できる．

例題 1.12 地表から h [m] の高さのところで，物体（人工衛星）を地球のまわりに円運動させるための速さ v [m/s] を，h，地球の半径 R [m]，重力加速度 g [m/s²] で表せ．例題 1.11 の結果を用いよ．

解 この物体を円運動させるための向心力は万有引力であるので，
$$\frac{mv^2}{R+h} = G\frac{Mm}{(R+h)^2}$$
ただし，M，m はそれぞれ地球の質量，物体の質量である．この式と例題 1.11 の式 (1.68) から容易に，
$$v = R\sqrt{\frac{g}{R+h}}$$
を得る．この式で $h = 0$ とすると $v = \sqrt{Rg} = 7.9 \times 10^3$ m/s となり，これを第1宇宙速度という．

問 1.58 （a）地表すれすれの，（b）地上高度 3000 km の人工衛星の速さ，および地球を 1 周する時間を求めよ．ただし，地球の質量を 5.98×10^{24} kg とする．

例題 1.13 人工衛星が地球の引力から離れ，宇宙にとび去るための速さを求めよ．

解 地球の周囲にある物体は地球との万有引力のため，式 (1.67) で表される負の位置エネルギーをもつ．地球の引力から離脱するためには，力学的エネルギーが正でなければならない．つまり，無限遠で運動エネルギーが正でなければ無限遠まで行けずに再び地球に引っ張られて返ってくる．すなわち，例題 1.12 の記号を用いて，地球から r [m] にある人工衛星について，
$$\frac{1}{2}mv^2 - G\frac{Mm}{r} \geq 0$$
でなければならない．地球表面においては，$v \geq 11.2 \times 10^3$ m/s となる．この右辺の速さは地球から離れて宇宙旅行するための速さであり，第2宇宙速度という．

1.6.7 単振動

（a）単振動

図 1.66 のように，半径 A [m] の円周上を，角速度 ω [rad/s] で等速円運動をしている点 Q に，x 方向から平行光線を送る．点 Q を y 軸上に投影した射影点 P は，原点 O を中心として y 軸上を往復運動する．同図において，Q_0 から回転をはじめてから t [s] 後の点 P の変位 y [m] は次式で表される．
$$y = A\sin(\omega t) \tag{1.69}$$

このように，変位と時間の関係が正弦関数で表される運動を単振動という．単振動をしている物体について，変位の最大値 A を振幅，ω を角振動数，ωt [rad] を位相と

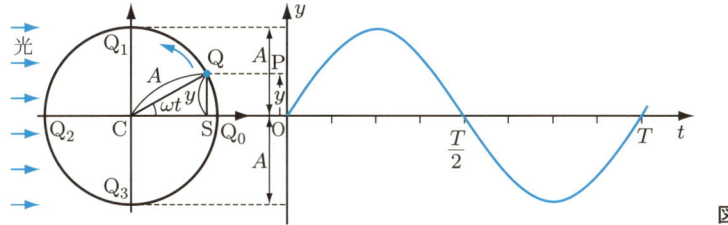

よぶ．また，1往復（1振動）する時間を**周期** T [s]，1秒あたりに往復する回数を**振動数** f [Hz[1])] という．ω, T, f の間には，次の関係が成り立つ．

$$T = \frac{2\pi}{\omega}, \quad f = \frac{1}{T} = \frac{\omega}{2\pi} \tag{1.70}$$

問 1.59 時刻 t [s] における変位 y [m] が $y = 0.50\sin 6\pi t$ で表される単振動について，振幅，角振動数，振動数，周期を答えよ．

（b）ばね振り子

単振動の例としてばね振り子がある．ばね定数 k [N/m] の軽いつるまきばねの一端に質量 m [kg] の小球をつける．ばねの他端を固定してなめらかな水平面上に置いて自然の長さから A [m] 伸ばして静かに離すと，小球は自然の長さのときの位置を中心として図 1.67 のような振動を起こす．この振動の変位と時間の関係を調べると，式（1.69）で表される関係，すなわち，単振動になっていることがわかる．この単振動の周期 T [s] は，ばね定数 k と小球の質量 m によって変化する．

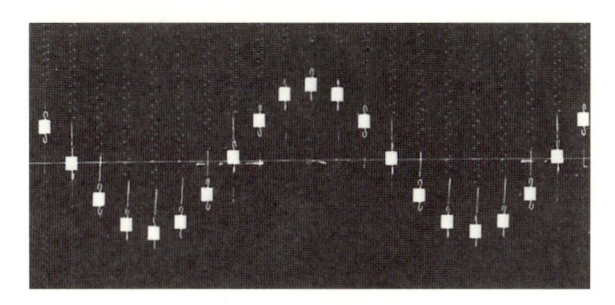

図 1.67 ばね振り子

そこで，k および m を変えて実験すると，次の結果が得られる（参考 1.5 参照）．

$$T = 2\pi \sqrt{\frac{m}{k}} \tag{1.71}$$

また，角振動数 ω [rad/s] は，式（1.70）から，

---

1) SI 基本単位で表せば 1/s である．

$$\omega = \sqrt{\frac{k}{m}} \tag{1.72}$$

となる．

この例のように，単振動する物体には振動の中心からの変位 x [m] に比例する，中心に向かう力 F [N] がはたらいていることがわかる．ばねの場合には，フックの法則による次の力である．

$$F = -kx$$

この力を式（1.72）を使って ω で表すと，次のようになる．

$$F = -m\omega^2 x \tag{1.73}$$

つまり，一般に，質量 m の物体にこのような力 F（**復元力**ということがある）がはたらいているとき，物体は式（1.72）で決まる角振動数 ω の単振動をする．

参考 1.5 等速円運動からの類推により，単振動の速度 v, 加速度 a, 復元力 F は，等速円運動の速度，加速度，向心力の y 軸上の射影になっていることがわかる（図 1.68 参照）．

$$v = A\omega \cos(\omega t) \tag{1.74 a}$$
$$a = -A\omega^2 \sin(\omega t) \tag{1.74 b}$$
$$F = -mA\omega^2 \sin(\omega t) \tag{1.74 c}$$

式（1.69）と式（1.74 c）から F と y の関係がわかり，フックの法則を使うと，

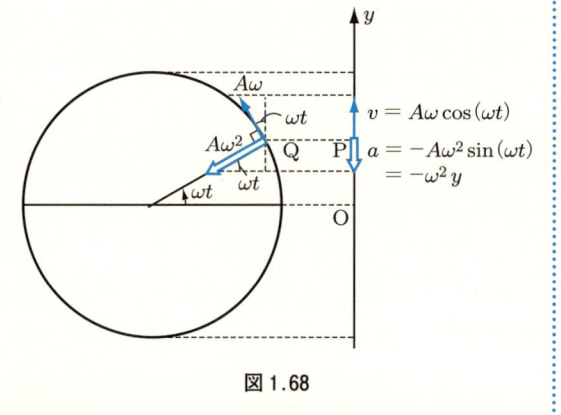

$$F = -m\omega^2 y = -ky \quad \therefore \quad \omega = \sqrt{\frac{k}{m}} \tag{1.74 d}$$

となる．この関係は式（1.73）と同じ形となり，式（1.72）が導かれる．

図 1.68

問 1.60 一端を固定したつるまきばねに，質量 0.10 kg のおもりをつけて，摩擦のないようにして単振動させると，周期は 0.50 s であった．ばね定数を求めよ．

問 1.61 ばね振り子で変位 x の時間的変化は，

$$x = A \sin\left(\sqrt{\frac{k}{m}}\, t\right)$$

となるが，力学的エネルギー保存則と運動方程式から振り子の速度と加速度の時間的変化を求めよ．

問 1.62 図 1.67 は天井からつるしたばねにつけたおもりの振動である（鉛直ばね振り子）．この場合にも，横に置かれたばねと同様，おもりはつり合いの位置に向かい，その変位に比例する力が作用し，かつ比例定数がばね定数であることを説明せよ．とくに重力が関係しない理由を考えよ．

問 1.63 250 g のおもりをつるすと 20 cm 伸びるばねがある．ばね定数 k [N/m] を求めよ．また，このばねに 100 g のおもりを下げて振動させると周期は何 s か．

（c） 単振り子

長さ l [m] の軽い糸の下端に質量 m [kg] の小さなおもり P をつけ，上端を固定して鉛直面内で十分小さな振幅で振らせるとき，これを**単振り子**という．おもりに作用する力は重力 mg [N] と糸からの張力 S [N] である．図 1.69 の位置でおもりを点 O の位置に戻そうとする力 F [N] は，重力 mg のおもりの運動方向[1)]への成分である．鉛直方向と糸がなす角を θ として，F は，

$$F = -mg\sin\theta$$

である．支点を通る鉛直線 $\overline{CO}$ からの距離を x' [m] とすると，

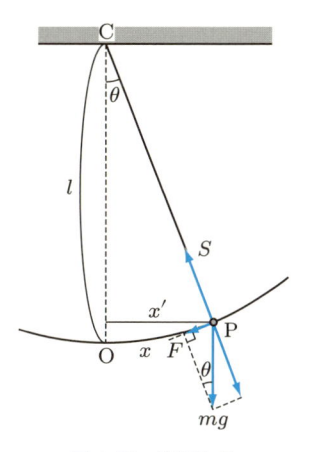

$$\sin\theta = \frac{x'}{l}$$

図 1.69 単振り子

となる．振幅が十分小さいと x' と円弧 $\overset{\frown}{OP}$ の長さ x は等しいとみなすことができて，上の両式から，

$$F = -\frac{mg}{l}x$$

と近似できる．おもりにはたらく力は平衡点（点 O）に向かい，そこからの変位に比例している．すなわち，単振動をする物体にはたらく復元力と同じ形になり，式 (1.73) と比較して，

$$\omega = \sqrt{\frac{g}{l}}$$

となる．したがって，単振り子の周期 T [s] は，

$$T = 2\pi\sqrt{\frac{l}{g}} \tag{1.75}$$

となる．単振り子の周期は，振幅が小さいうちは，振幅を変えても変わらない．これを**振り子の等時性**という．また，周期はおもりの質量にも無関係である．

1） 糸と垂直な方向．

問 1.64 周期が 1.0 s，および 2.0 s の単振り子の長さはそれぞれいくらか．

問題 1.5

1. ボールを地面から斜め上に投げたところ，4.0 秒後に 120 m 先に落ちた．ボールの初速度の x 成分，y 成分と，初速度の大きさを求めよ．また，ボールは何 m まで上がったか．
2. 質量 1.0 kg の物体 A が図 1.70 のように机上に置かれ，おもり W の質量が 0.30 kg を超えると A がすべり出した．W を 0.40 kg とし，糸の反対側から机面に平行な力 F で引っ張って，A が右にも左にもすべらないためには，F の大きさがどんな範囲にあればよいか．
3. 問題 2．で反対側から引っ張ることをやめて，物体 A を上から押さえてすべらないようにするには，どのくらいの力以上で押せばよいか．
4. 問題 2．で反対側から机面に平行に引っ張った力の代わりに水平と 30°をなす力 F で引っ張って，右にも左にもすべらないためには，F の大きさがどんな範囲にあればよいか．
5. 図 1.71 のように，傾角 30°の粗い斜面上にある質量 20 g の質点を，斜面と 30°をなす方向に糸で引いてつり合いの状態を保とうとするとき，糸の張力 T はどの範囲にあればよいか．ただし，斜面の静止摩擦係数は 0.10 とする．
6. 質量 2.0 kg の物体が摩擦のある水平な床に置いてある．この物体に水平から 60°上方に一定の力を加え，等速で 10 m 水平に移動させた．運動摩擦係数を 0.50 として加えた力を求めよ．また，このとき加えた力，摩擦力，重力，垂直抗力のなす仕事はそれぞれいくらか．
7. 図 1.72 のように，長さ 0.75 m の糸の上端を天井に固定し，下端に質量 0.50 kg の小球をつけ，小球を天井から 0.45 m 下の水平面内で等速円運動をさせる．
   (a) 図の中の力 F_I，F_C，S，W の名称をいえ．
   (b) 円運動の周期は何秒か．
8. 木星のまわりをまわる衛星の一つにイオがある．その軌道はほぼ半径 420000 km の円軌道で，周期は約 1.8 日である．万有引力定数を 6.7×10^{-11} N·m²/kg² として木星の質量を求めよ．
9. 地球の自転が速かったら，その遠心力のために引力が打ち消されて重力が 0，つまり，無重力状態になる．赤道上でそうなるための自転の周期は，何時間何分か．赤道半径は 6.4×10^6 m とせよ．

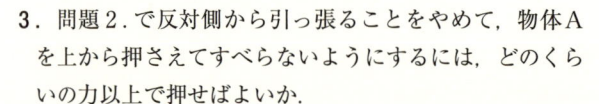

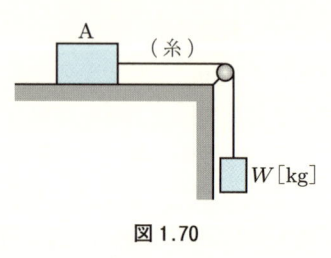

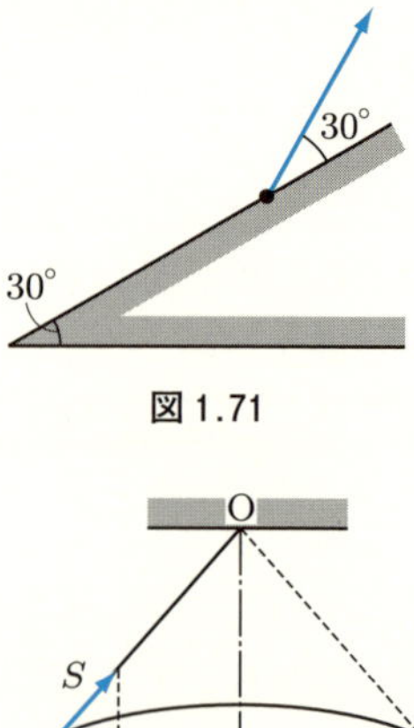

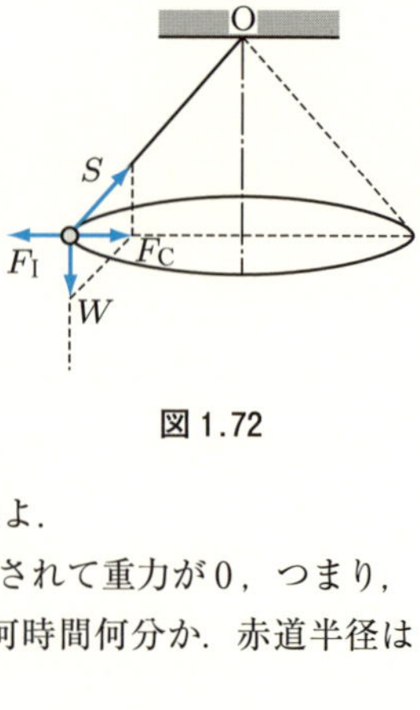

図 1.70

図 1.71

図 1.72

10. 質量 500 g の物体を，運転しているエレベーター中のばねばかりで測ったら，520 g を示した．このエレベーターに乗っている質量 60 kg の人は，エレベーターの床にどのような力を及ぼすか．
11. 速さ 20 m/s で等速直線運動をしていた電車が，一定の強さのブレーキをかけて 400 m 進んで止まった．電車の天井からおもりを糸でつるしているとき，車中の人と，車外の人は，それぞれどのような現象を観察するか．
12. 大きさ 0.49 N の力で引くと 3.0 cm 伸びるばねの一端を，なめらかな机の面に固定し，他端に質量 10 g のおもりをつけて単振動させるとき，振動の周期を求めよ．
13. x 軸上をなめらかに運動することができる質量 0.10 kg の小球が，原点Oに静止している．表 1.5 はこの小球を原点からずらしたときに小球にはたらく力を測定した結果である．

表 1.5

距離 x [m]	-0.30	-0.20	-0.10	0.10	0.20	0.30
力 [N]	3.0	2.0	1.0	-1.0	-2.0	-3.0

この小球を $x = 0.25$ m のところまで持ってきて静かに離すと，小球は振動をはじめた．
（a） 振幅は何 m か．
（b） 周期は何秒か．
（c） 振動をはじめて最初に原点を通過するのは何秒後か．そのときの速度を求めよ．
（d） 振動をはじめて最初に -0.20 m の点を通過するときの速度と加速度を求めよ．

1.7 剛体や流体にはたらく力のつり合い

この節では，力がはたらいても変形しない理想的な固体を考える．このような固体を**剛体**という．したがって，きわめて小さい変形が原因で生じる抗力，摩擦力なども，力だけを考えて，変形は無視する．また，力は，一つの平面内ではたらく場合に限ることにする．この平面を**力の平面**ということがある．

1.7.1 剛体にはたらく力

（a） 作用線の定理

剛体に力がはたらく点を**作用点**，作用点を通り，力の方向に沿って引いた直線を**作用線**という．同じ作用線上にあって，向きが反対である二つの力，$\vec{F}$ と $-\vec{F}$ はつり合う．このことから，剛体にはたらく力の作用点は作用線上のどこへ移しても力の効果は変わらな

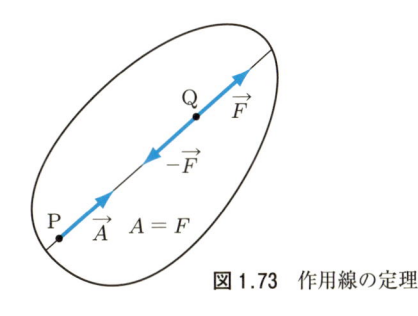

図 1.73 作用線の定理

いことがわかる（図 1.73 参照）．

> **問 1.65** 図 1.73 で，力 $\vec{A}$ と $\vec{F}$ は，物体に対する効果が同じであることを説明せよ．

(b) 力のモーメント

図 1.74 のように，十分に軽い棒を点 O で支え，点 P と点 Q に，それぞれ質量 m_P と m_Q のおもりをつるす．OP, OQ の長さをそれぞれ l, l' とするとき，この棒がつり合う条件が，

$$m_P g \times l = m_Q g \times l'$$

であることが実験で確かめられる．これは，点 P で棒に垂直にはたらく力 $m_P g$ が，反時計まわり（時計の針がまわるのとは逆）に棒を回転させる効果が $m_P g \times l$ であり，点 Q で棒に垂直にはたらく力 $m_Q g$ が，時計まわりに棒を回転させる効果が $m_Q g \times l'$ であって，それらが互いに打ち消しあって棒が回転しないと解釈できる．

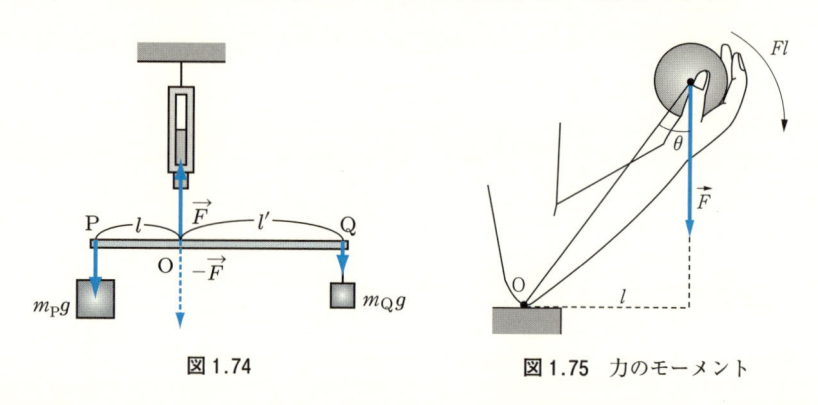

図 1.74

図 1.75　力のモーメント

> **問 1.66** もし，$m_P g \times l > m_Q g \times l'$ ならば，どうなるか．なぜそうなるのか説明せよ．

一般に，力 $\vec{F}$ が剛体に作用しているとき，ある点 O から力の作用線までの距離 l と力の大きさ F との積 Fl に，反時計まわりのときは $+$，時計まわりのときは $-$ の符号をつけたものを，点 O のまわりの力 $\vec{F}$ のモーメントという（図 1.75 参照）．

力の単位を N，距離の単位を m とすると，力のモーメントの大きさの単位は N·m となる．

(c) 作用線が平行な 2 力の合成

図 1.74 において，支点 O から棒には垂直上向きに大きさ $F = m_P g + m_Q g$ の力 $\vec{F}$ がはたらいて，棒がつり合っているといえる．つまり，$\vec{F}$ とつり合う大きさ，方向が等しく向きが反対で，点 O にはたらく力 $-\vec{F}$ が点 P と点 Q にはたらく重力を合成したものであるといってよい．

一般に，平行で向きが同じ二つの力 $\vec{F_1}$ と $\vec{F_2}$ の合力を $\vec{F}$ とすれば，次のことがいえる（図1.76参照）.

① $\vec{F}$ の方向と向きは $\vec{F_1}$，$\vec{F_2}$ と同じである.
② $\vec{F_1}$ と $\vec{F_2}$ の作用点をA，Bとすれば，$\vec{F}$ の作用線は線分ABを F_1 と F_2 の逆比に内分する点Cを通る．すなわち，
$$AC : BC = F_2 : F_1$$
③ $F = F_1 + F_2$ である．

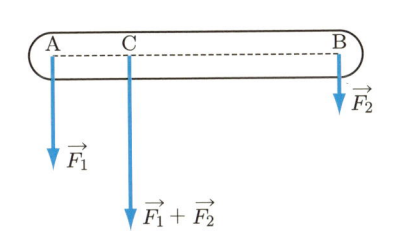

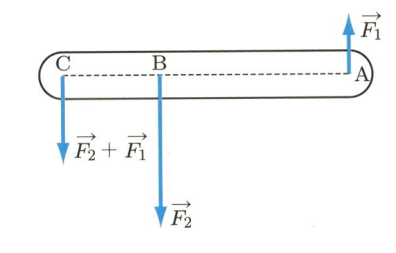

図1.76 同じ向きに平行な2力の合力　　　　**図1.77**

次に，平行であるが逆向き（反平行）の2力の合成も同様に考えることができる．てこの関係の類推から $\vec{F_1}$ と $\vec{F_2}$（$F_1 < F_2$）が反平行な2力であるとき，合力を $\vec{F}$ とすれば，次のことがいえる（図1.77参照）.

① $\vec{F}$ の方向と向きは $\vec{F_2}$ と同じである.
② $\vec{F_1}$ と $\vec{F_2}$ の作用点をA，Bとすれば，$\vec{F}$ の作用線は線分ABを F_1 と F_2 の逆比に外分する点Cを通る．すなわち，
$$AC : BC = F_2 : F_1$$
③ $F = F_2 - F_1$ である．

(d) 重　心

物体の各部分にはたらく重力は，鉛直下向きで，互いに平行であるから，それらを合成して一つの力で置き換えることができる．この重力の合力の作用線は，物体の置き方やつるし方に関係なく，物体によって定まる一つの点を通る．この点を重心という．各部分の重力の合力は，重心に物体の全質量が集まったとしたときの重力に等しい（図1.78参照）．密度が一様な物体では，その形状の幾何学的な中心が重心になる．

(e) 偶　力

図1.79のように，反平行で大きさの等しい二つの力 $\vec{F}$ と $-\vec{F}$ は，合力を求めることができない[1]．このような一組の力を偶力とよぶ．偶力は物体を回転させるはたら

---

[1] 図1.77において，線分ABを 1 : 1 に外分する点は存在しないから，合力の作用線の位置を定めることができない．

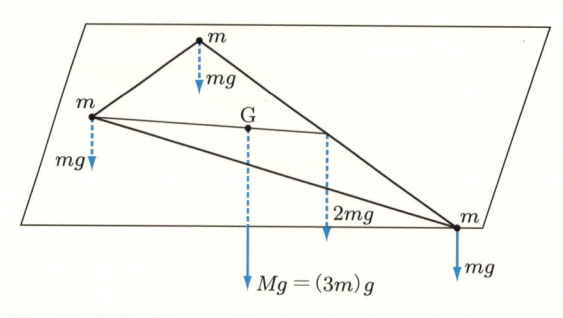

図 1.78 重心（三つの同じおもりを固定した軽い板の重心）

図 1.79 偶力

きがあるだけである．偶力の作用線間の距離が l のとき，$+Fl$，または $-Fl$ を，**偶力のモーメント**という．剛体を回転させる向きが反時計まわりのときは正，時計まわりのときが負である．

> **問 1.67** 偶力をつくる 2 力の任意の点のまわりの力のモーメントの和は，偶力のモーメントに等しいことを示せ．

1.7.2 剛体のつり合いの条件

剛体に力 $\vec{F}$ がはたらくとき，これを任意の点 O にはたらく力と偶力に置き換えることができる．図 1.80 において，点 O に $\vec{F}$ と平行で大きさが等しい力 $\vec{F'}$ とこれにつり合う力 $-\vec{F'}$ とを作用させる．

$\vec{F'}$ と $-\vec{F'}$ はつり合っているので剛体に対するはたらきは，これらの力があってもなくても変わらない．

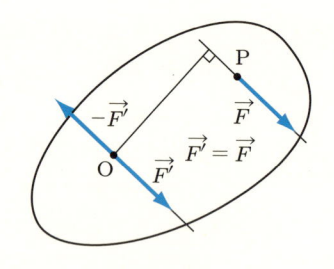

図 1.80

これを $-\vec{F'}$ と $\vec{F}$，および $\vec{F'}$ に分けて考える．前者は一つの偶力を与え，これは点 O のまわりの力 $\vec{F}$ のモーメントと考えてよい．後者は $\vec{F}$ を点 O に平行移動した力となる．剛体にはたらく多くの力のつり合いを考えるとき，任意の点 O を決め，すべての力を平行移動で点 O に集めてそれらの合力を求める．この合力がゼロでなければ剛体は動き出す．また，点 O のまわりのすべての力のモーメントを求め，それらの和をとる．これがゼロでなければ剛体は回転する．すなわち，剛体のつり合いの条件は，以下の式となる．

$$\left. \begin{array}{l} \text{① 作用する力の合力} = 0 \\ \text{② 作用する力の任意の点のまわりのモーメントの和} = 0 \end{array} \right\} \quad (1.76)$$

問 1.68 正方形と正三角形の辺にそって，図 1.81 のような大きさの等しい力がはたらいている．おのおのの場合について，力を合成せよ．

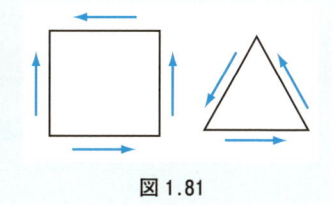

図 1.81

例題 1.14 長さ l [m]，質量 M [kg] の一様な棒が，なめらかな壁と粗い床との間に立て掛けられている．床と棒とのなす角度は θ である．棒が壁と床から受ける力を求めよ．

解 図 1.82 のように，棒に作用する力は重心に重力 Mg，点 A に垂直抗力 N，点 B に垂直抗力 N'，および静止摩擦力 F の四つである（なめらかな面から作用するのは垂直抗力のみである）．

これらがつり合うためには，以下の条件が必要である．
(a) 合力 = 0
　　水平方向　$N + (-F) = 0$ 　　　　　(1.77)
　　垂直方向　$N' + (-Mg) = 0$ 　　　　(1.78)
(b) 任意の点（ここでは点 B とする）のまわりの力のモーメント = 0

$$Mg\frac{l}{2}\cos\theta + (-Nl\sin\theta) = 0 \qquad (1.79)$$

式 (1.77)〜(1.79) より，棒が床と壁から受ける力は，それぞれ次式となる．

$$N' = Mg, \quad N = F = \frac{Mg}{2\tan\theta}$$

図 1.82

問 1.69 例題 1.14 で，点 B 以外の点のまわりの力のモーメントを考えても同じ解が得られることを示せ．また，$\vec{N'}$ と $\vec{F}$ の合力を $\vec{R}$ としたとき，$\vec{N}$，Mg，$\vec{R}$ の 3 力は作用線が 1 点で交わり，つり合うことを示せ．

参考 1.6 変形と弾性 実際の物体は外力を受けると必ず変形する．外力と変形の詳しい関係は応用物理や材料力学で学ぶ．以下に参考のため，主な変形を二つあげておく．

(a) 伸びの弾性 長さ l，断面積 S の一様な棒の両端に外力 F を加えてその長さを Δl 引き伸ばした場合を考える（図 1.83 参照）．この伸びの割合 $\Delta l/l$ を**ひずみ**といい，ε で表す．物体内に，力と垂直な任意の断面を考えると単位面積あたり F/S の抵抗力がはたらいている．この抵抗力 F/S とひずみ $\Delta l/l$ は，変形が小さいときは比例関係，

$$\frac{F}{S} = E\frac{\Delta l}{l} \quad [\text{N/m}^2] \qquad (1.80)$$

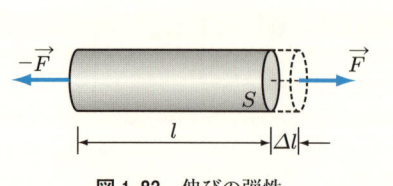

図1.83 伸びの弾性

図1.84 ずれの弾性

が成り立つ．F/S は<u>引っ張りの応力</u>または張力といわれ記号 σ で表す．また，E はその物質の<u>ヤング率</u>といわれる．式（1.80）は次のように書ける．

$$\sigma = E\varepsilon \quad [\text{N/m}^2] \tag{1.81}$$

たとえば，軟鋼のヤング率は $2.0 \times 10^{11} \text{ N/m}^2$ 程度である．

（b）ずれの弾性　図1.84 のように，直方体の底面を固定し，上の面にそって力 F を加え，断面の形を長方形 ABCD から平行四辺形 A′BCD′ に変えたとしよう．このような変形を<u>ずれ</u>といい，図の角 γ を<u>ずれの角</u>という．物体内の点線の断面の上部は下から左に向かう力を，下部は上から右に向かう力を受け，その力の大きさは上端に加えた力 F と等しくなる．F/S を<u>ずれの応力</u>といい，τ で表すと次式が成り立つ．

$$\tau = G\gamma \quad [\text{N/m}^2] \tag{1.82}$$

ここで，G を<u>ずれ弾性率</u>あるいは<u>剛性率</u>という．軟鋼の場合，その値は $7.9 \times 10^{10} \text{ N/m}^2$ 程度である．

1.7.3 静止した流体

液体と気体をあわせて流体とよぶ．固体と異なり，流体はどのような形の容器に入れられても自由に形を変えることができる．これは，流体がほかの部分と圧力だけを及ぼしあっていて，接触面に平行な抵抗力がはたらかないためである．

（a）全圧力と圧力の強さ

面を垂直に押す力を<u>圧力</u>という．面積 S が受ける全体の圧力 P を<u>全圧力</u>といい，単位面積あたりに加わる圧力 p を<u>圧力の強さ</u>（単に圧力と略していうことも多い）とよぶ．この間には，

$$p = \frac{P}{S} \tag{1.83}$$

の関係がある．圧力の強さ p の単位は Pa（パスカル）で，1 Pa は 1 N/m^2 である．

問 1.70（a）同じ大きさの力をかけて，鉛筆で手を押すとき，削った端で押すほうが，削らない端で押すときよりも痛く感じるのはなぜか．
（b）深く積もった雪の面に立つと，体が雪の中にはまりこむが，そりに乗っている人はあまりはまりこまないのはなぜか．

問 1.71 質量 20 kg,面積 2.0 m² の机がある.この机の足は 4 本で,1 本の足の断面積は 5.0 cm² である.机から床が受ける圧力の強さはいくらか.また,足を上にして置いたとき,机の面から床が受ける圧力の強さはいくらか.

(b) パスカルの原理

流体内の圧力は,次のようにして伝わる.密閉された流体について,圧力の強さがある部分で増加すると,各部分の圧力の強さが,同じ大きさだけ増加して伝わる.これを**パスカルの原理**という.

この原理を応用した水圧機や油圧機は,小さい力を加えて,きわめて大きな力を生じる方法として,広く用いられている.自動車のブレーキ,油圧ジャッキ,フォークリフト,製本機などはその例である.

問 1.72 図 1.85 の水圧機において,右側の断面積 5.0 cm² のピストンに 490 N の力を加えたとき,左側の断面積 1.0 m² の台を押し上げる力はいくらになるか.

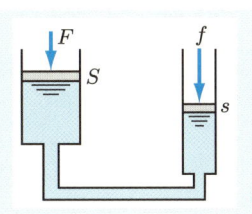

図 1.85 水圧機の原理

(c) 重力による圧力

地表は,その上にある数百 km にも及ぶ,深い空気の層(大気)の底にある.したがって,地表は大気からの圧力を受けている.この圧力の強さを**大気圧**とよび,高さ約 76 cm の水銀柱の底における圧力[1]に等しい.標準の大気圧を 1 気圧といい,1 atm(アトム)と記す.

$$1 \text{ atm} = 760 \text{ mmHg} = 760 \text{ Torr} = 1.013 \times 10^5 \text{ Pa} = 1.013 \times 10^3 \text{ hPa}$$

問 1.73 大気圧 1 atm は,高さ 76.0 cm の水銀柱がその底面に及ぼす圧力(=760 mgHg)に等しい.このことを用いて,1 atm を Pa で表せ.重力加速度を 9.80 m/s²,水銀の密度を 13.6 g/cm³ とする.

問 1.74 大気の密度が一様で 1.3 kg/m³ であると仮定すると,大気の厚さは約何 km になるか.

液体では深くなるほど圧力は大きい.深さ h [m] における圧力 p [Pa] を求めるため,図 1.86 のように,静止した密度 ρ [kg/m³] の液体の中に断面積 S [m²],高さ h [m] で,中心軸が鉛直な直方体の液柱を考える.また,液柱の上の面は,液の表面の一部であるとする.

---

1) 本書において,これからのち,圧力の強さを圧力とよぶことが多い.

大気圧を p_0 [Pa] とすれば，この液柱にはたらく鉛直方向の力は，上面に下向きの全圧力 $p_0 S$ [N]，液柱に作用する重力 $\rho g h S$ [N]，下面に上向きの全圧力 pS [N] である．この三つの力は，つり合う力であるから，
$$pS = p_0 S + \rho g h S$$
である．したがって，
$$p = p_0 + \rho g h \tag{1.84}$$
であり，このような圧力を**静水圧**という．

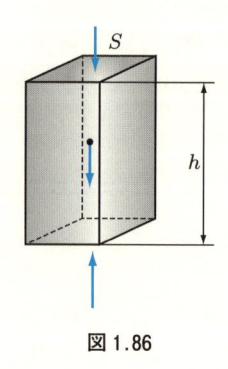

図 1.86

問 1.75 水中で，深さ 10 m における圧力の強さを求めよ．

問 1.76 静止液体中に，図 1.87 のような一方を斜めに切った液柱を考え，そのつり合いから圧力の強さが方向によらないことを示せ．

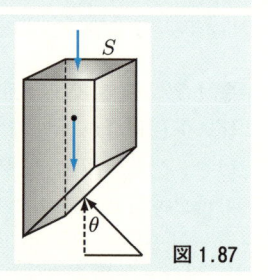

図 1.87

静止している液体内の圧力の強さは，深さで決まり，圧力を受ける面の方向にはよらない．

(d) 浮 力

図 1.88 のように，流体中の物体の表面には，まわりの流体から圧力がはたらく．この圧力の強さは，深くなるほど大きくなるので，圧力の合力は上向きになるであろう．この合力を**浮力**とよぶ．

いま，物体を取り除き，まわりの流体で置き換えてみても，周囲の流体からこの流体のかたまりの表面にはたらく圧力，つまり，浮力は変わらない．このかたまりにはたらく力の浮力と，かたまりの重心に作用する重力の二つの力は，明らかにつり合う．これが**アルキメデスの原理**である．

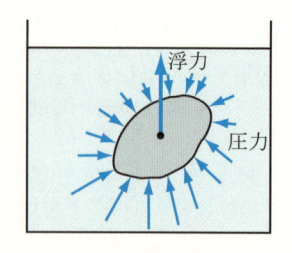

図 1.88 浮 力

流体中にある物体が，まわりの流体から受ける浮力の大きさは，物体の体積を V [m³]，流体の密度を ρ [kg/m³] とすれば，浮力 F [N] は，次式で示される．
$$F = V \rho g \tag{1.85}$$
また，浮力の向きは，物体が排除した流体の部分の重心を通り鉛直上向きである．
物体の密度が液体の密度より小さいと物体は浮く．このとき，物体が受ける重力と

物体の液中にある部分が受ける浮力とつり合う．

問 1.77 図 1.89 のように，断面積 S，高さ h の角柱を密度 ρ の液中に入れる．この角柱が液体から受けている力を求めよ．

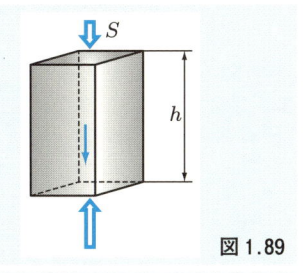

図 1.89

問 1.78 海水に浮かぶ氷山がある．氷および海水の比重をそれぞれ 0.92 および 1.05 とすれば，この氷山は全体積の何％を海面下に沈めていることになるか．

問題 1.6

1. 水平な地面に長さ 6.0 m の丸太がある．その一端 A を少し持ち上げるには 294 N の力を要し，他端 B を少し持ち上げるには 196 N の力を要した．この丸太の質量と重心の位置を求めよ．

2. 半径 r の一様な円板から，半径 $r/2$ の内接円を切り取った三日月形の板の重心の位置を求めよ．

3. 重さ W，長さ l の一様な棒が一端は水平な床の上にあり，他端は糸で支えられて，つり合いの状態にある（図 1.90 参照）．次の各問に答えよ．

   （a） 図 1.90 はこの棒に作用している力を示している．力 W, T, N, F の名称を記せ．
   （b） 水平方向のつり合いの式を書け．
   （c） 鉛直方向のつり合いの式を書け．
   （d） A を中心として棒 AB を回転させようとする力はどれとどれか．反時計まわりの力のモーメント，時計まわりの力のモーメントを考え，力のモーメントのつり合いの式をつくれ．これから T を求めよ．
   （e） 同様に，B を中心として，棒 AB を回転させようとする力はどれとどれか．力のモーメントのつり合いの式はどうなるか．

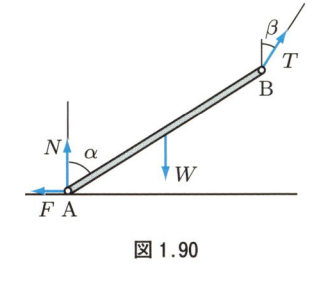

   図 1.90

4. 図 1.91 のように，質量 M の一様な棒の一端 A をちょうつがいで固定し，他端 B に糸をつけ，これを A の真上の点 C に結ぶ．AB と水平面との傾きを 45° とすれば，糸の張力 T はどれだけか．また，A 端で棒にはたらく力の大きさ R を求めよ．ただし，糸は水平であり，重力加速度を g とする．

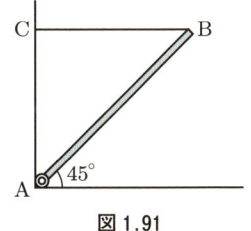

5. 図 1.92 のように，質量 100 kg，長さ 5.0 m のはりの一端 A

   図 1.91

をちょうつがいで壁に固定して他端Bにロープをつけ，これをはりと直角になるように，また，はりと壁との角度が30°になるようにロープを壁の点Cにくくりつけた．はりにはBから2.0 mのところに質量50 kgの荷物がぶらさがっている．ロープにかかる張力を求めよ．

6. 質量50 kgの一様な棒を，壁と30°の角度をなすように立てかけたい．壁と床とがなめらかであるとすれば，棒の下端に水平にどれだけの力を加えればよいか．また，壁および床から受ける抗力の大きさを求めよ．

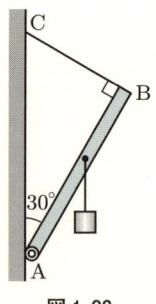

図 1.92

練習問題 1

（解答は巻末参照）

1.1 図1.93のように，軽いなめらかな滑車にかけた伸びない軽い糸の両端に，質量がそれぞれ1.0 kgと0.40 kgのおもりをつけ，最初，1.0 kgのおもりは，板で支えられていたとする．
　（a）　おもりが静止していたとき，糸の張力と，板が1.0 kgのおもりを支える力の大きさは，それぞれいくらか．
　（b）　次に，板を外したあと，糸の張力とおもりの加速度を求めよ．

1.2 図1.94のように，水平な床に質量1.0 kgと2.5 kgのブロックA，Bを軽い糸でつないで置いた．Aに糸をつけて右のほうに49 Nの一定の力で引いて運動している．
　（a）　床面とブロックの間に摩擦がないとき，A，Bの加速度と，AとBをつなぐ糸がBを引く力を求めよ．
　（b）　床面とブロック（A，Bとも）の間の運動摩擦係数が0.35であるとき，A，Bの加速度と，AとBをつなぐ糸がBを引く力を求めよ．

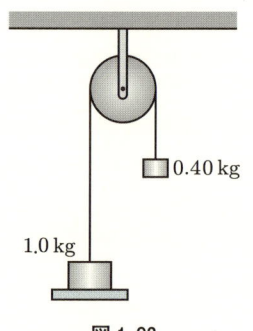

図 1.93

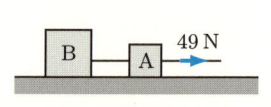

図 1.94

1.3 水平と30°の角をなす斜面の下方から，物体を斜面にそって投げ上げたところ，1.0 s間に4.5 m動いて止まった．
　（a）　物体の初速はいくらか．
　（b）　運動摩擦係数を求めよ．

1.4 球を高さ2 mの地点から落とすと地上ではね返って1.4 mまで上がった．同じ球を同じ場所に高さ10 mの地点から落とすと，高さ何mまではね上がるか．

1.5 半径0.50 mの傘から水滴が垂れている．この傘を地上1.3 mのところで，2.0 sで1回転の割合で回転すると，水滴は地上にどんな図形を描くか．

1.6 図1.95のようなジェットコースターの軌道がある．ループの半径は24 mである．ループ内で台車が軌道から離れないためには，出発点の高さhは最低何mなければならないか．力学的エネルギー保存の法則が成り立つとして考えよ．また，出発点の高さが

100 m であるとき，ループの最高点で台車が軌道を押す力を求めよ．台車の全質量を 150 kg とする．

1.7 図 1.96 のように，質量 2.0 kg の小物体が角度 45° の粗い斜面を初速度ゼロで高さの差 0.80 m すべって粗い水平面に達し，さらに，水平面上を 1.2 m すべって止まった．物体との運動摩擦係数は斜面および水平面で同じであるとして，運動摩擦係数を求めよ．

図 1.95

1.8 床の上に置かれた，長さ 2.0 m の板の端に小さな物体が載せてある．この端を静かに持ち上げたところ，板の傾角が 30° になったとき物体がすべりはじめた．このときから板を固定し，物体が床に落ちるときの速さを測ったら 2.0 m/s であった．板と物体との間の静止摩擦係数と，運動摩擦係数を求めよ．また，この場合，失われる力学的エネルギーはいくらか．ただし，この物体の質量は 0.50 kg である．

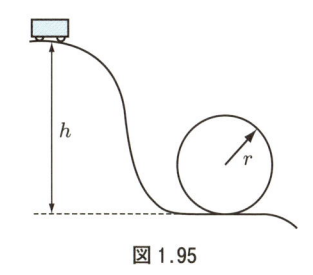

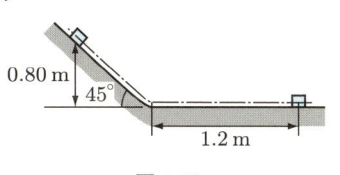

図 1.96

1.9 図 1.97 のように，質量 M の木のくいの上端 h の高さから，質量 m の鉄塊を静かに落とした．衝突後，鉄塊とくいは一体となって，さらに地中に x だけめりこんだ．めりこむときの平均の力を求めよ．次に，土の抵抗力は一定で変わらないとすると，落とす鉄塊に初速 v をつけたとき，くいはどれだけめりこむか．

1.10 図 1.98 のような U 字管に，水を入れて少し傾けてもとに戻してやると，水面が振動する．その振動の周期を求めよ．ただし，U 字管の内径を 2.0 cm，水を入れた全長を 1.0 m，水の密度を 1.0 g/cm³ とする．

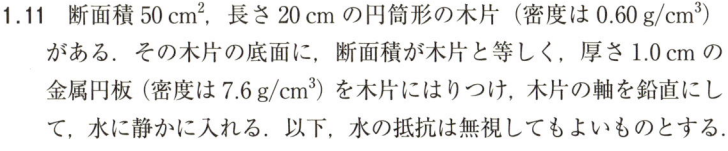

1.11 断面積 50 cm²，長さ 20 cm の円筒形の木片（密度は 0.60 g/cm³）がある．その木片の底面に，断面積が木片と等しく，厚さ 1.0 cm の金属円板（密度は 7.6 g/cm³）を木片にはりつけ，木片の軸を鉛直にして，水に静かに入れる．以下，水の抵抗は無視してもよいものとする．
  (a) この物体を水中に静かに入れたとき，この物体の水中部分の長さはいくらか．
  (b) この物体の上の面が水面に一致するまで押し下げて静かに離すと，この物体は上下に振動する．この振動の周期はいくらになるか．
  (c) この振動の振幅はいくらか．

図 1.97

1.12 質量 50 kg の人が質量 30 kg の自転車に乗って，平たんなアスファルト路面を速さ 4.0 m/s で半径 3.6 m のカーブを描いて走っている．自転車の鉛直線からの傾きの角度を求めよ．また，このとき，自転車をすべらせないためにタイヤと路面とに作用していいる摩擦力を求めよ．また，これは何摩擦力か．すべらないためには，タイヤと路面との摩擦係数はどうでなければならないか．

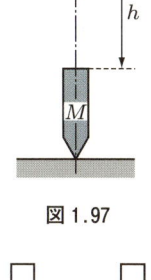

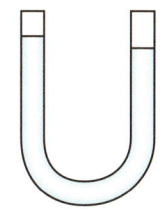

図 1.98

第2章
温度と熱

　力学的な仕事とエネルギーについてすでに学んだが，力学的な仕事をするのに熱機関を使うことが多い．熱は，仕事・エネルギーと密接な関係があるに違いない．実際，熱機関は温度や圧力が高い気体を用いて仕事をする機械である．
　気体の分子は，どのようにエネルギーをもっているのだろうか．この章では，熱を含めたエネルギー保存則について学ぶ．そして，熱現象の特殊な面についても考えることにしよう．

2.1 温度と熱膨張

2.1.1 温　度

　われわれは，熱い，冷たいという感覚をもっている．しかし，人間の感覚は不確かであり，ほかの人と比べることが難しい．物体Aが物体Bより熱い，あるいは冷たいという比較を確実なものにするには，どうしたらよいだろうか．
　鉄のかたまりを熱くして，これを水の中に入れると鉄は冷え，水は温まり，まもなくどちらの温度も変化しなくなってしまう．このように，熱い物体と冷たい物体を触れさせておくと，熱い物体から，冷たい物体に熱が移動して，やがて温度が同じになり，変化しなくなる[1]．この状態を熱平衡という．
　温度を測るには，ふつうは水銀やアルコールなどを用いた温度計が使われている．このような液体は，温度が上がる（熱くなる）と膨張し，温度が下がる（冷たくなる）と収縮する．そこで，これらの液体を細いガラス管に閉じこめ，膨張したり収縮したりするときに，管の中の液面の高さが変わることを利用して温度を測定する．このような考えで温度計が完成したのは，ようやく18世紀になってからである．
　ふつう，温度計の目盛を決めるには，1気圧のもとで氷が溶けているときの温度（氷点）を0度，1気圧の下で水が沸騰しているときの温度（水の沸点）を100度とし，その間を100等分して温度を決める．このように定めた温度をセルシウス度（セ

---

[1] 熱力学の第0法則という．

氏温度）といい，記号℃で表す．

日常生活で用いられるセ氏温度に対して，物理学の分野や，表 2.1 のように極端に低い温度，あるいは高い温度では絶対温度（ケルビン，記号 [K]）を用いることが多い．t [℃] の温度に対して絶対温度 T [K] は，次式で定められる．

$$T = t + 273.15 \quad [K] \tag{2.1}$$

詳しい値が必要でないときは，セ氏温度に 273 を加えて，絶対温度としてよい．また，0 K より低い温度は存在しない．

19 世紀の後半，低温の科学技術が発達し，たとえば，酸素は 90 K（−183 ℃），窒素は 77 K（−196 ℃），水素は 20 K（−253 ℃）で液化に成功した．最後に残ったヘリウムが，1908 年，4.25 K（−268.9 ℃）で液化され，超伝導や超流動などが発見され，極低温の研究が活発になった．

表 2.1 いろいろな温度

超新星	約 35 億度
最も高温な恒星の内部	約 10 億 K
太陽の表面	約 6000 K
電球のタングステンフィラメント	約 3000 K
都市ガスの炎	約 2500 K
ほとんどのバクテリアが死滅	343 K（70 ℃）
日本で記録された最高気温（2007 年，多治見，熊谷）	314.1 K（40.9 ℃）
快適な室温	293 K（20 ℃）
北極海の海水	272 K（−1.1 ℃）
日本で記録された最低気温（1902 年，旭川）	232 K（−41.0 ℃）
酸化物超伝導体の臨界温度の最高値	125 K（−148 ℃）
酸素の沸点	90 K（−183 ℃）
窒素の沸点	77 K（−196 ℃）
水素の沸点	20 K（−253 ℃）
超伝導体 Nb_3Sn の臨界温度	18.3 K（−254.9 ℃）
ヘリウムの沸点	4.25 K（−268.9 ℃）
到達し得た最低温度	約 10^{-10} K

2.1.2 固体・液体の熱膨張

鉄道のレールは，継ぎ目を少しあけてある．これは，夏の暑い日にレールが伸びても，曲がらないようにするためである．

このように，多くの物体は温度が上がると長さや体積が増し，温度が下がると逆に減少する．温度上昇にともなって，長さや体積が増加する現象を熱膨張という．

熱膨張の程度は物質によって違う．そのため，ある物質の温度を 1 K 上げたとき，体積が増加する割合を，その物質の体膨張率と定義する．

固体や液体において，温度が t_0 [K] から t [K] に上がったとき，その体積が V_0 [m³] から V [m³] に変わったとすると，その物質の体膨張率 β [1/K] は，

$$\beta = \frac{V - V_0}{V_0} \times \frac{1}{(t - t_0)} \tag{2.2}$$

で表される．式 (2.2) の左辺第 1 項は，もとの体積 V_0 に対する体積増加の割合である．この式を書き直すと，次式となる．

$$V = V_0 \{1 + \beta(t - t_0)\} \tag{2.3}$$

固体は形が定まっているので，体積の変化よりも，長さの変化を問題にする場合が多い．たとえば，鉄道のレールの伸びは長さの変化だけを注意すればよい．

物質の温度を 1 K 上げたときの長さの増加の割合を線膨張率という．体膨張率と同じように，温度が t_0 [K] から t [K] に上がったとき，物体の長さが l_0 [m] から l [m] に増加したとすれば，その物質の線膨張率 α [1/K] は，

$$\alpha = \frac{l - l_0}{l_0} \times \frac{1}{(t - t_0)} \tag{2.4}$$

で定義される．したがって，式 (2.3) と同じように，次式となる．

$$l = l_0 \{1 + \alpha(t - t_0)\} \tag{2.5}$$

固体の線膨張率 α と，液体の体膨張率 β を表 2.2 に示す．この表によると，固体の線膨張率は，およそ 10^{-5} の大きさの物質が多く，液体は 10^{-3} くらいの体膨張率の物質が多い．このように，固体や液体の α や β の値は小さいので，一般に，

$$\beta = 3\alpha \tag{2.6}$$

の関係が成立する（証明は練習問題 2.2 参照）．

表 2.2 固体・液体の膨張率（20 ℃の値）

固 体	線膨張率 α $\times 10^{-6}$ [1/K]	固 体	線膨張率 α $\times 10^{-6}$ [1/K]	液 体	体膨張率 β $\times 10^{-3}$ [1/K]
アルミニウム	23.1	黄銅 (^{67}Cu, ^{33}Zn)	17.5	水	0.21
銅	16.5			エチルアルコール	1.08
鉄	11.8	ジュラルミン	21.6	グリセリン	0.47
金	14.2	インバー (^{64}Fe, ^{36}Ni)	0.13	ベンゼン	1.22
鉛	28.9			水銀	0.18
		コンクリート	7～14		
		石英ガラス	0.4～0.55		

したがって，式 (2.6) により，体膨張率 β か線膨張率 α の一方がわかれば，他方も求められる．

インバーは，鉄 64%，ニッケル 36% の合金で，線膨張率はきわめて小さい．そのため，ものさしや精密な振り子に使われる．

液体は固体に比べて，体膨張率がけた違いに大きい．金属やガラスの容器に液体を入れて全体の温度を上げると，液面は上昇する．この膨張は，容器と液体の体膨張の差であるから，**見かけの膨張**という．

参考 2.1　バイメタル　鉄と真ちゅうのように，線膨張率の違う 2 種類の金属板を図 2.1（a）のように接着する．この板は高温になると，同図（b）のように曲がる．このように，膨張率の違う二つの金属をはり合わせたものを**バイメタル**という．

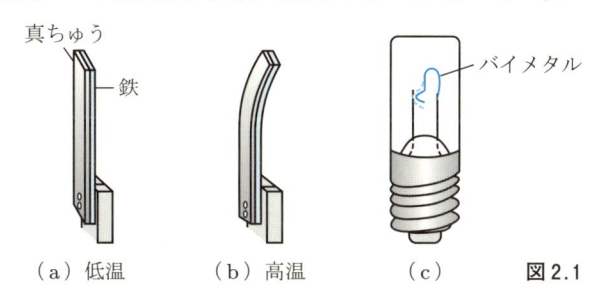

（a）低温　　（b）高温　　（c）　図 2.1

電気こたつや熱帯魚の水槽などでは，これを利用して，温度が高くなりすぎると自動的にスイッチが切れ，温度を調節する．このほかに，蛍光灯のグローランプ（同図（c））やブレーカーなどにも，バイメタルが利用されている．

問 2.1　0 ℃のときに長さ 30 m のレールは，50 ℃になるとどれだけ伸びるか．鉄の線膨張率を 1.2×10^{-5} として計算せよ．　　　　　　　　　　　（解答は巻末参照）

問 2.2　0 ℃で正しい鋼製のものさしを使用して，20 ℃の室温で真ちゅう棒の長さを測ったら 120.06 cm であった．この真ちゅう棒の 0 ℃のときの長さはいくらか．ただし，この鋼および真ちゅうの線膨張率を，それぞれ 1.3200×10^{-5}/℃ および 1.9000×10^{-5}/℃ とする．

2.2　熱　量

2.2.1　熱容量・比熱

高温の物体と低温の物体とが接触して二つの物体が熱平衡になるまでに，

　　　　（高温の物体が失った熱量）＝（低温の物体が得た熱量）

の関係が成り立ち，二つの物体の熱量の和は増えたり減ったりしない．

熱量の単位には**ジュール**［J］が用いられる．以前は，14.5 ℃の純水 1 g を 1 ℃上げるのに必要な熱量を **1 カロリー**［cal］と定め，熱量の単位に用いていた．1 cal は 4.2 J に相当する（2.3 節参照）．

図 2.2 のように，温度 10.0 ℃，質量 50 g の鉄の分銅を，温度 31.1 ℃，質量 100 g の水に入れたら，30.0 ℃で熱平衡になったとする．

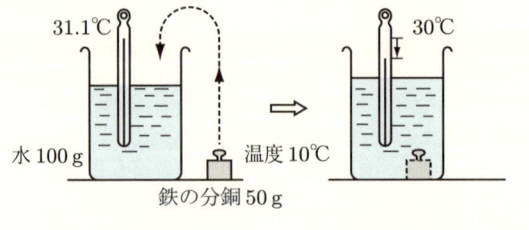

図2.2 (a) 分銅を水に入れる前　(b) 分銅を水に入れた熱平衡状態

このとき，
$$\text{水の失った熱量} = 100 \times (31.1 - 30) = 110 \text{ cal} = 462 \text{ J}$$
となる．これに対して，分銅の温度は 20℃ 上がっているから，この分銅を温度 1℃（1 K）上げるのに必要な熱量は，次式となる．
$$462 \div 20 = 23.1 \text{ J/K}$$

このように，ある物体の温度を 1 K 上げるのに必要な熱量を，その物体の**熱容量**という．同じ物質では，物体の熱容量は質量が大きいほど熱容量も大きい．熱容量の単位は [J/K] である．

図 2.2 の分銅の質量は 50 g であるから，この測定によると，鉄 1 g を温度 1 K 上げるのに必要な熱量は，次式で与えられる．
$$23.1 \div 50 = 0.462 \text{ J/(g·K)}$$

このように，ある物質 1 g の温度を 1 K 上げるのに必要な熱量を，その物質の**比熱**といい，単位は [J/(g·K)] である．物質の比熱は温度や状態によって変化するが，ふつうは室温の値をとり，狭い温度範囲では，ほぼ一定とみなしてよい．質量が同じでも，比熱が大きい物質は温めにくく，冷めにくい．水の比熱は 4.2 J/(g·K) であり，ほかの物質に比べて大きい．また，同じ物質でも固体と液体では比熱の値は同じではない．たとえば，0℃ より少し低温の氷の比熱は約 2.1 J/(g·K) である．

常温での比熱の詳しい値を表 2.3 に示す．

表 2.3 物質の比熱（常温, J/(g·K)）

物　質	比　熱	物　質	比　熱
アルミニウム	0.901	黒　　鉛	0.708
鉄	0.448	エチルアルコール	2.42
銅	0.386	氷（0℃）	2.06
銀	0.236	石　　油	2.0
白　金	0.137	石英ガラス	0.79
金	0.129	紙	約 1.2
鉛	0.129	木　　材	約 1.2
黄　銅	0.39	磁　　器	約 0.8
水　銀	0.140	ゴ　　ム	1〜2

以上のことを式で表そう．

質量 m [g] の物体の熱容量を w とすると，比熱 c は w/m である．また，この物体を温度 t_0 [K] から t [K] まで上げるのに必要な熱量を Q とすると $w = Q/(t-t_0)$ であるから，比熱 c [J/(g·K)] は，次式で表される．

$$c = \frac{w}{m} = \frac{Q}{m(t-t_0)} \tag{2.7}$$

比熱 c，質量 m の物体を温度 t_0 から t に上げるのに必要な熱量 Q [J] は，式 (2.7) により，次式で与えられる．

$$Q = mc(t-t_0) \tag{2.8}$$

問 2.3 質量 500 g のアルミニウムの物体を 100 ℃ だけ温度を上げるのに必要な熱量は何 J か．比熱の値は表 2.3 を参考にせよ．

問 2.4 質量 80 g の銅の球を温度 15 ℃ から 100 ℃ まで熱するのに要する熱量は何 J か．

2.2.2 固体の比熱の測定

固体の比熱や熱容量を測定するには，図 2.3 の熱量計を用いる．

① はじめに，試料の質量 m [g]，銅製容器とかきまぜ棒の質量の和 M_1 [g]，容器中の水の質量 M [g] を測る．水の比熱が 4.2 J/(g·K) なので，水の熱容量は $4.2M$ [J/K] である．

② 次に，熱量計の中の水の温度 t_1 [K] を測る．

③ 沸騰している水中に試料を入れ，しばらく放置してからその水の温度 t_2 [K] を測る．

④ この試料をすばやく熱量計の水中に入れてかきまぜ，最も高いときの水の温度 t [K] を測る．

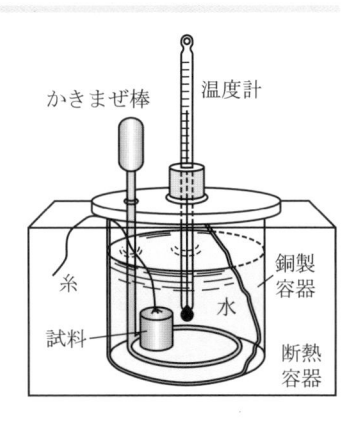

図 2.3 熱量計

以上の測定から，次のように比熱 c が求められる．

銅製容器とかきまぜ棒の質量 M_1 に，その材質（銅）の比熱をかけて熱容量を求め，この値を M_0 [J/K] とする．

試料の比熱を c とする．試料の温度は t_2 から t まで下がったので，放出した熱量は $mc(t_2-t)$ [J] である．水と銅製容器とかきまぜ棒は t_1 から t まで温度が上がったから，試料から受けた熱量は $(4.2M + M_0)(t-t_1)$ になる．この二つの熱量は等しいから，

$$mc(t_2-t) = (4.2M + M_0)(t-t_1)$$

となり，よって，次の式で比熱が定められる．

$$c = \frac{(4.2\,M + M_0)(t - t_1)}{m(t_2 - t)} \tag{2.9}$$

例題 2.1 質量 80 g のアルミニウム球を 100 ℃ に熱して，15 ℃ の水 200 g を入れた熱量計に入れたら，水の温度が 21 ℃ になった．アルミニウムの比熱 c を求めよ．ただし，熱量計の熱容量は水 25 g に相当するとせよ．

解 水と容器の得た熱量は，
$$4.2 \times (200 + 25) \times (21 - 15) = 5670 \text{ J}$$
アルミニウムの失った熱量は，
$$80 \times c \times (100 - 21) = 6320c \text{ [J]}$$
両者を等しいとして，
$$c = 5670 \div 6320 = 0.90 \text{ J/(g·K)}$$

問 2.5 （a） 熱量計の容器とかきまぜ棒の質量を測ったら 200 g あった．ともに銅でできているとして，この熱容量を求めよ．銅の比熱は 0.39 J/(g·K) とする．
（b） 水 200 g を（a）の熱量計に入れたら 15.0 ℃ になった．これに 100.0 ℃ の鉛 1000 g を入れたら，25.2 ℃ になった．鉛の比熱を求めよ．

2.2.3 融解熱と気化熱

固体の分子は，図 2.4（a）のように規則正しい配列をしている．分子はこの定まった位置を中心にして，それぞれ振動をしている．この振動の方向はまったく不規則で，温度が高いほど振動は激しくなり，振幅は増加する．分子のこのような運動を**熱運動**という．

固体の温度を上げていくと，分子はますます激しく振動するようになり，ついにはすべての分子は決まった位置を離れて動き出す．分子は互いに力を及ぼしあいながらも移動できるようになる．これが液体の状態である（同図（b）参照）．固体から液体に状態が変化する現象を**融解**という．

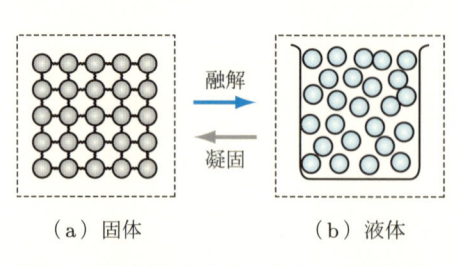

図 2.4 融解と凝固にともなう分子の配列の変化

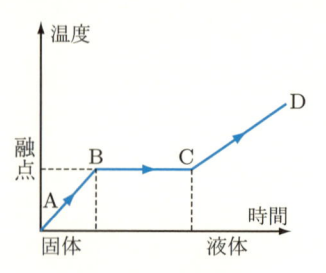

図 2.5 融解曲線

図2.5は，物体に単位時間あたり加える熱量を一定にしたときの，温度の上がり方を示したものである．固体と液体が共存する部分では，熱を加えても温度は変わらない．この温度を融点といい，物質によって固有の値である．

融点で，固体が同じ温度の液体に状態が変化するためには，その物質1gあたり固有の熱量が必要で，この熱量を融解熱という．1気圧のもとで，氷の融解熱は約334 J/g である．

逆に，液体の温度を下げて固体に変えるときは，図2.5のDCBAの経路をたどる．CBの温度を凝固点，CBの間で放出する1gあたりの熱量を凝固熱といい，凝固点，凝固熱はそれぞれ融点，および融解熱に等しい．

ガラスやプラスチックのような物質は，固体の状態でも分子は不規則に並んでいる．このような物質をアモルファスといい，融点は一定ではなく，ある温度の範囲にわたって，しだいに融解する．

表2.4に，いろいろな物質の融点と融解熱を示す．

表2.4 融点 [℃] と融解熱 [J/g]

物　　質	融　点	融解熱	物　　質	融　点	融解熱
白　　　金	1769	111	氷	0	334
鉄	1536	270	エチルアルコール	−114.5	109
銅	1084	209	メチルアルコール	−97.8	99
アルミニウム	660	396	塩化ナトリウム	801	482
ス　　ズ	232	60	メ　タ　ン	−182.6	58
水　　銀	−38.8	12	臭　　　素	−7.2	66

次に，液体から気体への状態変化を扱う．気体は密度が小さく，分子はばらばらに離れて飛びまわっている．液体の分子が大きなエネルギーをもち，表面にくると，まわりの分子の引力を振り離して，外へ飛び出していく．このようすを図2.6に表す．

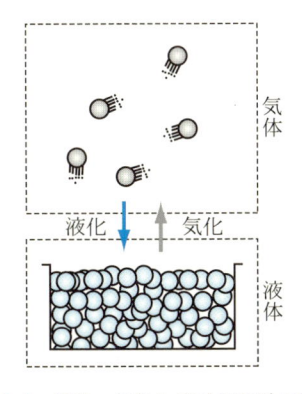

図2.6 液化・気化と分子の配列の変化

表2.5 物質の沸点 [℃] と気化熱 [J/g]

物　　質	沸　点	気化熱
水	100	2260
水　　素	−252.8	448
窒　　素	−195.8	199
ベンゼン	80.1	406
酢　　酸	118	406
クロロホルム	61.2	246
アンモニア	−33.5	1370
エーテル	34.6	358
エチルアルコール	78.3	838
アセトン	56.5	499
トルエン	110.6	364

融解と同じように，温度が沸点になった液体が同じ温度の気体に変わるときは 1 g あたり，物質に固有の熱量を外から加えなければならない．この熱量を**気化熱**（蒸発熱）という．また，逆に気体が同温の液体になるとき，同じ熱量を外へ放出する．この熱量を**液化熱**（凝縮熱）という．水の気化熱は約 2260 J/g である．

表 2.5 は，沸点と気化熱を表している．

ドライアイスは固体から直接気体に変わる．このように，液体にならないで固体から気体に状態が変化することを**昇華**という．ナフタレン，しょうのう，ヨウ素なども昇華する例である．

問 2.6 $-5.0\,℃$ の氷 1 kg を $0\,℃$ の水にするために必要な熱量は何 J か．氷の比熱を $2.1\,\mathrm{J/(g\cdot K)}$，融解熱を 330 J/g として計算せよ．

問 2.7 $0\,℃$ の水 1.0 g を $100\,℃$ の水蒸気にするために必要な熱量は何 J か．水の気化熱を $2.3\times 10^3\,\mathrm{J/g}$ として求めよ．

2.3 熱と仕事

物体を熱するには，二つの方法がある．一つは，燃えている燃料や電熱などの高温に物体を触れさせる方法である．もう一つは，摩擦などの力学的な仕事を加えて，物質の温度を上げることである．たとえば，粗い面をもった二つの物体をこすり合わせたり，旋盤やグラインダー，やすりなどで物体を加工するとき，摩擦によって熱が発生する．燃料の熱を使っても，あるいは力学的な仕事によって発生する熱を利用しても，見かけがまったく違うだけで，物質の温度を上げるはたらきに変わりはない．

以前は，熱量の単位にカロリーを使っていた．また，仕事の単位にはジュールを用いてきた．熱量と仕事が同じ物理量であれば，カロリーとジュール（イギリス）の間には一定の比例関係が成り立ち，互いに換算ができるはずである．

このような考えで，19 世紀のなかばにジュールは，ある量の仕事 [J] がどれだけの熱量 [cal] に相当するかを実験により確かめた．ジュールは図 2.7 の羽根車を使い，水，水銀，鯨油などのさまざまな物質を用いて実験をした結果，物質に関係なく，4.2 J の仕事が 1 cal の熱量に相当することを確かめた．

したがって，熱量 Q [cal] に相当する仕事 W [J] は，次式で与えられる．

$$W = JQ \tag{2.10}$$
$$J = 4.1855\,\mathrm{J/cal} \fallingdotseq 4.2\,\mathrm{J/cal}$$

比例定数 J [1] を**熱の仕事当量**という．

ジュールの実験で，羽根車をまわす仕事は水の分子の運動を激しくして，その熱運動のエネルギーを増加させるはたらきをしている．そのようすを，図 2.8 に示す．

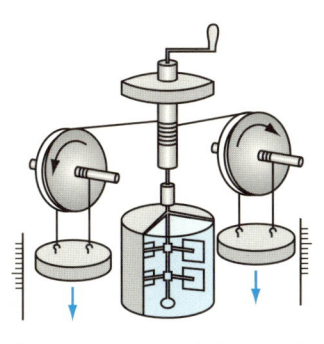

図 2.7 ジュールの実験：おもりが下がって水中羽根車をまわし，最初のおもりの位置エネルギーを熱に変える

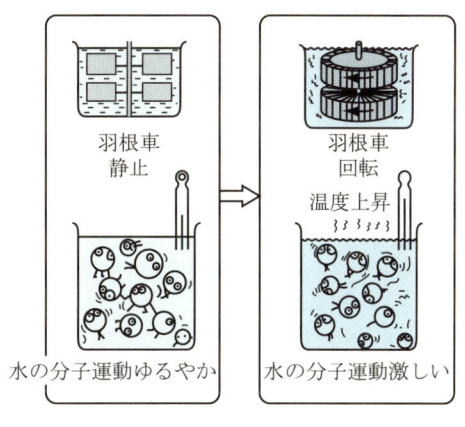

図 2.8

問 2.8 20℃の水1 kg を 100℃まで温度を上げる熱量を求めて，この熱量は50 kg の物体を何 m 持ち上げる仕事に相当するか計算せよ．ただし，重力加速度 g を 9.8 m/s^2 とする．

問 2.9 72 km/h の速さで走っていた 700 kg の乗用車が，急ブレーキをかけて停車した．いま，車の運動エネルギーが全部熱となってブレーキドラムに吸収されたとすれば，何 cal の熱になるか．

2.4 気体法則

気体は，分子がほとんど自由に飛びまわる簡単な構造をしている．そのため，気体の状態は圧力，体積，温度の三つの変数で表され，しかも，この三つの状態変数の間には簡明な法則が成り立つ．

2.4.1 ボイルの法則

気体の状態を表す圧力 P，体積 V，温度 t は互いに独立ではなく，このうち，二つが決まると，それに応じて，ほかの一つも決まってしまう．

たとえば，質量 1 kg の酸素を容器に入れ，圧力 2 気圧を加えて温度を 780 K に保つと，その体積は 1 m^3 になり，この体積以外を占めることはできない．

いま，一定量の気体を図 2.9 のようにシリンダーに密封し，温度を一定に保ちながら圧縮する．このとき，気体の体積と圧力との間には，

「**温度一定のとき，一定量の気体の体積はその圧力に反比例する**」

---

1) 仕事の単位ジュール [J] と混同しないように注意せよ．

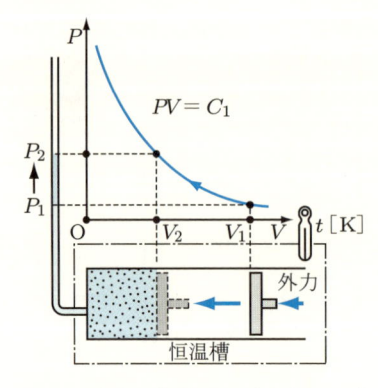

図2.9 温度 t [K] を一定に保って体積を変えると，気体の状態は $PV = C_1$ の双曲線で表される

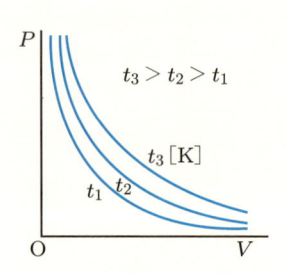

図2.10 等温線で温度が高いと $PV = C_1$ の定数 C_1 が大きい

という法則が成り立つ．これを**ボイルの法則**という．図2.9で各状態の圧力は，C_1 を定数として，

$$P_1 = \frac{C_1}{V_1}, \quad P_2 = \frac{C_1}{V_2}, \quad P = \frac{C_1}{V}$$

で表され，

$$PV = C_1 \tag{2.11}$$

と書くことができる．定数 C_1 は温度が高いほど値が大きい．温度が異なると，P-V グラフは図2.10のように変化する．

ボイルの法則は，気体の密度が希薄なときには正確である．室温の空気はこの法則に従う．しかし，気体の密度が大きく，あまりに高圧や低温では，近似的にしか成り立たない．

問 2.10 1気圧（1 atm）のもとで，体積 5.0 mL の注射器に閉じこめられた空気がある．温度を気温と同じに保って，この空気の体積を 2.0 mL に圧縮するときの圧力を，atm および Pa の単位で表せ．ただし，1 atm は 1.013×10^5 Pa とする．

2.4.2 シャルルの法則

一定量の気体を，図2.11のようにシリンダーに閉じこめる．圧力を変えないで，外から熱を加えて気体の温度を上げると，気体は熱膨張する．

このとき，気体の体積 V と温度 t [K] の関係は，実験によると，

$$V = at + b$$

で表される．$t = 0$ ℃の体積を V_0 とすると，b は V_0 に等しい．

また，体膨張率 β は 1/273.15 になるから，式 (2.3) で $t_0 = 0$ とおいて，次式となる．

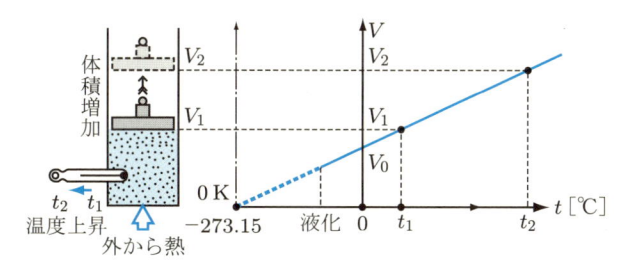

図2.11 圧力一定の気体の体膨張：点線は，実際には液化，固化をするが，気体の V-t グラフをそのまま延長して0Kを定める．鎖線のように座標軸をとると，原点を通る直線になる

$$V = V_0\left(1 + \frac{t}{273.15}\right) \tag{2.12}$$

これを**シャルルの法則**という．図2.11の気体の実線部分を外挿して，温度 t 軸との交点を定めると，-273.15 ℃である．この点を新しく基準にとり，式 (2.1) と同じ，

$$T = t + 273.15 \quad [\text{K}] \tag{2.13}$$

で定義する温度を**絶対温度**と名づける．絶対温度は記号 K（ケルビン）で表す．0 ℃は273.15 K になるから，これを T_0[K] で表し，式 (2.12) を書き直すと，

$$\frac{V}{T} = \frac{V_0}{T_0} = C_2 \tag{2.14}$$

となる．圧力一定の条件で C_2 は定数である．式 (2.14) はシャルルの法則の別の表現である．なお，式 (2.12)，(2.13) の 273.15 は，273 として概算をしてよい．

問 2.11 圧力1気圧のとき，0 ℃で体積18 L の空気は，圧力を変えないで温度が 27.3 ℃になると，体積は何 m³ 増えるか．

2.4.3　ボイル-シャルルの法則

一定量の気体の圧力，体積，温度の三つがいずれも変化するとき，この三つの状態変数の間に成り立つ関係を調べる．

図 2.12 の P-V グラフで，はじめ点 a（P_1, V_1, T_1[K]）の状態の気体を点 c（P_2, V_2, T_2[K]）の状態まで変える過程を説明する．

第1に，温度 T_1[K] の等温線にそって矢印の向きに，圧縮して点 b（P_2, V_3, T_1[K]）まで圧力を増す．

この過程では温度 T_1[K] は変わらないから，ボイルの法則，式 (2.11) により，

$$P_1 V_1 = P_2 V_3 \tag{2.15}$$

の関係がある．

次に，圧力 P_2 を一定にして，図 2.12 の点 b（P_2, V_3, T_1）から点 c（P_2, V_2,

T_2) まで熱膨張をする．このときは，シャルルの法則，式 (2.14) により，

$$\frac{V_3}{T_1} = \frac{V_2}{T_2} \tag{2.16}$$

が成り立つから，

$$V_3 = V_2\left(\frac{T_1}{T_2}\right)$$

となる．この V_3 を式 (2.15) に代入すると，

$$P_1 V_1 = P_2 V_2 \left(\frac{T_1}{T_2}\right)$$

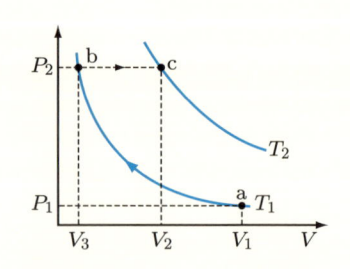

図 2.12 ボイル-シャルルの法則：点 a (P_1, V_1, T_1) から点 b (P_2, V_3, T_1)，さらに点 c (P_2, V_2, T_2) に軌道を選んで，a から c へ変化させる（図 2.10 と比べよ）

となり，整理して，

$$\frac{P_1 V_1}{T_1} = \frac{P_2 V_2}{T_2} = \frac{PV}{T} = C \tag{2.17}$$

が導かれる．ここで，C は定数である．つまり，一定量の気体が状態変化をするとき，

$$\frac{(圧力) \times (体積)}{(絶対温度)} = 一定$$

の法則が成り立っている．これを**ボイル-シャルルの法則**といい，この法則に従う気体を**理想気体**という．

化学で学んだように，**アボガドロ定数** N_0，

$$N_0 = 6.02 \times 10^{23} \text{ 個}$$

の分子の集まりを **1 モル** [mol] といい，1 モルの気体は物質に関係なく，1 気圧，0 ℃で，22.4 L の体積を占める．このため，気体の状態変化を扱うには，気体の質量よりも，モルを単位にしたほうが便利である．

n モルの気体をとり，ボイル-シャルルの法則式 (2.17) の定数 C を nR とおくと，

$$\frac{PV}{T} = nR$$

となり，理想気体は，

$$PV = nRT \tag{2.18}$$

の関係に従う．R は**気体定数**とよばれ，次式で与えられる．

$$R = 8.31 \text{ J/(mol·K)}$$

圧力 P，体積 V，温度 T の関係を定める式を**状態方程式**という．式 (2.18) は理想気体の状態方程式である．

問 2.12 1 気圧，温度 27 ℃，体積 2 m³ の気体を圧縮し，加熱して，圧力 3 気圧，温度 177 ℃にした．このときの体積を求めよ．

2.5 気体の分子運動

固体や液体の熱的な性質，たとえば膨張率は表2.2のように，物質によって著しく異なっている．これに比べて，圧力を一定にした条件では，気体の膨張率は1/273に限られ，気体の種類とは無関係であった．

また，気体を容器に閉じこめておき，小さな穴をどの部分にあけても，気体はしだいに流出してしまう．

これらのことから，気体の圧力や温度は，その化学的性質とは関係なく，分子運動の力学的な取り扱いによって説明ができ，しかも気体分子は自由に飛びまわっているため，小穴から脱出すると考えられる．

図2.13に，この気体分子の運動を模式的に表す．気体分子は容器の中をほとんど自由に運動し，容器の壁に衝突して壁に力積を与え，圧力を及ぼす．同図では，分子が壁に衝突してはね返るようすを示している．

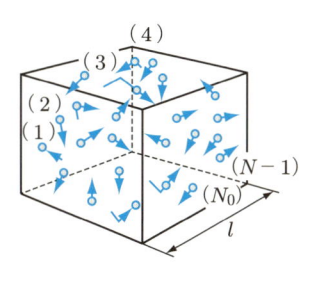

気体分子の速度を測定するには，図2.14（a）の装置を用いる．炉で加熱された気体分子はコリメーター・スリットによって方向のそろった分子線のビームになる．右端にある回転数一定の回転ドラムの入口Pから飛びこんだ分子は，Pの反対側にある検出板（ガラス板，またはフィルム）に付着する．分子がドラム内を通過する時間が長いほど，つまり分子の速度が小さいほど，付着する点は，検出板の中心Oからずれる．これは，分子が到着するまでに時間がかかるため，その間のドラムの回転角が大きくなるからである．

図2.13 理想気体のモデル

図2.14（b）の〔Ⅰ〕は，分子線源が低温で分子の平均速度が小さい場合，〔Ⅱ〕は高温で分子の平均速度が大きい場合である．黒点は付着した分子を表し，〔Ⅱ〕は

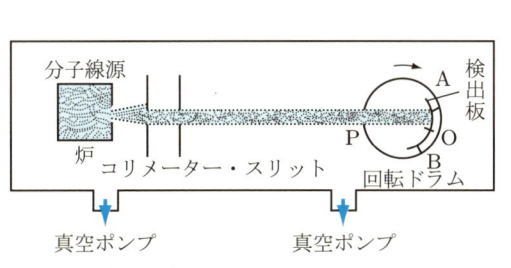

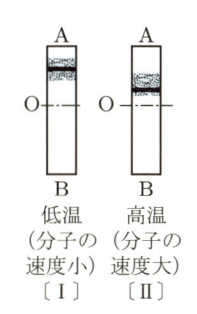

（a）分子線の速度測定装置．右端のドラムは矢印の向きに回転する．全体は真空にする．
（b）検出板に分子が付着した模様

図2.14

〔I〕よりも線Oからの平均のずれが小さく，高温では分子の平均速度が増加することを示している．すなわち，分子線源の温度 T [K] が高いほど，分子の平均速度が大きく，運動エネルギーも大きい．

図 2.13 で 1 モルの分子に 1，2，$\cdots$，N_0 と番号をつけ，その速度を v_1, v_2, $\cdots$, v_{N_0} とする．1 モルの分子運動エネルギーの和 U [J] は温度 T [K] に比例し，

$$U = \frac{1}{2}mv_1^2 + \frac{1}{2}mv_2^2 + \cdots + \frac{1}{2}mv_{N_0}^2 = \frac{3}{2}RT \tag{2.19}$$

で与えられる（参考 2.2 参照）．この U を理想気体 1 モルの内部エネルギーという．すなわち，内部エネルギーは分子の運動エネルギーの和に相当する．

たとえば，温度 $T = 0$ K に気体のまま到達できるとすると，すべての分子は静止し，運動エネルギーはゼロとなる．この点からも温度には最低の限界 0 K があり，それ以下の温度は物理的な意味を失ってしまう．また，分子 1 個あたりの平均のエネルギー $\overline{\varepsilon}$ は，式 (2.19) の両辺を分子の個数 N_0 で割って，

$$\overline{\varepsilon} = \frac{1}{N_0}\left(\frac{1}{2}mv_1^2 + \cdots + \frac{1}{2}mv_{N_0}^2\right)$$

$$= \frac{1}{2}m\overline{v^2} = \frac{3}{2}\frac{R}{N_0}T = \frac{3}{2}kT \quad \left(k = \frac{R}{N_0}\right) \tag{2.20}$$

となる．k はボルツマン定数とよばれ，1.38×10^{-23} J/K である．以上から理想気体の分子の運動エネルギーは T [K] に比例し，平均の速度は $\sqrt{T}$ に比例するとしてよい．

気体分子 1 モルの質量 M [kg] は $N_0 m$ に等しいから，気体分子の速さの平均 v_m [m/s] は，式 (2.20) より，

$$v_m = \sqrt{\overline{v^2}} = \sqrt{\frac{3RT}{M}} \tag{2.21}$$

で与えられる．室温で空気中の分子は数百 m/s の平均速度で飛びまわっている．

式 (2.19) に戻る．右辺最後の項 RT は，ボイル-シャルルの法則（式 (2.18) で $n = 1$）により，圧力と体積の積 PV に等しい．よって，内部エネルギー U は $(3/2)PV$ に相当するから，

$$PV = \frac{2}{3}U \quad [\text{J}] \tag{2.22}$$

の関係が導かれる．気体分子と壁との衝突を考察して式 (2.22) を求める詳しい方法は，次に示す．

問 2.13 温度 0 ℃ における水素分子の速さの平均を求めよ．また，この水素の温度を 50 ℃ にすれば，分子運動の平均速度は何倍になるか．ただし，水素分子 1 モルの質量は 2.016×10^{-3} kg，アボガドロ定数は 6.02×10^{23} /mol である．

参考 2.2 気体分子運動の計算 分子の質量を m, 個数を N とし, 平均の速さ v で各方向に一様に向かい, 図 2.15 の立方体容器 (一辺の長さ l) に閉じこめられているとして圧力を求めよう. 分子は質点とし, 分子どうし, また, 分子と壁との衝突はすべて弾性衝突と仮定する.

いま, 一つの壁に平行な分速度 v_x をもつ分子 1 個をとる (図 2.15 参照). 壁に衝突するときの分子の運動量の変化は $2mv_x$ であり, したがって, 壁に与える力積も 1 回の衝突あたり $2mv_x$ である. 分子が壁の間を往復するのに必要な時間は $2l/v_x$ であるから, 1 s あたりの衝突回数は $v_x/2l$ で与えられる. よって, この分子は壁に,

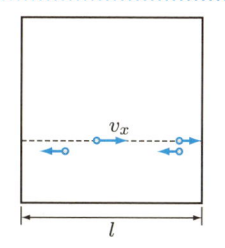

図 2.15 x 方向の分速度を得た分子と壁との衝突

$$F_x = 2mv_x \frac{v_x}{2l} = \frac{mv_x^2}{l} \tag{2.23}$$

の平均の力 F_x を及ぼす. N 個の分子は左右 (x), 前後, 上下方向に均等に運動し, 平均すると,

$$\overline{v_x^2} = \frac{1}{3}\overline{v^2} \tag{2.24}$$

としてよい. よって, N 個の分子は壁に,

$$F = N\frac{1}{l}\frac{1}{3}m\overline{v^2} \tag{2.25}$$

の力 F を与える. 単位面積あたりの力, つまり圧力は, F を壁の面積 l^2 で割り,

$$P = \frac{N}{l^3}\frac{1}{3}m\overline{v^2} = \frac{2}{3V}U \tag{2.26}$$

である. U は分子の運動エネルギーの和 $(1/2)N \cdot m\overline{v^2}$ である. 式 (2.26) を書き直すと,

$$PV = \frac{2}{3}U \tag{2.27}$$

となり, ボイル-シャルルの法則と比較すると, 分子 1 個の運動エネルギー $(1/2)m\overline{v^2}$ は, 次式となる.

$$\frac{1}{2}m\overline{v^2} = \frac{3}{2}\frac{R}{N_0}T = \frac{3}{2}kT \quad \left(k = \frac{R}{N_0}\right) \tag{2.28}$$

2.6 エネルギー保存の法則

2.6.1 内部エネルギー

物体を摩擦すると温度が上がる. これは, 摩擦によって物体の表面の分子が仕事をされ, 分子の運動エネルギーが増加し, 次々と伝わるためと考えられる. 物質中の分子は互いに力を及ぼしあっているから, その力による位置エネルギーももち, このエネルギーも外からの仕事によって増加する.

図 2.16（a）は低温の固体分子，同図（b）は高温の固体分子が振動するようすを示している．低温では，分子はゆるやかに振動し，高温になると激しく振動する．

分子どうしの力による位置エネルギーと分子の運動エネルギーを全分子について加え合わせたエネルギーを，一般に内部エネルギーという．

式（2.19）は，理想気体の内部エネルギーを表していた．気体分子は容器内を自由に飛びまわっているから，分子間に関係する位置エネルギーは含まれない．そのため，気体の内部エネルギーは，分子の運動エネルギーの総和としてよい．したがって，理想気体の内部エネルギーは，温度だけで決まり体積には関係しない．

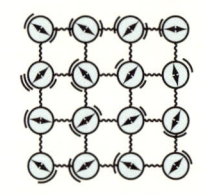

（a）低温：内部エネルギーは小さい．分子の振動はゆるやか　　（b）高温：内部エネルギーは大きい．分子の振動は激しい

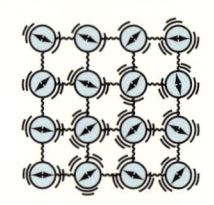

図 2.16 温度と固体の分子振動

2.6.2 熱力学の第 1 法則

物体に熱を加えたり，物体に仕事をしたりすれば，その物体の内部エネルギーは増加する．物体を冷やしたり，物体に仕事をさせたりすると，内部エネルギーは減少する．

一般に，物体の内部エネルギーは，その物体が外界と熱量や仕事をやりとりしただけ増減する．

図 2.17 は，（a）の気体分子が，外から仕事を受けたり（b），熱を加えられたりして（c），速さが増加し，そのため内部エネルギーが増加するようす（d）を示している．

このように，物体に熱量および仕事をやりとりした結果，物体の内部エネルギーが変化したとすれば，

内部エネルギーの変化＝（熱量＋仕事）のやりとり

が成り立つ．これを式で表すと，外から物体に与えた熱量を Q [J]，同じく外から物体に与えた仕事を W [J]，物体の内部エネルギーが U_1 [J] から U_2 [J] まで増加したとして，

$$U_2 - U_1 = Q + W \tag{2.29}$$

となる．これを熱力学の第 1 法則という．これは，仕事のほかに熱をも含めたエネルギー保存の法則であって，1.5.4 項の力学的エネルギー保存の法則よりもさらに範囲が広い法則である．

この法則によると，ほかからエネルギーを加えることなしに，永久に運転する機関

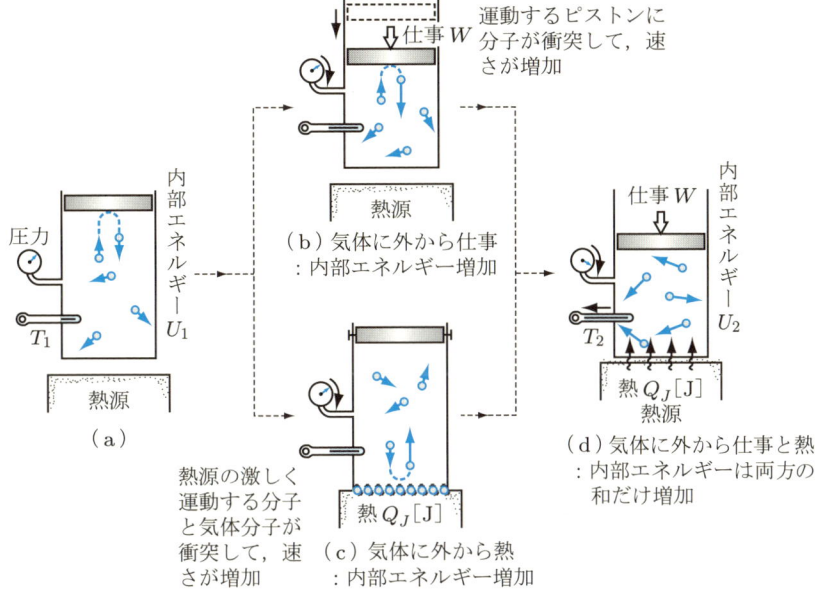

図2.17 熱力学の第1法則

は存在しない．この実現不可能な機関を**第一種の永久機関**という．

とくに，熱のやりとりをしないで，気体の体積を圧縮したり，膨張したりすると，外部からした仕事と内部エネルギーの変化の間には，

$$U_2 - U_1 = W \tag{2.30}$$

の関係が成り立つ．このような変化を**断熱変化**（状態方程式は参考2.4参照）という．ディーゼルエンジンの点火は，シリンダーのなかの空気を断熱圧縮して，温度が上昇することを利用している．また，上昇気流があると，上空の気圧減少にともなって，空気が断熱膨張して冷却されるため，雲が発生する．

熱機関では，気体の内部エネルギーの増減，つまり温度の上昇や下降よりも，外へする仕事をとりあげることが多い．この場合，外へする仕事は，圧力P[1]と体積膨張ΔVの積，$P\Delta V$をとり，P-V図の面積で表される．

例題 2.2 図2.18のように，理想気体1モルを圧力P_0，体積V_0，温度T_0の状態Aでシリンダーに閉じこめる．この気体を加熱し，体積を一定にして状態Bまで圧力と温度を上げたときと，圧力を一定にして状態Cまで体積を膨張させて温度を上

---

[1] 気体分子の平均速度に比べて，きわめてゆっくりと圧力や体積，あるいは温度を変化させる過程を**準静的過程**という．この過程では，変化の途中の各点で状態方程式が成り立つとする．

げたときの二つの過程を比べると，熱源から吸収した熱量はどちらが大きいか．また，その差を P_0, V_0 で表し，さらに R, T_0 で書き直せ．

解 状態BとCでは，ボイル-シャルルの法則から，温度 T_B, T_C は，

$$T_B = T_C \frac{3P_0 V_0}{R} = 3T_0 \quad (\because\ P_0 V_0 = RT_0)$$

になり，値は等しい．BもCも同じ温度であるから，内部エネルギーは等しい．そのため，過程ABもACも内部エネルギーの増加は同じである．しかし，ABでは体積一定であるから，外へする仕事はゼロであり，熱源から加えられた熱量はすべて内部エネルギーの増加（気体の温度上昇）に使われる．ACでは，ピストンを動かし，体積膨張するための仕事を外部に向かって余分にしなければならない．つまり，ACのほうが熱源から吸収した熱量が大きい．この外部仕事 W は，

$$W = P_0(3V_0 - V_0) = 2P_0 V_0$$

で与えられ，線分ACと V 軸の間の面積に等しい．$P_0 V_0 = RT_0$ を代入すると，

$$W = 2RT_0 \qquad \text{答 } 2P_0 V_0,\ 2RT_0$$

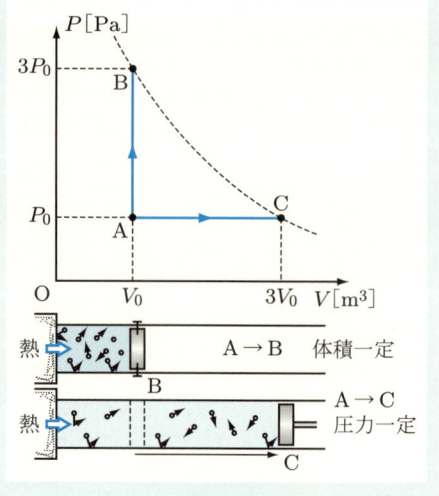

図 2.18

2.6.3 気体の比熱

　固体や液体は膨張率が小さいから，外から熱を加えて温めて比熱を測定するとき，大気圧にさからって膨張する仕事は無視できる．

　しかし，気体は膨張率が大きいから，体積を一定にするか，圧力を一定にするかの条件にともなって，外部へする仕事の分だけ比熱の値は変わってくる．

　また，気体は1モルを基準にとると，ほぼ同じ状態方程式 (2.18) に従う．そのため，固体や液体では1gあたりの比熱を測ったのに対して，気体は代わりに1モルあたりの比熱を測るほうが扱いやすい．

　理想気体では，分子は互いに自由に飛びまわっていて，その内部エネルギーは分子の運動エネルギーだけであった．ヘリウムやアルゴンのように，分子がただ一つの原子から成り立っている単原子分子[1]の理想気体1モルの体積を一定にしたときの比熱は，

$$C_v = \frac{3}{2}R = 12.5\,\text{J}/(\text{mol}\cdot\text{K}) \tag{2.31}$$

---
1) 酸素や窒素の内部エネルギーは分子の回転や振動のエネルギーも考慮する．

で与えられる（図 2.19（a）参照）．C_v を **定積（定容）モル比熱** という．

体積を変えることのできる容器（風船，ピストンのついたシリンダーなど）に，同じく 1 モルの理想気体を入れ，圧力 P を一定にして温度を上げたときの比熱 C_p は，

$$C_p = \frac{5}{2}R = 20.8 \, \text{J/(mol·K)} \tag{2.32}$$

で与えられる．C_p を **定圧モル比熱** という．C_p と C_v の間には，

$$C_p - C_v = R \tag{2.33}$$

の関係がある．C_p/C_v を比熱比とよび，記号 γ で表す．ヘリウム，ネオン，アルゴンなどの単原子分子では 5/3，酸素や窒素の 2 原子分子などでは 7/5 の値をとる．空気の比熱比は 1.4 としてよい．

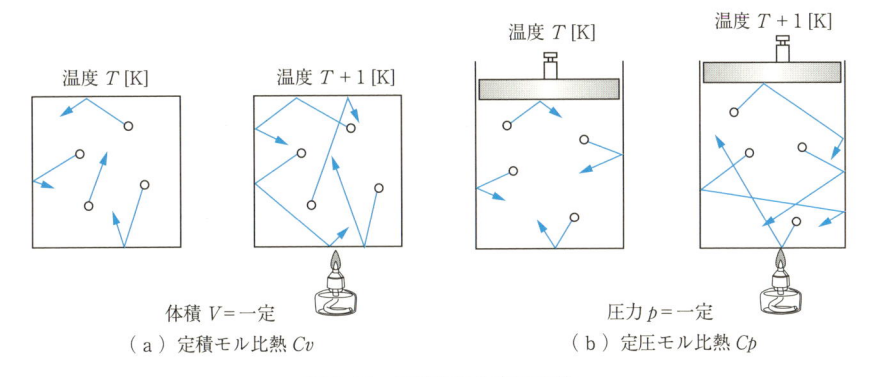

図 2.19 定積比熱と定圧比熱

参考 2.3　C_v，C_p の求め方　温度 T のとき，理想気体の内部エネルギー U_1 は，式 (2.19) より，

$$U_1 = \frac{3}{2}RT \tag{2.34}$$

となり，温度を $T+1$ に上昇させると，内部エネルギー U_2 は，

$$U_2 = \frac{3}{2}R(T+1) \tag{2.35}$$

となる．体積が一定のとき，外から気体に加えた熱はすべて，気体の温度上昇，つまり内部エネルギーの増加に使われるから，式 (2.35) と式 (2.34) の差をとって，

$$C_v = \frac{3}{2}R(T+1) - \frac{3}{2}RT = \frac{3}{2}R$$

となる．次に，圧力一定のとき，温度を T から $T+1$ まで上昇させる（図 2.19（b）参照）．このとき，体積が V_0 から V_1 に膨張したとすると，気体が外へした仕事 w は，

$$w = P(V_1 - V_0) \tag{2.36}$$

である．温度 T と $T+1$ の状態方程式，

$$PV_0 = RT \tag{2.37}$$
$$PV_1 = R(T+1) \tag{2.38}$$
が成り立つから，式 (2.36) に式 (2.37)，(2.38) を代入して，
$$w = R \tag{2.39}$$
となる．気体の温度を1度上昇させるための熱は，内部エネルギーの増加 C_v であるから，熱力学の第1法則と式 (2.39) から，
$$C_p = C_v + w = \frac{3}{2}R + R = \frac{5}{2}R \tag{2.40}$$
となり，式 (2.40) の第1，第2式と式 (2.39) より，
$$C_p - C_v = R$$
となり，式 (2.33) が導かれた．

参考 2.4 断熱変化の状態方程式 2.6.2 項の断熱変化は，圧力 P，体積 V について，比熱比 γ を含む，
$$PV^\gamma = 一定$$
の式が成り立つ．この式をポアソンの式という．また，温度 T，体積 V の間には，
$$TV^{\gamma-1} = 一定$$
の関係がある．

問 2.14 気体をシリンダーに密封し，ピストンに大気圧を含めて 10 N の力を加えながら 0.5 m 圧縮した．このとき，外部に 4.2 J（1 cal）の熱が逃げたとすると，気体の内部エネルギーの増加はいくらか．

2.6.4 熱機関と効率

ガソリンエンジン，蒸気機関など燃焼ガスや水蒸気の熱を仕事に変える機関を**熱機関**という．熱機関が外へする仕事 W と加えられた熱量 Q [J] に相当する力学的エネルギーの比，
$$\eta = \frac{W}{Q} \tag{2.41}$$
を効率（熱効率）という．

熱を仕事に変えるとき，効率 100% のエンジンをつくることが可能であろうか．もし，このようなエンジンが理論上存在するならば，発生した熱量をすべてむだなく仕事に変えることになる．しかし，この要求を満足する熱機関は存在しないことが確かめられている．

図 2.20 のような内燃機関を例にとる．図 (a) で燃料を吸入し，図 (b) で圧縮，

次に図（c）で爆発させ，ピストンを押し上げて仕事をする．この過程で熱を仕事に変えている．しかし，エンジンが引き続いて運転をするためには，必ず図（d）のように排気ガスといっしょに外部へ熱を放出しなければならない．この外へ放出して逃がした分の熱量はむだになり，仕事として利用することは不可能である．

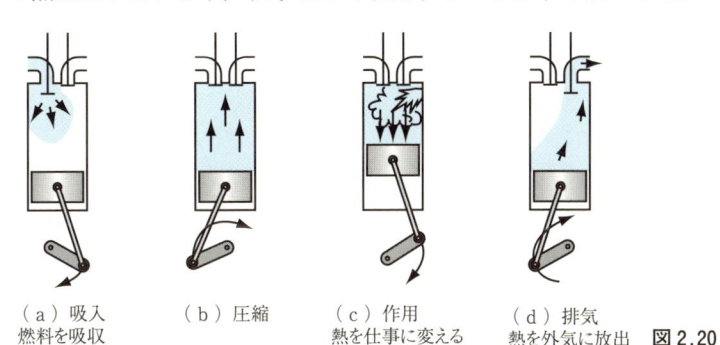

（a）吸入　燃料を吸収
（b）圧縮
（c）作用　熱を仕事に変える
（d）排気　熱を外気に放出　　図2.20

　このことを分子の運動から考えると，爆発したガスの分子はあらゆる方向に飛び散るため，ピストンを動かすのに有効な仕事をする分子は全体の一部にすぎない．分子の運動をそろえてピストンの運動にだけ利用することは不可能である．そのため，利用できなかった分子の運動エネルギーが外部へと排出されるのである．

　以上のことを詳しく調べると，**力学的な仕事を全部熱に変えることはできる．逆に，ほかに何の影響も残さず，熱を全部仕事に変えることはできないので，効率100％の機関はできない**ことが明らかになる．ここで，ほかに何の影響も残さず，という意味は，たとえば，排気ガスとともに大気（低温部）に熱を逃すことなく，と考えてよい．

　これを熱力学の第2法則という．熱力学の第2法則は，次のようにいい換えることもできる．

「熱は高温から低温にひとりでに流れるが，この逆は起こらない」

　この法則によると，効率100％の熱機関は存在しない．この実現不可能な機関を第二種の永久機関という．

　実際の熱機関は，熱の伝導や摩擦などのためさらに効率は低く，蒸気機関は20％以下，ガソリンエンジンは20％から30％くらいである．ディーゼルエンジンやガスタービンは比較的効率がよく，40％以上に達するものがある．

　なお，人間も食物を燃焼させて仕事をする熱機関と見なすことができる．歩行や軽作業からスキー競技のような激しい運動にいたるまで，共通して，熱効率はほぼ21％である．通常の熱機関が高温で運動するのと比べて，人間の体温はきわめて低く，すばらしく効率の高い熱機関といえる．

練習問題 2

（解答は巻末参照）

2.1 容積 $100\,\mathrm{cm}^3$ のガラスびんに，0 ℃の水銀を満たし，これを 100 ℃まで熱すると，およそ何 cm^3 の水銀があふれるか．ただし，水銀の体膨張率は $1.81 \times 10^{-4}/\mathrm{K}$，ガラスの体膨張率は $2.4 \times 10^{-5}/\mathrm{K}$ とする．

2.2 温度 0 ℃のとき，一辺の長さ l_0 の立方体の物体がある．この物体をつくる物質の線膨張率を α，体膨張率を β とする．いま，温度が $t\,[℃]$ に上昇したとき，この物体は，一辺の長さが $l_0(1+\alpha t)$ の立方体に膨張した．α は 10^{-5} のけたであることを考慮して，$\beta = 3\alpha$ であることを証明せよ．

2.3 400 g の銅製熱量計に 10 ℃，500 g の水が入れてある．これに 100 ℃，500 g のアルミニウム球を入れた．
 (a) 銅の比熱を $0.39\,\mathrm{J/(g \cdot K)}$ とすると，水と熱量計の合計熱容量はいくらか．
 (b) アルミニウムの比熱を $0.90\,\mathrm{J/(g \cdot K)}$ とすると，水は何℃になるか．

2.4 水平面と 30 ℃の角度をなしている斜面で，高さ 1.0 m にある質量 1.0 kg の物体が，静止の状態からころがることなくすべり出し，斜面の最下点に達したとき 3.35 m/s の速さになった．運動の摩擦係数は一定とし，エネルギーの損失はすべて熱に変わったとすれば，発生した熱量は何 J か．

2.5 15 ℃，2.0 L の水を 600 ワットの電熱器で 100 ℃まで温度を上げるには何分を要するか．ただし，伝熱の効率を 80％とする．

2.6 図 2.21 は，1 気圧の大気中においた底面積 $100\,\mathrm{cm}^2$ のシリンダーで，P はなめらかに移動するピストンである．
 (a) 理想気体 G の温度が 127 ℃のとき，$l = 20.0\,\mathrm{cm}$ である．これを温めて $l = 50.0\,\mathrm{cm}$ にするには G の温度を何℃にすればよいか．
 (b) このとき，G が外部にした仕事は何 J か．

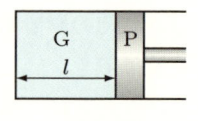

図 2.21

2.7 温度 27 ℃における酸素分子の平均の速さはいくらか．ただし，酸素は分子 1 モルの質量 32 g の理想気体として計算せよ．

2.8 石炭 1.0 kg の発熱量はおよそ $28 \times 10^6\,\mathrm{J}$ である．この石炭 1.0 t を燃焼させて，熱効率 10％の蒸気機関により水を高さ 16 m の水槽に吸み上げる．何 t の水が吸み上げられるか．

第3章

波 と 光

池や海に生じる波や，縄跳びをするとき縄を伝わる波など，日常，たくさんの波（波動）に接することが多い．さらに，音は目に見えないが，空気中を伝わる波である．ラジオやテレビが受ける電波は，第4章で学ぶ電磁波であって，光も電磁波の一種である．本章では，各種の波に共通な基本的事項を調べたのち，音など物質中を伝わる力学的な波と，電磁気的な波である光を学ぶ．光の進路を光線で代表させ，直進性および反射と屈折の法則など幾何光学的な扱いについて解説し，光学機器の原理も探ってみる．

3.1 波

3.1.1 波源と媒質

池に釣り糸をたれ下げ，糸の先の浮きを上下に振動させると，その点を中心にして，波紋が周囲に伝わっていく．また，この水面に浮かぶ木の葉を観察すれば，ある場所の水は，その位置で上下に振動するだけで，波紋とともに遠くに移動しないことがわかる．このように，波動は，波を発生させるところ（波源）の運動が次々に隣接する部分へ伝わる現象である．一般に，波を伝えるものを媒質という．たとえば，池の面に生じた水波の媒質は水である（図3.1参照）．

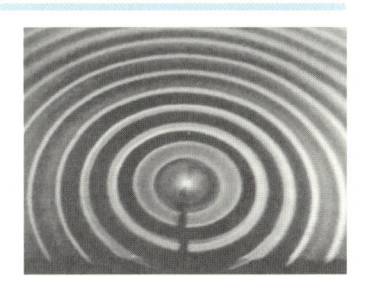

図3.1 水面を伝わる波

問 3.1 音が波であるとすれば，媒質としてどのようなものがあるであろうか．そのほかの波動の例をあげ，何が媒質であるかをいえ． （解答は巻末参照）

3.1.2 波長，振動数と波の速さ

水面を伝わる波の波源を，続けて振動させると，図3.2のような波が発生する．青色の太い実線で示した波から，少しあとの時刻の波を破線で示す．x軸は，波がない

ときの水面の位置である．媒質の各点は，波源から遠くなるに従い，時間的に少しずつ遅れながら，まったく同じ振動をする．第1章で学んだ単振動（1.6.7項参照）と同様にして，各点に共通した振動の周期，振動数，振幅が定まるが，これを，それぞれ波の周期，振動数（または周波数），振幅とよぶ．波の山と山，または谷と谷との間の距離を，波長とよぶ．一般に，1波長だけ隔たった2点は，変位も速度も同じである．このような2点は，同じ位相であるという．

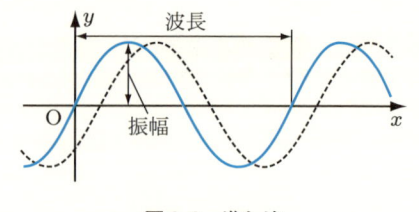

図3.2　進む波

周期が T [s] の波の振動数を f [Hz]（ヘルツ，1.6.4項参照）とすれば，

$$f = \frac{1}{T} \tag{3.1}$$

である．山（または谷）の進む速さを，波の速さという．山の位置は，1周期あるいは1振動の間に1波長だけ移動する．したがって，波長を λ [m]¹⁾，波の速さを v [m/s] とすれば，

$$v = \frac{\lambda}{T} = f\lambda \tag{3.2}$$

と表せる．光の波長の単位としては，ナノメートル [nm] がよく用いられる．また，オングストローム [Å] も使われる．$1\,\mathrm{nm} = 10^{-9}\,\mathrm{m}$，$1\,\mathrm{Å} = 10^{-10}\,\mathrm{m}$ である．

問 3.2　AMラジオ 600 kHz（$= 6 \times 10^5$ [Hz]）の電波の波長は何 m か．また，500 nm のだいだい色の光の振動数は何 Hz か．電波や光の速度を 3×10^8 m/s として計算せよ．

3.1.3　横波と縦波

ひもの一端を固定し，他端にひもと垂直な方向の往復運動をさせる（図3.3参照）．ひもの端に加えた振動は，隣の部分に次々と伝わり，波が生じ，山や谷が進む．このとき，媒質の各部分が振動する方向と，波の進む方向とは，互いに垂直である．このような波を横波という．横波を表すグラフは，横軸（x 軸）を波が生じる前の媒質の位置とし，波が生じたときの媒質の位置を縦軸（y 軸）にとれば，グラフは図3.2のような波形になり，位置 x に対応する y の値は，その場所の変位を示している．

次に，図3.4のように，つるまきばねの左端をばねの方向に振動させる．ばねに生じた密な部分，または疎な部分は，ばねにそって進んでいく．このとき，媒質の振動方向と，波の進行方向とは，同じ方向である．このような波を，縦波または疎密波とよぶ．縦波をグラフで表すには，図3.5のように，各部分の変位を反時計まわりに

---

1) 波長は，ギリシア文字の λ（ラムダ）で表すことが多い．

図 3.3　横　波　　　　　図 3.4　縦波（疎密波）

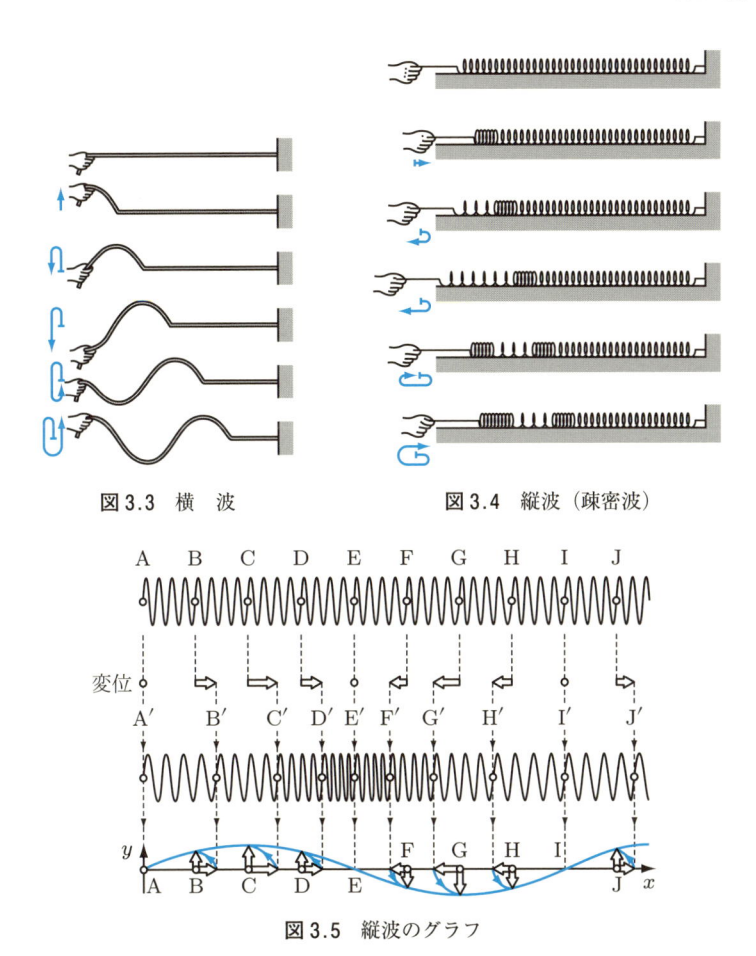

図 3.5　縦波のグラフ

90°回転させれば，図 3.2 と同様な波形のグラフが得られる．

問 3.3　図 3.5 のグラフにおいて，
（a）　点 I から 1 波長先までの変位を考え，各自グラフ用紙に点 A から 2 波長の範囲のグラフを完成させよ．
（b）　点 A から点 I までの範囲で媒質の密度が最も密な位置と最も疎な位置を指定せよ．また，波がなかったときと密度が変わらない場所はどこか．
（c）　媒質の密度が最初より密なところは正，疎なところを負の値として，疎密の大小関係を示すグラフをつくれ．
（d）　1/8 周期後の変位と密度の波を，（a）と（c）で書いたグラフの上に重ねて書き入れよ．

参考 3.1　表面波　海面などを伝わる波では，表面の水は，静止の位置を中心とする円に近いだ円運動をするから，横波でも縦波でもない（図 3.6（a）参照）．このだ円の大きさは，図 3.6（b）のように深くなるほど小さくなり，およそ半波長より深い場所の水は静止している．このような波を**表面波**という．

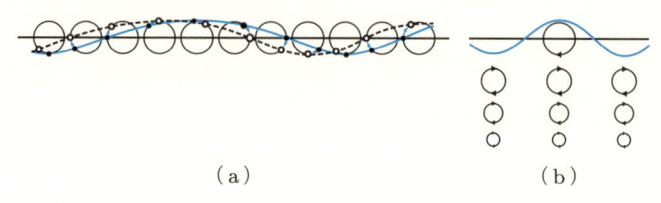

図 3.6　海面の波

3.1.4　正弦波

横波でも縦波でもよいが，単振動が伝わる波は，波形が正弦曲線になるから**正弦波**という．図 3.7 は，x 軸の正方向に速さ v で進む正弦波を示すものとする．原点における媒質が，振幅 A，周期 T の単振動をしていて，時刻 t における変位 y が，式 (1.69), (1.70) により，

$$y = A\sin(\omega t) = A\sin\left(2\pi \frac{t}{T}\right) \tag{3.3}$$

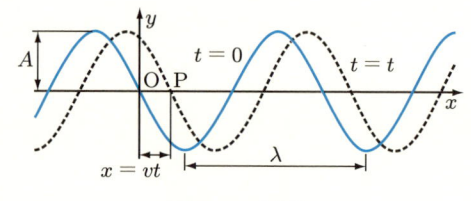

図 3.7　正弦波

で与えられる場合を考えてみよう．各点における媒質の振動が，速さ v の波によって伝えられるものとすれば，原点から距離 x の点 P の位置における時刻 t の振動状態は，原点における時刻 $t - \frac{x}{v}$ の振動と等しくなる．したがって，式 (3.3) から，位置 x における時刻 t の変位 y は，

$$y = A\sin\left[\frac{2\pi}{T}\left(t - \frac{x}{v}\right)\right] = A\sin\left[2\pi\left(\frac{t}{T} - \frac{x}{\lambda}\right)\right] \tag{3.4}$$

となる．これが正弦波を表す式で，$2\pi\left(\frac{t}{T} - \frac{x}{\lambda}\right)$ の値を，位置 x，時刻 t における波の**位相**という．x の値が λ だけ増加すると，位相は 2π だけ減少し，振動状態は同じになる．一般に，位相の差が，2π の整数倍であるとき，**位相が一致**するという．

ここで，式 (3.4) は，$t=0$，$x=0$ で，位相が 0 である特別な正弦波を表している．一般の正弦波は，$t=0$ のとき，$x=0$ での位相（角度）が α から出発し，

$$y = A\sin\left[2\pi\left(\frac{t}{T} - \frac{x}{\lambda}\right) + \alpha\right] \tag{3.5}$$

で与えられる．式 (3.5) 中の α を**初期位相**という．この波の $t=0$，$x=0$ における

位相は，α になる．

　実際に存在する波は，波形の複雑な波が多い．しかし，このような波でも，種々の正弦波の重ね合わせとして合成することができる．この方法は，フーリエ解析とよばれる（図 3.28 参照）．

問 3.4 時刻 t [s]，位置 x [m] における変位 y [m] が $y = 5\sin(8t - 7x - 4)$ で表される正弦波の，振幅，周期，振動数，波長，速さ，初期位相はそれぞれいくらか．

問 3.5 ある媒質の 1 点が振動数 20 Hz，振幅 5 cm の単振動をはじめた．この点からある方向に波の速さ 0.6 m/s で横波が伝わっていくとき，6 m 離れた点はどんな振動をするか．

3.1.5　弦を伝わる横波（弦の波の速さ）

　一般に，力学的な波の速さは，媒質の変形を元に戻そうとする復元力と，状態をそのまま保存しようとする慣性（媒質の密度）によって決まる．復元力が強いほど，波の速さは大きくなるが，密度が大きくなれば，速さは減る．

　線密度（単位長さあたりの質量）が σ[1] の弦を，張力 S [N] で引っ張っているとき，この弦を伝わる横波の速さ v [m/s] は，次の式で与えられることがよく知られている．

$$v = \sqrt{\frac{S}{\sigma}} \tag{3.6}$$

問 3.6 式 (3.6) の右辺に，S と σ の次元式（1.4.4 項参照）を代入すると，速さの次元式 LT^{-1} になることを確かめよ．

3.2　波の重ね合わせ

3.2.1　重ね合わせの原理と波の独立性

　図 3.8 は，静かな水面の 2 点で発生させたパルス波が，接近し，出合い，通り過ぎていく状況を示している．

　一般に，二つの波が出合うとき，各点の変位 y は，二つの波が単独に到達した変位をそれぞれ y_1 および y_2 とすれば，

$$y = y_1 + y_2 \tag{3.7}$$

となる．これを波の重ね合わせの原理という．重ね合わせてできる波を合成波とよぶ．図 3.9 は，ある時刻における二つの波 a，b と，その合成波 c を表す図である．

　たとえば，池の水面に二つの石を落として生じた二つの波の振幅が等しければ，山と山が重なる場所では強めあい（図 3.8（b）参照），山と谷が重なる場所では，式

1）　ギリシア文字 σ はシグマと読む．

(3.7) において，y_1 と y_2 の符号が逆であるから正負打ち消しあって合成波の変位はゼロになる（図 3.8（c）参照）．

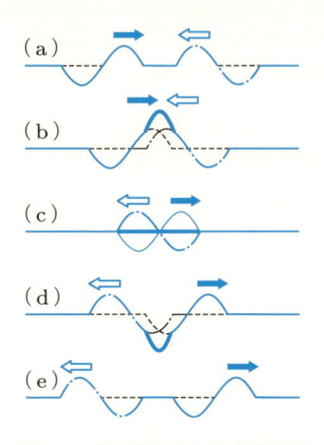

図 3.8 波の重ね合わせと独立性

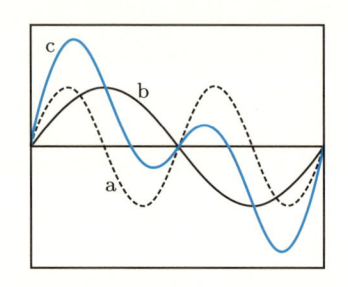

図 3.9 二つの波 a，b と合成波 c

図 3.8 で，二つの波の衝突が終わったあとの同図（e）では，衝突前の二つの波の状態の同図（a）と変わらない．すなわち，衝突によって，それぞれの波の運動や波形が乱されない．このような性質を**波の独立性**とよぶ．波のこの特色は，二つの物体が，力学的な衝突によって，運動の方向や速さが変化する（たとえば，例題 1.5 を見よ）のとは，まったく異なる現象である．

問 3.7 図 3.10 において，右向きに進む二等辺三角形のパルス波は，底辺 BC と高さ AH が等しい．また，左向きに進む正四角形のパルス波の 1 辺は，二等辺三角形の底辺と等しい．二つのパルス波が出合い，底辺の中点が重なったときの合成波を図で示せ．

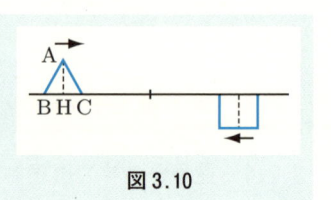

図 3.10

3.2.2 波の干渉

水の波は水面を伝わり，音波は空間を伝わっていくが，位相の等しい点，たとえば山を，連続的に接続してできる曲線または曲面を**波面**とよぶ．図 3.11 は，水面上の 2 点 S_1，S_2 から振動数と振幅が等しい二つの波を同時に発生させたとき，円形の波面が広がっていくようすを示している．二つの波が重なると，重ね合わせの原理により，強めあったり，弱めあったりする．この現象を**波の干渉**という．

図 3.11 の水面を観察すると，二つの波源からきた波が干渉した結果，まったく振動しない場所と，激しく振動する場所が，交互に曲線のしまをつくっていることが認められる（図 3.11 を模式化した図が図 3.12 である．図 3.12 において，S_1，S_2 は波

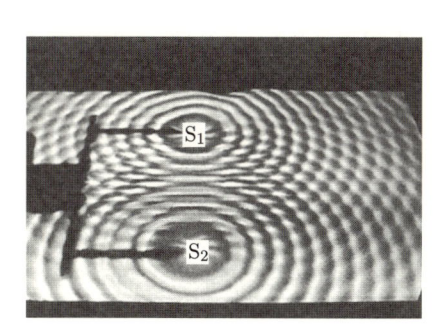

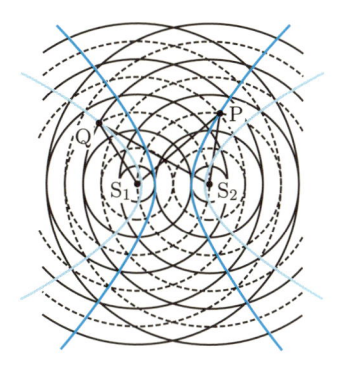

図 3.11　水の波の干渉　　　　図 3.12　干渉じまの出現

源，実線は山，点線は谷を表す）．このようなしまができる理由を，重ね合わせの原理によって，明らかにしよう．

二つの波源から出る波の波長を λ とすれば，図 3.12 で，距離の差について，

$$|S_1P - S_2P| = \frac{\lambda}{2} \cdot 2n = n\lambda \quad (n = 0, 1, 2, 3, \cdots) \tag{3.8}$$

の関係が成り立つ点 P においては，山と山，谷と谷のように二つの波の位相が等しいから，つねに強めあい，合成波の振幅は，一つの波の振幅の 2 倍になる．また，

$$|S_1Q - S_2Q| = \frac{\lambda}{2}(2n + 1) \quad (n = 0, 1, 2, 3, \cdots) \tag{3.9}$$

を満足する点 Q では，山と谷のように，二つの波の変位はつねに打ち消しあうので，振動をしない．点 Q における二つの波の位相差は π [rad] で，二つの波の位相は逆であるという．

式 (3.8) を満たす点 P がつくる曲線は，2 点 S_1, S_2 からの距離の差が一定な点の軌跡で，S_1, S_2 を焦点とする双曲線[1])である．式 (3.9) で定められる点 Q の軌跡も同様な双曲線で，とくにこの場合，波の節線とよぶ．

問 3.8　図 3.12 において，実線は波の山，破線は谷を表しているものとする．この図を方眼紙に写し，二つの波が干渉して最も強めあうところを曲線で結べ．また，打ち消しあうところも曲線で結び，干渉じまが双曲線になることを確かめよ．

3.2.3　反射による位相の変化

進行している波が，媒質の境界に達すると，入射波のエネルギーの一部は，境界面を通過して進む進行波（屈折波）のエネルギーになり，残りの部分は反射されて反射波のエネルギーになる場合が多い．境界面の媒質が固定されているとき，この境界を

---

1)　2 定点 S_1, S_2 からの距離の差が一定である点 P(Q) の軌跡を双曲線といい，S_1, S_2 をその焦点という．

固定端とよび，また境界の媒質が自由に振動できるとき，自由端とよぶ．固定端または自由端による反射においては，いずれも入射波のエネルギーは完全に反射されて，入射波の振幅と反射波の振幅は等しい．

参考3.2　固定端での反射　一端を壁に固定された綱を考えよう．図3.13（a）において，入射波が壁に達すると，壁は綱から力を受け，その反作用として，綱は壁から同じ大きさで逆向きの力を受ける．したがって，この点で綱には入射波と変位の向きが逆で大きさが等しい反射波が生じる．すなわち，入射波と反射波を合成すれば，固定端における媒質の変位はゼロである．図3.13（b）のように，入射波aが境界より先にも進行すると考えた仮想の波eを，固定端Aに関して点対称になるように移せば，これが反射波bになる．綱のある部分で，実際に観測される波cは，入射波と反射波を合成した波である．入射波が正弦波の場合，反射波も正弦波で，固定端における二つの波の位相は，π [rad] だけ変わり，半波長ずれることになる．したがって，二つの波はこの場所で完全に打ち消しあう．

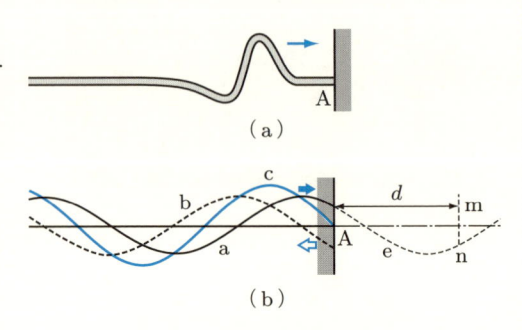

図3.13　固定端での反射

参考3.3　自由端での反射

図3.14（a）のように，長くて軽い糸の一端を壁に固定し，他端Aを綱に結び，綱に波を発生させると，Aはこの波の自由端とみなせる．媒質は自由端より先から力を受けていないから，自由端付近の媒質の変位は一定である．したがって，この場所に入射波aが達したとき，図3.14（b）のように，自由端における合成波cのこう配をゼロにするような反射波bが発生する．入射波が，自由端より先にも進行すると考えた仮想の波eを，境界面mnに関して対称になるように移せば，この場合の反射波になる．自由端では，入射波の位相と反射波の位相とは等しく，二つの波は，互いに強めあう．

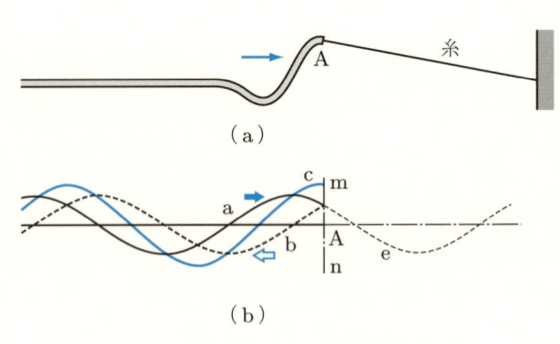

図3.14　自由端での反射

一般に，波が疎な媒質から密な媒質[1]に入射するときには，固定端型の反射が起こる．密な媒質から疎な媒質の場合には，反射は自由端型になる．

3.2.4 定常波

図 3.15 では，速さ，振幅，振動数がそれぞれ等しく，互いに逆向きに進む二つの正弦波が干渉するようすを示している．この図で，細い実線は左から右に進む波，破線が右から左へ進む波，青色の太い実線は二つの波の合成波を示す．

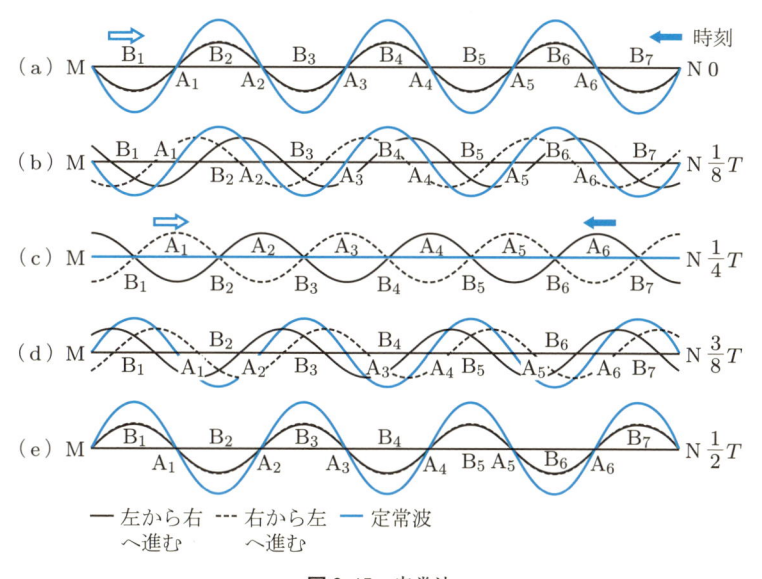

図 3.15 定常波

時間経過 1/8 周期ごとに，対応する各時刻の波を同図 (a)〜(e) が表している．位置 M, A_1, A_2, $\cdots$, A_6, N における媒質の変位は，つねにゼロで，まったく振動しない．このような場所を節という．また，位置 B_1, B_2, $\cdots$, B_7 などでは，最も激しく振動する．これらの場所を腹という．このように，上下には往復振動するが，左にも右にも進まない波を定常波という．定常波の波長は，腹と腹，または，節と節の間隔の 2 倍である．前項の固定端と自由端は，それぞれ定常波の節と腹に対応している．これに対し，波形が時間とともに進行する波を進行波という．

問 3.9 図 3.16 に，ある時刻における A, B の変位を示す．A と B は，振幅，波長，周期，速さがそれぞれ等しく，A は $+x$ 方向に，B は $-x$ 方向に進む波であるとする．

---

[1] 波動の種類によっては，質量の密度の小さい物質が密で，密度の大きい物質が疎になることがある．たとえば，光波に対しては，エチルアルコールが水より密であるが，密度はエチルアルコールのほうが水より小さい．

（a）この時刻におけるA，Bの合成波はどうなるか．（b）1/4周期後のAとBおよび合成波を示せ．（c）AとBの合成波が，定常波であることを確かめ，腹，節の位置を指定せよ．

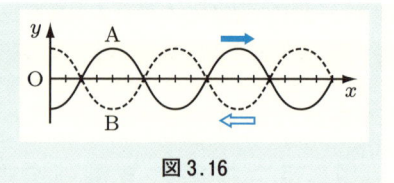

図 3.16

3.2.5 弦に生じる定常波

両端を固定した弦をはじくと，はじく強さやはじいた位置によって，図3.17のような定常波を生じる．これは，はじいた位置から弦の両側へ進行した波が，固定端で反射され，それぞれの入射波と反射波とが干渉した結果，発生したものである．節と節との距離は半波長であるから，弦の長さをlとし，図3.17（a）〜（c）の波長をλ_1, λ_2, λ_3とすれば，一般に，

$$\lambda_n = \frac{2l}{n} \quad (n = 1, 2, 3, \cdots) \tag{3.10}$$

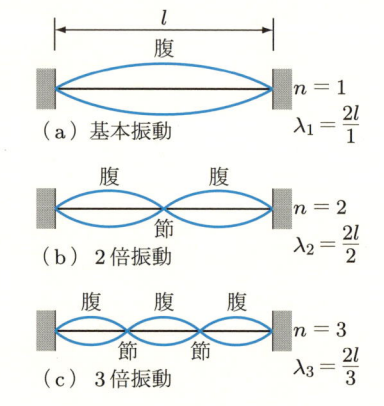

図 3.17 基本振動と倍振動

となる．各波長に対する定常波の振動数を，f_1, f_2, f_3, …で表せば，式 (3.10) および式 (3.2)，(3.6) の関係から，

$$f_n = \frac{n}{2l}\sqrt{\frac{S}{\sigma}} \quad (n = 1, 2, 3, \cdots) \tag{3.11}$$

が導かれる．ただし，σは弦の線密度，Sは張力である．

両端を固定した弦には，式 (3.11) によって定められる，特別な振動数の定常波しか生じない．このような定常波をその弦の**固有振動**，その振動数を**固有振動数**とよぶ．図3.17において，$n = 1$に対応する同図 (a) の振動を**基本振動**，同図 (b) 以下の振動を**倍振動**といい，$n = 2, 3, \cdots$に相当する倍振動を，それぞれ**2倍振動**，**3倍振動**などと名づける．基本振動，倍振動によって，弦から生じる音を，**基本音**（**原音**），**2倍音**，**3倍音**などとよぶ．

問 3.10 ギターの演奏で弦をはじくとき，太い弦と細い弦とでは，どちらが高い音（振動数が大きい音）を発するか．また，ねじで弦をしめつけるときと，指をフラットにあて，弦を押さえるときには，それぞれ音はどのようになるか．

問 3.11 質量 4.0 g，長さ 80 cm の弦に 400 N の張力を加えて振動させた．弦に生じる基本振動の振動数はいくらか．

3.3 波の伝わり方

3.3.1 回折

波面が平面である波を平面波，球面である波を球面波という．ある点を波源とする球面波は，波源から遠く離れた場所における狭い範囲では，平面波とみなしてよい．一般に，波の進む方向は，波面に垂直である．

図3.18（a）のように，水の波が小さいすきまのある壁に到達したとき，すきまの中では水は上下に振動するだけである．波はすきまを出ると，すきまを波源とする円形の波面をつくって進む．この波はすきまの前面だけでなく，壁などの障害物の影の部分にまでまわり込み，最初の進行方向からそれた方向にも伝わる．図3.19の写真は，この状態を撮影したものである．また，図3.18（b）のように，障害物がある場合にも，波は障害物の背後にまわり込む．このような現象を，波の回折とよぶ．回折は，すきまの幅や，障害物の大きさが，波の波長と同程度以下のときに著しく現れる．図3.18（c）は，すきまが図3.18（a）より広い場合の回折のようすを示している．

回折と干渉は，すべての波に生じる波動特有の現象である．

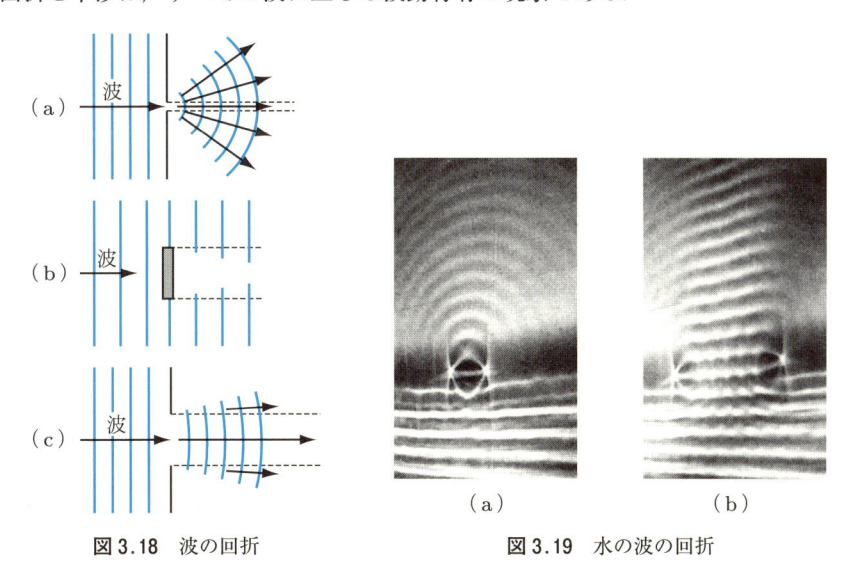

図3.18 波の回折

図3.19 水の波の回折

3.3.2 ホイヘンスの原理

壁に狭いすきまがある図3.18（a）の場合は，すきまが波源となって波が出ることは明らかであるが，一般に，波が伝わっている空間では，各点で媒質が振動するから，各点が波源となって，波（素元波または二次波とよぶ）を出していると考えられる．

図3.20において，ある時刻の波面をABとすれば，その後の時刻における波面A'B'は，AB上の各点をそれぞれの波源とする無数の球面波（二次波）が干渉して生じたもので，A'B'は，これら無数の球面波に接する一つの面（**包絡面**という）とみてよい．波面はこのようにつくられて伝わっていく．この考え方を，**ホイヘンスの原理**という．

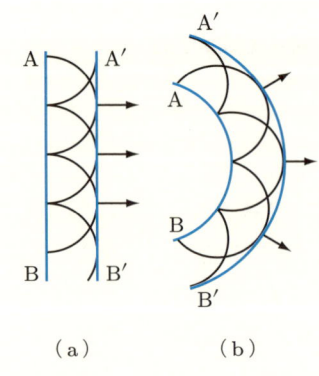

図3.20 ホイヘンスの原理

3.3.3 反射の法則

ある媒質中を伝わる波が，ほかの媒質との境界面に到達すると，波の一部分は反射し，残りの部分は屈折してほかの媒質の中へ進入する[1]．

図3.21は，平面波がAO方向から入射して，OP方向に反射すると同時に，OQ方向に屈折する場合を示している．NMは入射点Oにおいて，境界面に立てた法線（垂線）である．入射方向と法線とがなす角iを**入射角**，反射方向と法線がなす角i'を**反射角**，屈折方向と法線がなす角rを**屈折角**という．

一般に，次の**反射の法則**が成り立つ[2]．
① 入射波および反射波の進行方向と，入射点で境界面に立てた法線とは同一平面内にある．
② 入射方向と反射方向は，法線に関して互いに反対側にある．
③ 入射角iと反射角i'は等しい．

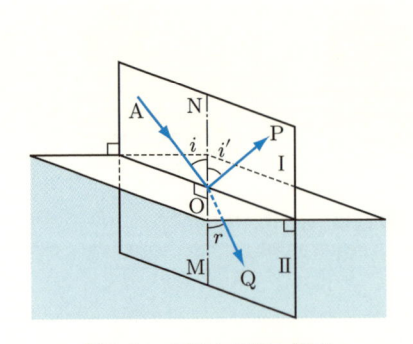

図3.21 反射と屈折の法則

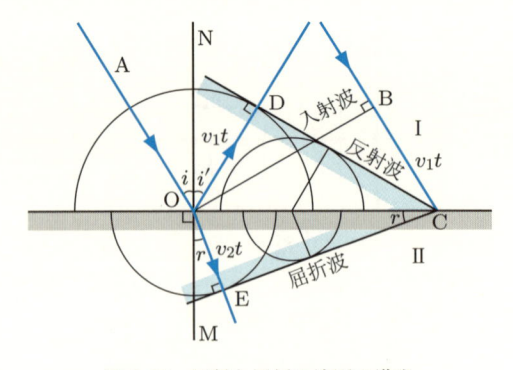

図3.22 反射と屈折の法則の導出

---
1) 3.3.4項で学ぶ全反射のときは，屈折する波がない．
2) この法則に従う反射を**正反射**という．

すなわち，次式が成立する.
$$i = i' \tag{3.12}$$

式 (3.12) の関係を，ホイヘンスの原理を用いて導いてみよう．図 3.22 において，入射波の波面が OB に到達してから t [s] 後に，B にあった波面が C に到達したとする．媒質 I の中で，O から出た二次波は，波の速さを v_1 とすれば，半径 $v_1 t$ の球面波となっている．また，$BC = v_1 t$ である．この時刻における波面は，C を通り，またこの球面に接するから，球面の接線 CD となる．したがって，反射波の進行方向は OD となる．二つの直角三角形，$\triangle OCB$ と $\triangle COD$ は，$OC = CO$，$CB = OD$ だから合同である．これから，入射角 i と反射角 i' が等しいことが容易に確かめられ，$i = i'$ が導かれる.

問 3.12 電球の光に照らされた物体を眼でみるとき，光の進路は反射の法則に従わない．このような反射を乱反射という．この場合，反射の法則は本当に成り立たないのであろうか．

3.3.4 屈折の法則

媒質の境界面において，波の進行方向が屈折するとき，次の屈折の法則が成り立つ（図 3.21 参照）．

① 入射波および屈折波の進行方向と，入射点で境界面に立てた法線とは，同一平面内にある．
② 入射方向と屈折方向は，法線に関して互いに反対側にある．
③ 入射角 i と屈折角 r との正弦の比の値は，波の速さの比の値に等しく一定である．すなわち，
$$\frac{\sin i}{\sin r} = \frac{v_1}{v_2} = n_{12} \tag{3.13}$$

が成り立つ．ここで，v_1 と v_2 は，それぞれ媒質 I と媒質 II の中を進む波の速さである．この比の値 n_{12} は，入射角を変えても変わらない．n_{12} を媒質 II の媒質 I に対する相対屈折率とよぶ．とくに媒質 I が真空で，波が真空中から媒質 II に入射するとき，この比の値 n_2（単に n と表すこともある）を媒質 II の絶対屈折率（または単に屈折率）という[1]．

ホイヘンスの原理によって，波の屈折を考えてみよう．図 3.22 において，$\angle BOC = i$，$\angle ECO = r$ であるから，$BC = v_1 t = OC \sin i$，$OE = v_2 t = OC \sin r$ である．これから，式 (3.13) が導かれる．

---

[1] 方解石などの結晶によって屈折される光は，屈折の法則に従う常光線のほかに，この法則に従わない異常光線がある．

また，波が屈折しても振動数 f は変わらない．媒質Ⅰ，Ⅱの波長を，それぞれ λ_1, λ_2 とすると，式 (3.2) により，$v_1 = \lambda_1 f$, $v_2 = \lambda_2 f$ が成り立つから，屈折率 n_{12} は波長 λ_1, λ_2 と，次式の関係がある．

$$n_{12} = \frac{v_1}{v_2} = \frac{\lambda_1}{\lambda_2} \tag{3.13}'$$

問 3.13 式 (3.13) によって，n_{12} を定めるとき，n_{21}, n_{23}, n_{13} はどのような相対屈折率を表しているか．また，次の関係を確かめよ．
（a）$n_{21} = 1/n_{12}$　（b）$n_{13} = n_{12} \cdot n_{23}$

問 3.14 媒質Ⅰから媒質Ⅱへ向かって，入射角 45°，屈折角 30° で進む波がある．媒質Ⅰにおける波の速さは 10 m/s で，波長は 2.0 m である．
（a）媒質Ⅰに対する媒質Ⅱの屈折率はいくらか．
（b）媒質Ⅱの中での波の速さおよび波長を求めよ．

全反射

図 3.23 のように，波が速さの小さい媒質Ⅱから，速さの大きい媒質Ⅰに向かって進むとき，屈折角は入射角より大きい．入射角を小さな値から増大させていくとき，入射角のある値 i_c に対して，屈折角が直角になる．この角度 i_c を**臨界角**とよぶ．入射角が臨界角より大きくなると，屈折波はなく，入射波は全部反射され，反射波の強さは大きい．この現象を**全反射**という．臨界角は，次式で与えられる．

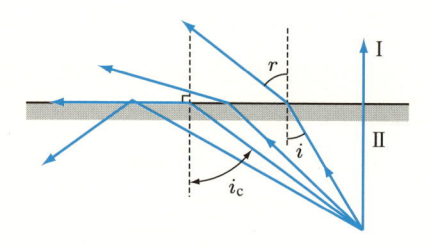

図 3.23 全反射

$$\sin i_c = n_{21} = \frac{1}{n_{12}} \quad (n_{12} > 1) \tag{3.14}$$

問 3.15 式 (3.14) が成り立つ理由を示せ．$n_{12} = 1.33$ のとき n_{21} はいくらか．これから臨界角 i_c を求めよ．ただし，n_{12} は光波の空気に対する水の屈折率である．

問 3.16 水中の音波の速さは，空気中の約 4 倍である．音が空気中から水中に進むときの臨界角を求めよ．また，空気中の音の大部分が水面で反射されることを説明せよ．

3.3.5　ドップラー効果

高速で進行する救急車やパトカーのサイレンを立ち止まって聞いていると，車が近づいてくるときは，サイレンの音が高く聞こえ，通過して遠ざかりはじめると，音が急に低く聞こえる．音源と観測者の一方，または両方が運動しているとき，聞こえる

音の高さ（振動数）は，音源の振動数とは異なる．音以外の波についても，波源や観測者の運動によって，波源が一定の振動数で振動していても，それと異なる振動数が観測される．このような現象を**ドップラー効果**という．

図 3.24 において，波源 S と観測者 O とが直線上を運動しているものとし，ある時刻における位置を S_1, O_1, t 秒後の位置を S_2, O_2 で示す．波源は振動数 f，速さ V の波を発生させるものとする．また，波源と観測者の速さをそれぞれ u, v としよう．すべての速さは，位置 O_1 における波の進む向きと同じときには正，逆向きのときには負とする．

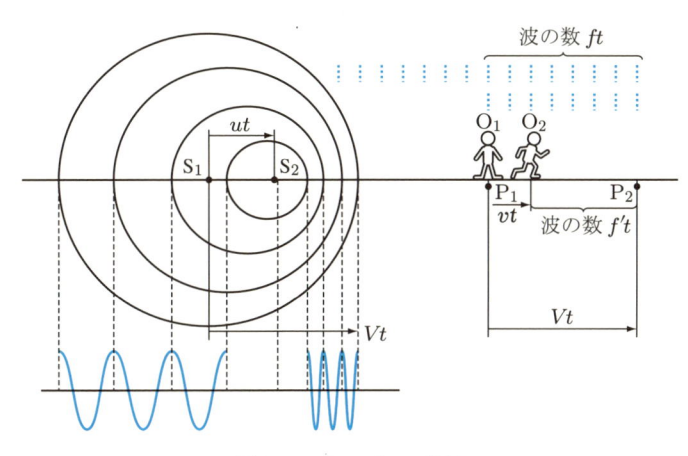

図 3.24 ドップラー効果

波が S_1 を出たのち，t 秒間に進む距離は Vt である．この間に S は距離 ut を進み，S_2 に達する．したがって，時間 t の間に S から出た ft 個の波は，距離 $Vt - ut$ の間に含まれる．この場合の波の波長を λ' とすれば，

$$\lambda' = \frac{Vt - ut}{ft} = \frac{V - u}{f} \tag{3.15}$$

である．また，O_1 に達した波は，時間 t の間に距離 Vt を進む．この間に O は，O_1 から O_2 に進み，O_1 と O_2 の距離は vt である．観測者 O が単位時間に受ける波の数，すなわち観測される振動数を f' とすれば，時間 t の間に O が受ける波の数は，$f't = (Vt - vt)/\lambda'$ となる．式 (3.15) を用いれば，次式のとおりとなる．

$$f' = \frac{V - v}{V - u} f \tag{3.16}$$

車のサイレンを立ち止まって聞く最初の例では，つねに $v = 0$ である．式 (3.16) において，車が近づくときには $V > u > 0$, したがって，$f' > f$ となる．また，車が遠ざかるときには $V > 0 > u$ であるから，$f' < f$ となる．

星からくる光のスペクトル線（3.10節参照）が，振動数の小さい光，すなわち赤い光の方へずれて観測されることが多い（赤方偏移という）．これは，われわれに対して星が遠ざかっているためドップラー効果によって生じたずれであると考えられ，宇宙が現在も膨張している証拠である[1]．

問 3.17 踏切に立つ人が，一定の速度で進行する列車の警笛を聞いたところ，列車が近づくときは振動数が 550 Hz，遠ざかるときは 450 Hz に聞こえた．音速を 340 m/s として，警笛の振動数と列車の速さを求めよ．

問 3.18 一様な風が吹いているとき，静止している音源から発する音を，風上で聞くのと，風下で聞くのとでは，音の高さ（振動数）が異なって聞こえるかどうか．その理由を図によって説明せよ．

問 3.19 速さ 20.0 m/s で走行する上り電車に，速さ 40.0 m/s の下り電車が振動数 600 Hz の警笛を鳴らしながらすれちがう場合，上り電車の乗客は，下り電車が近づくときと遠ざかるときでは，警笛をそれぞれ何 Hz の音として聞くであろうか．

3.4 音波

音は，ドラムの皮（ドラムヘッド，図3.25参照），ヴァイオリンの弦，人間の声帯など，音源となる発音体が振動して生じる空気の疎密波で，この波を**音波**という．音波が耳に達し，鼓膜が振動すると，人間は音を感知する．水泳中に船の音が聞こえたり，列車の進行音がレールを伝わってくることなどから，気体のほかに液体や固体も音波の媒質であることは明らかである．しかし，音波は物質のない真空中では伝わらない．

図 3.25 ドラムを叩く人

3.4.1 音の三要素

音の高さ，音の強さ，音色を**音の三要素**という．**音の高低**は，音波の振動数の大小に対応し，振動数が大きければ高い音とよび，小さければ低い音という．人間に聞こえる音の振動数は，年齢などによって個人差を生じるが，約 16 Hz から 20000 Hz の範囲で，この範囲の音を**可聴音**とよぶ．なお，科学技術や医療など多くの分野で利用されている**超音波**は，可聴音より振動数が大きい音波のことである．可聴音，人間の発する声，楽器の発する音の振動数と波長の範囲を，表3.1に示す．

---

[1] 1929年，アメリカの天文学者ハッブルの長年にわたる観測結果から示された．

表 3.1 音の振動数と波長

	振動数 [Hz]	大気中の波長
可聴音	16〜20000	21 m〜1.7 cm
人の声	80〜1000	4.3 m〜34 cm
楽器	30〜4000	11 m〜8.5 cm

一方，音波が運ぶエネルギーを調べると，音の強弱は，媒質の振動数と振幅の2乗に比例することがわかる．したがって，振動数が一定ならば，振幅が大きいほど強い音になる．

図3.26は，音声電流の時間変化をオシロスコープで見たもので，図（a）はのこぎり波形，同図（b）は正弦波形をしている．横方向は時間，縦方向は媒質の変位を表す．同図（a）において，A_1 の表す音の振動数は，A_2 の音の振動数より小さい．したがって，A_1 の音の高さは，A_2 の音の高さより低い．また，A_1 と A_3 では，音の高さは等しいが，A_1 のほうが A_3 より振幅が大きいから，強い音である．同図（b）についても同様である．

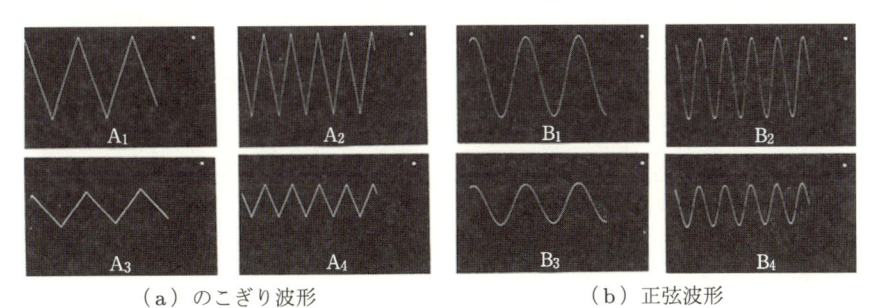

（a）のこぎり波形　　　　　（b）正弦波形

図3.26　音の高低と強弱

おんさとピアノが出す音は，同じ高さでも音色が違う．おんさが出す音の波形は，単純な正弦波形に近い．このような音を純音という．ピアノが出すA音（ラの音）の振動数は 440 Hz といわれているが，実はこれは基本振動（3.2.5項参照）の振動数で，A音（ラの音）にはこのほかに振動数 880 Hz の2倍音，1320 Hz の3倍音などが，少しずつ混ざっている．したがって，波形もおんさの波形よりも複雑になる．このような音を複合音とよぶ．図3.27（a）は，音声「あ」について，振幅の時間変化を表している．同図（b）は，この音声を構成するさまざまな振動数の成分波の，強さの割合を示す．

図3.28（a）は，指穴を閉じた場合における尺八の「ろ」の音の波形で，同図（b）はこれを基本音（原音）と倍音に分けたもの，同図（c）はそれらの振幅の大きさの割合を示す音のスペクトルである．同図（a）の「ろ」の音の周期は，同図（b）の

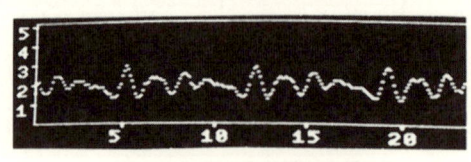

(a) 音の振幅の時間変化

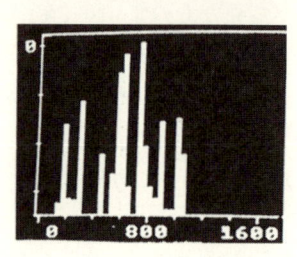

(b) 音の振動数の強度分布

図 3.27

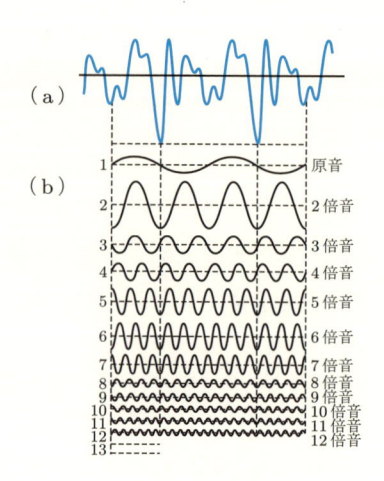

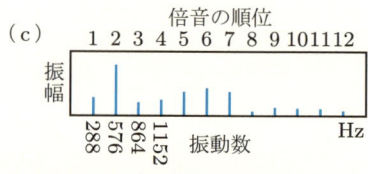

(a)
(b) 1 原音 / 2 2倍音 / 3 3倍音 / 4 4倍音 / 5 5倍音 / 6 6倍音 / 7 7倍音 / 8 8倍音 / 9 9倍音 / 10 10倍音 / 11 11倍音 / 12 12倍音 / 13

(c) 倍音の順位 1 2 3 4 5 6 7 8 9 10 11 12
振幅 / 振動数 Hz
288 576 864 1152

図 3.28 音 色

原音の周期と等しいことに注意せよ.

参考 3.4 音波の強さと感覚的な音の大きさ 人が耳で感じる音の大きさは，波が運ぶエネルギーから定めた音の強さに比例しない．実験によると，耳に感じる音の大きさは，音波の強さそのものではなく，強さの対数[1]に比例する（ウェーバー–フェヒナーの法則）．このことから，標準の音の強さ I_0 [W/m²] に対して，強さ I の音の大きさ α は，デシベル [dB] とよぶ単位を導入して，

$$\alpha = 10 \log_{10} \frac{I}{I_0} \quad [\text{dB}] \tag{3.17}$$

で表す．ただし，I_0 は，振動数が 1000 Hz のときに聞こえる最小限度の音の強さを表し，通常，$I_0 = 10^{-12}$ W/m² とする．振動数が一定のとき，音の大きさは，デシベルの値で示される．振動数が異なる音では，運ばれるエネルギー I，すなわちデシベルの値が同じでも感じる音の大きさが違う．そこで，フォン (phon) という単位を，次のようにして導入する．

たとえば，ある発音体の出す音が，振動数 1000 Hz で大きさ 80 dB の純音を聞いたときと同じ大きさに感じれば，この発音体の音の大きさは，80 フォンであると定める．図

---

[1] a を正の数 ($a \neq 1$) とするとき，任意の正数 m に対して $a^r = m$ であるような実数 r がただ一つ定まる．このとき，r を a を底とする m の対数といい，$r = \log_a m$ と表す．m を対数 $\log_a m$ の真数という．なお，$a = 10$ のとき，常用対数とよぶ．

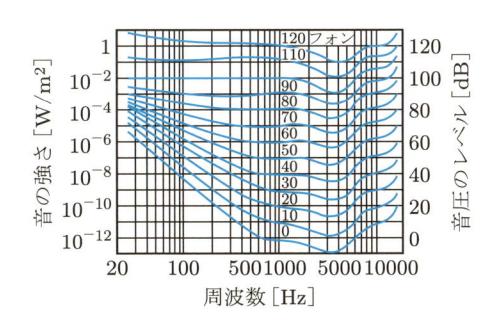

図 3.29 は，音の大きさの等感曲線である．これによれば，3000 Hz から 4000 Hz くらいの振動数の音は，大変よく聞こえることがわかる．0 フォンは，耳でやっと聞こえる小さい音である．距離 1 m の間を置いてふつうの会話をするときは約 60 フォン，航空機のエンジンの音や激しい警笛の音など，耳の痛くなるような大きな音は，120 フォンに達する．

問 3.20 （a） 1000 Hz の音が，強さ 10^{-6} W/m^2 で達したとき，この音は何 dB であるか．また，何フォンの音の大きさに聞こえるか．
（b） 図 3.29 によって，振動数 100 Hz，50 dB の音は何フォンの大きさに聞こえるか調べよ．

3.4.2 音の速さ

実測によると，乾燥した空気中の音波の速さを V [m/s] とすれば，気温 t [℃] においては，

$$V = 331.45 + 0.607t \tag{3.18}$$

と表せる．これは，気圧，振動数および音源の運動には無関係である．空気中の縦波を理論的に扱った結果と，式 (3.18) は，よく一致する．気温が 15 ℃ のとき音波の速さは，約 340 m/s である．物質中の音速の例を，表 3.2 に示す．

表 3.2 物質中の音速

物　　　質	音速 [m/s]	備　　考
空　　　気	331.45	0 ℃，1 atm
水　　　素	1269.5	0 ℃，1 atm
ヘ リ ウ ム	970.8	0 ℃，1 atm
水　蒸　気	473	100 ℃，1 atm
純　　　水	1500	25 ℃
海　　　水	1513	20 ℃
鉄	5950	—
アルミニウム	6420	—
コンクリート	4250〜5250	—

3.4.3 共鳴

等しい振動数のおんさを，図 3.30 のように並べて置く[1]．

一方を鳴らしてから，間もなく指でその振動を止めると，他方のおんさが鳴っているのがわかる．これは，第一のおんさから出た音波が，同じ振動数の第二のおんさを揺り動かした結果である．

一般に，振動体は，その物体によって定まる固有振動数がある．外から周期的な力を振動体に加えるとき，外力の振動数とその物体の固有振動数とが等しい場合に，振動体は大きな振動をはじめる．この現象を，共鳴または共振とよぶ．高層ビルや橋などの建造物は，固有振動数が地震波の振動数と一致しないように，設計上の配慮が必要である．

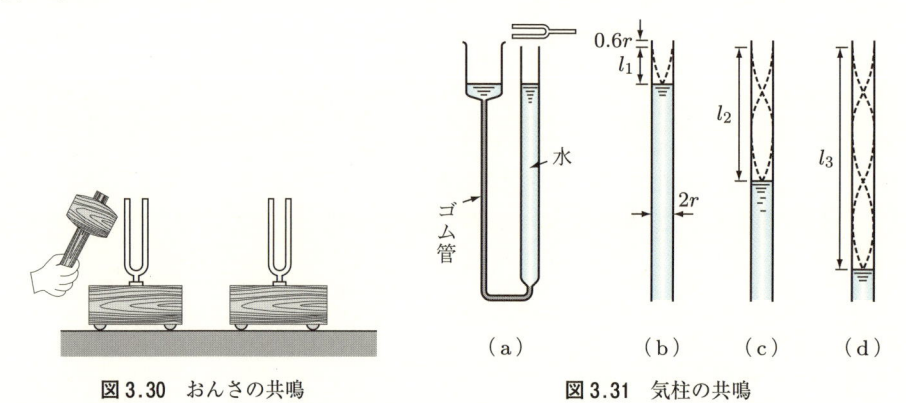

図 3.30 おんさの共鳴

図 3.31 気柱の共鳴

気柱の共鳴

図 3.31 のように，一端が開き他端が閉じている管（閉管）の管口近くでおんさを鳴らし，空気柱（気柱）の長さを調節すると，ある長さで管の中の空気が共鳴して振動し，定常波を発生させることができる．このとき，閉管の閉端が定常波の節となり，開端が腹となる．図 3.31 において，共鳴状態における気柱の長さを，$l_1, l_2, l_3, \cdots$ とすれば，おんさの音の波長 λ は，$\lambda = 4 l_1$, $\lambda = 4\dfrac{l_2}{3}$, $\lambda = 4\dfrac{l_3}{5}$, $\cdots$ となる．実際は，管の開端から少し外の位置が腹となる．内半径 r が管の長さと比較して小さい円管では，腹は約 $0.6r$ だけ外にはみ出る．これを開口端の補正という．この補正をする必要がないように，たとえば，図の（c）と（b）の差をとって，$\lambda = 2(l_2 - l_1)$ によって波長を測定するほうがより正確である．両端が開いた管（開管）の中の気柱においても，同様な定常波を発生させることができる．

---

[1] 図のように共鳴箱がおんさについているときには，箱の開いている端を，互いに向き合わせる．

問 3.21 開口端の補正を無視して次の問に答えよ.
（a） 長さ l が一定な閉管内の気柱に生じる定常波の振動数（固有振動数）は，音速を v とするとき，

$$f_n = \frac{2n-1}{4l} v \quad (n = 1, 2, 3, \cdots)$$

で与えられることを確かめよ．次に，図 3.31 の右の部分に準じて $n = 1, 2, 3, 4$ に対応する定常波（固有振動）を示す図を描け．
（b） （a）と同様にして，長さ l が一定な開管内の気柱に生じる固有振動を示す図を描き，固有振動数が，以下の式で与えられることを確かめよ．

$$f_n = \frac{n}{2l} v \quad (n = 1, 2, 3, \cdots)$$

3.4.4 うなり

振動数が等しい二つのおんさの一方に小さい金属片をつけて，両方を同時に鳴らすと，**うなり**を生じる．これは，金属片をつけたおんさの振動数が少し減り，振動数がわずかに異なる二つの音波が干渉して起こった現象である．図 3.32 は，ある位置に到達する振動数 f_1（図（a）の波），f_2（図（b）の波）（$f_1 > f_2$）の音波と，2 波が合成されて，図（c）のように周期 T のうなりが生じるようすを示している．うなりの 1 周期の間に，2 波の山の数の差が 1 になるから，$f_1 T - f_2 T = 1$ の関係がある．また，単位時間に生じるうなりの数，すなわち，うなりの振動数を f とすれば，$f = 1/T$ である．これに上の関係を用いれば，

$$f = f_1 - f_2 \tag{3.19}$$

となり，**うなりの振動数**は，干渉する二つの波の振動数の差で与えられる[1]．

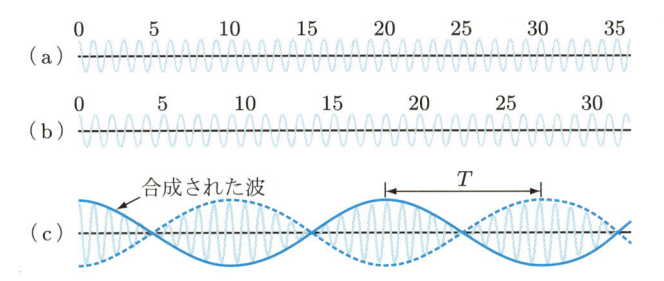

図 3.32 うなり（縦軸は変位または疎密の度合いを，横軸は時間を示す）

---

[1] うなりとして，耳に聞こえる回数は，毎秒 10 回程度までである．二つの音波の振動数の差が大きいと，連続音として聞こえ，うなりとしては聞こえない．

問 3.22 振動数の不明なおんさを振動数 430 Hz のおんさといっしょに鳴らしたら，毎秒 3 回のうなりが聞こえ，また振動数 435 Hz のおんさといっしょに鳴らしたら，毎秒 2 回のうなりが聞こえた．このおんさの振動数はいくらか．

問題 3.1

(解答は巻末参照)

1. 図 3.33 は，x 軸の正の向きに進む正弦波を表し，実線の波形は時刻 0 におけるものである．山 P が山 P′ まで進んで点線で示した波形になるまでに時間 0.25 s を要した．この波について，
   (a) 振幅，(b) 波長，(c) 速さ，(d) 振動数，
   (e) 周期，(f) 時刻 t における波形を与える式，
   を求めよ．

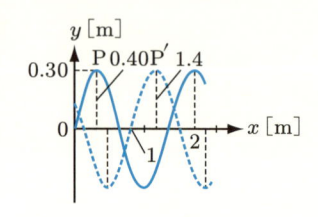

   図 3.33

2. 図 3.34 は，x 軸上を正の向きに進む縦波の，ある時刻における変位 y を表したグラフである．
   (a) 媒質の振動速度がゼロの点はどこか．
   (b) 媒質が最も密な場所はどこか．
   (c) 媒質が最も疎な場所はどこか．
   (d) 媒質の右向きの速度が最大である点はどこか．

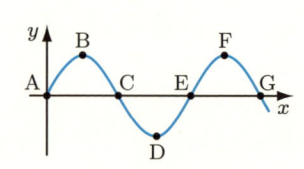

   図 3.34

3. 図 3.35 において，x 軸の正の方向に進む正弦波が，反射板 AB によって反射され，位相が π [rad]($= 180°$) だけずれるものとする．青色の実線は，ある時刻における入射波を示す．
   (a) この時刻における反射波を図に記入せよ．
   (b) 入射波と反射波の合成波の振幅が最大になる場所はどこか．

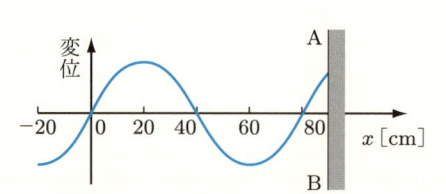

   図 3.35

4. 気柱の共鳴実験（図 3.31 参照）を二つのおんさ A，B について行い，表 3.3 で示した結果を得た．
   (a) おんさ A，B を同時に鳴らしたら，2.0 秒間に 8 回のうなりが観測された．A，B の振動数の差は何 Hz か．
   (b) それぞれのおんさが発する音の波長を求めよ．
   (c) このときの音の速さを求めよ．
   (d) おんさの振動数はいくらか．

   表 3.3

	l_1 [cm]	l_2 [cm]	l_3 [cm]
おんさ A	24.50	74.50	124.5
おんさ B	24.80	75.40	126.0

3.5 光

　光は私たちにとって大変身近なもので，古代から光についていろいろな考えが提案されてきた．17世紀には，光を微粒子の流れとみなす<u>粒子説</u>（ニュートン）と，光は真空を伝わる波とみなす<u>波動説</u>（ホイヘンス（オランダ））が対立していた．しかし，19世紀になると，ヤング（イギリス）やフレネル（フランス）の実験によって光の性質が詳しくわかり，波動説が一般的に認められるようになった．さらに，光は横波であることも確証された．また，光は波長が約 380 nm から 800 nm（1 nm = 10^{-9} m）の電磁波であることも明らかになった．光は水波や音波などと異なり，真空でも伝わる．

3.6 光速度

　光は瞬間的に伝わると考えられていたが，測定の結果，一定の速さで伝わることがわかった．はじめて光速度を測定したのはレーマー（デンマーク）である．かれは1679年，木星の衛星の食の観測から光の速度は有限であることを示した．地上の実験ではじめて成功したのは，フィゾー（フランス）である．

> **参考 3.5**
>
> **（1）レーマーの測定**　当時レーマーは，木星の衛星イオを観測していた．この衛星は，約 42.5 時間の周期で木星のまわりをまわっている．いま，地球が図 3.36 の A 点にきたとき，衛星が木星の影からでてきたのが見えたとする．もし，地球と木星が公転しなければ，つねに 42.5 時間ごとに衛星がでてくるのが観測される．実際には，どちらも公転のため軌道にそって移動する．地球が
>
> **図 3.36**　レーマーによる光の測定
>
> A から B に移動すると，木星は C から D に移動する．この半年の間に，食が 103 回起こるはずである．ところが，103 回目の食は予定より 22 分遅れてはじまることを観測した．これは，地球が木星から遠ざかったため，光が余分な距離を走るためと考えられる．こうしてレーマーが導出した値は 220000 km/s であった．この値は，現在求められている光速度の約 70 % である．

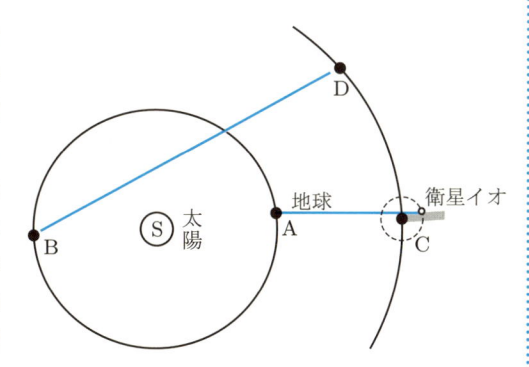

（2） フィゾーの測定

1849 年にフィゾーは，図 3.37 の装置（フィゾーの歯車）を用いて光速を測定した．光源から出た光は半透明鏡で反射され，歯車（歯数 N）の歯の間を通って，$l\,[\mathrm{m}]$ の距離

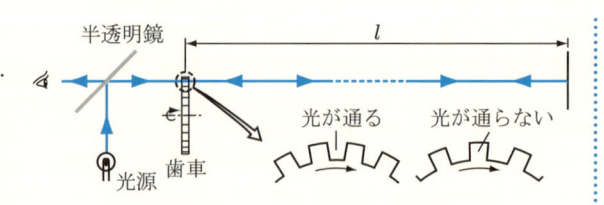

図 3.37 フィゾーによる光の測定

にある平面鏡で反射され戻ってくる．歯車の回転数をうまく調節すると，光は歯車の一つの歯によってさえぎられる．このときの回転数を n とすると，光が $2l$ 進む時間 $2l/c$ と，歯車が回転して次のすきまに移る時間 $(1/n)/2N$ が等しいので，

$$c = 4Nnl \tag{3.20}$$

となる．フィゾーの測定では，$l = 8633\,\mathrm{m}$，$N = 720$，$n = 12.6\,\mathrm{Hz}$ であったので，$c = 3.13 \times 10^8\,\mathrm{m/s}$ となった．その後，各種の実験が繰り返され，現在では真空の光の速さ c_0 は振動数に関係なく，

$$c_0 = 2.9979250 \times 10^8\,\mathrm{m/s}$$

であることがわかっている．物質中の光の速さは真空よりも遅く，振動数によって異なる．また，空気中の光の速さは真空とほとんど等しい．

3.7 光の反射と屈折

3.7.1 反射と屈折

同じ媒質中では光は直進するが，異なる媒質との境界では一部は反射し，ほかは屈折して進む（図 3.38 参照）．このとき，音などの波と同様に（3.3.3，3.3.4 項参照），以下の反射の法則と屈折の法則が成り立つ．

反射では入射角を i，反射角を i' とすると，

$$i = i'$$

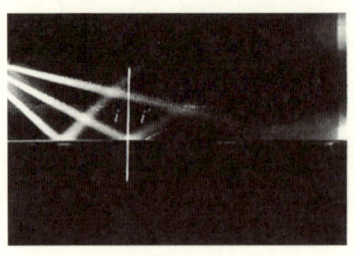

（a）反 射 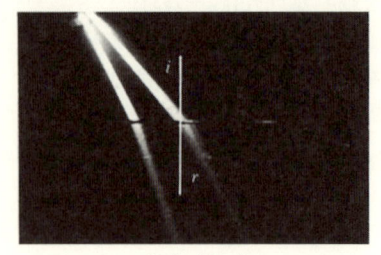　　　（b）屈 折

図 3.38

であり，屈折では，屈折角を r，媒質 I, II の光速を c_1, c_2，波長を λ_1, λ_2 とすると屈折率は，

$$n_{12} = \frac{\sin i}{\sin r} = \frac{c_1}{c_2} = \frac{\lambda_1}{\lambda_2} \tag{3.21}$$

となる[1]．光が真空中からある物質へ入射するときの屈折率を **絶対屈折率** または単に **屈折率** といい，c_1 は真空中の光速 c_0 に等しい．いくつかの物質の屈折率を表 3.4 にまとめた．この表からわかるように，空気の屈折率は 1 としてよい．

表 3.4

媒 質	屈折率
空　気	1.00029
水（0 ℃）	1.334
クラウンガラス	1.517
フリントガラス	1.62

水やガラスから空気中へ光が入射するとき，入射角が臨界角よりも大きいと全反射が起こる（3.3.4 項参照）．臨界角は水が 48.5°，ガラスが 42° である．

問 3.23 空気に対する塩化銀の屈折率を 2.0 として，光が塩化銀から空気へ進むときの臨界角は何度になるか．

参考 3.6　浮き上がり現象　光の屈折という現象は，日常的によく見られるものである．水の底の物体を上から見ると，少し浮き上がって見えたりするのも屈折の現象である．

図 3.39 のように，水面下 h に物体 P があるとき，

$$\tan r = \frac{a}{h}, \quad \tan i = \frac{a}{h'}$$

$$\therefore \ h' = h \frac{\tan r}{\tan i}$$

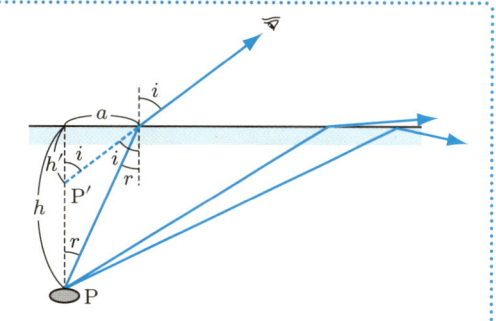

図 3.39　浮き上がり現象

となる．一方，水の屈折率を $n(>1)$ とすると，式 (3.21) より，

$$n = \frac{\sin i}{\sin r}$$

となる．ここで，角 θ をラジアンで表し，かつ十分小さいとき，$\theta \fallingdotseq \sin \theta \fallingdotseq \tan \theta$ と近似することができる[2]．したがって，図 3.39 で i, r は十分小さい角度とすると，

$$\sin i \fallingdotseq \tan i, \quad \sin r \fallingdotseq \tan r$$

としてよい．以上をまとめると，

$$h' = h \frac{\tan r}{\tan i} \fallingdotseq h \frac{\sin r}{\sin i} = \frac{h}{n} < h \tag{3.22}$$

となり，物体 P が P′ の位置に浮き上がって見えることがわかる．

---

1) n_{12} は媒質 I が空気または真空のときであり，以後，単に n と略記する．
2) たとえば，0.08 rad（≒ 4.58°）のとき，$\sin 0.08 = 0.0799$，$\tan 0.08 = 0.0802$ である．

3.7.2 プリズムによる屈折

図 3.40 (a) のように, 光がプリズムの面に入射すると, 2 回の屈折をして外へ出る. 入射光 PQ と, プリズムから出る光 RS の間の角度 δ をプリズムの<u>ふれの角</u>という.

ふれの角の大きさは, 入射光の方向によって変わる. ふれの角の変化を調べるには, 入射光の方向を変えずに, プリズムを回転させ, 出てくる光の方向を観察すればよい.

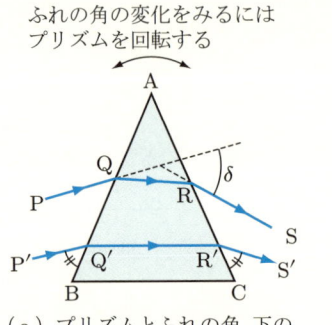

(a) プリズムとふれの角. 下の経路はふれの角が最小

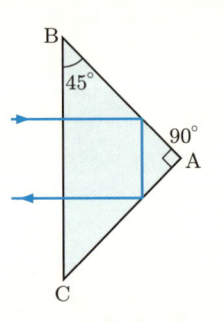

(b) 全反射プリズム

図 3.40

その結果, ふれの角 δ が最小になるのは, 入射光 P′Q′ とプリズムから出る光 R′S′ がそれぞれ AB と AC に等しく傾いているときである.

光学機器には, 同図 (b) の直角プリズムがよく使われている.

同図 (b) のプリズムの面 BC に垂直に入射した光は, AB, AC どちらの面でも全反射をして, はじめの入射光と平行で, 反対向きの反射光がプリズムから出るようになる. プリズムが 2 ～ 3°傾いても, この関係は変わらない.

3.8 光の回折・干渉

3.8.1 光路長

図 3.41 (a) に示すように, 屈折率 n の媒質中を光が通過するとき, その距離を l_m とすれば, n と l_m との積,

$$l = n l_m \tag{3.23}$$

をこの光の<u>光路長</u>という. 真空中の光速を c_0, 媒質の光速を c_m とすると, 式 (3.13) により, $n = c_0/c_m$ の関係が成り立つから, これを式 (3.23) へ代入すると,

$$\frac{l}{c_0} = \frac{l_m}{c_m} \tag{3.24}$$

となる. 媒質中の距離 l_m を通過した時間は, 真空中の距離 l を通過する時間に等しい. これが光路長の物理的な意味である. 図 3.41 (b) は図 (a) と比べた光路長の

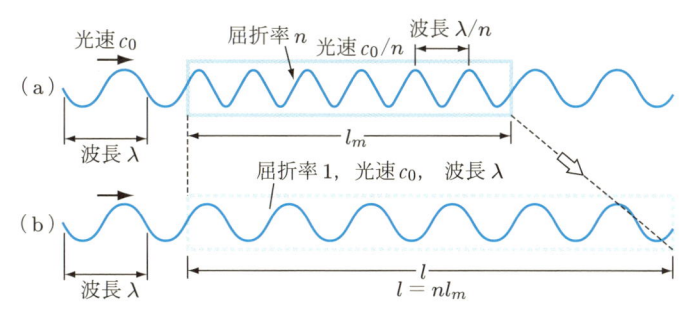

図 3.41 光路長

意味を表している．図（a），（b）を比べると，l_m に含まれる波の数と，光路長 l に含まれる波の数は等しい．

3.8.2　2本のスリットによる回折と干渉（ヤングの実験）

　光は水の波や音波に比べて，波長がきわめて短いので，一般に回折が起こりにくい．しかし，きわめて狭いスリットに光を通すと回折が起こる．図 3.42 に示すように，光源から出た波長 λ の単色光をスリット S に通すと，S から等距離にあるスリット S_1，S_2 を通って，距離 D だけ離れたスクリーン上で明暗のしまをつくる．これは，S から回折して，S_1，S_2 を出た光が干渉するからである．このような実験を**ヤングの実験**という．

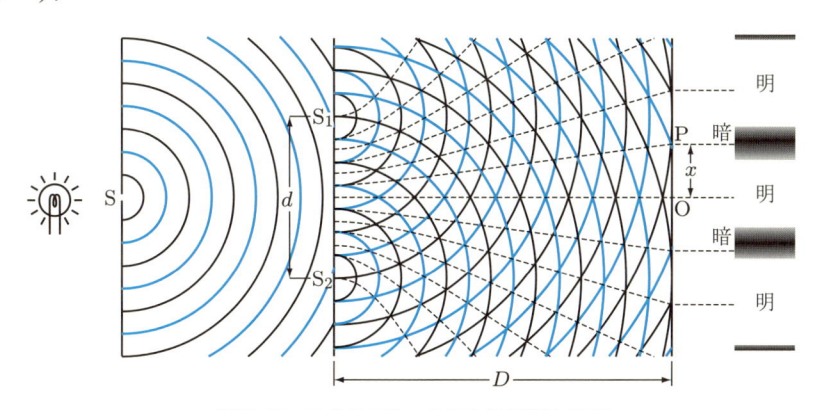

図 3.42　2本のスリットによる回折と干渉

　光は S_1，S_2 まで同位相のため，スクリーン上 P で強めあう（明線）条件，および弱めあう（暗線）条件は，二つの光路長 $nl_1 (l_1 = S_1P)$，$nl_2 (l_2 = S_2P)$ の差（**光路差**といい，ふつう記号 Δ を用いる）を考えると，

$$\Delta = n(l_2 - l_1)$$

となり，空気中での屈折率を1として，

$$\Delta = 1 \times (S_2P - S_1P) = m\lambda \quad (m = 0, \pm 1, \pm 2, \cdots) \text{ 明線}$$
$$= \left(m + \frac{1}{2}\right)\lambda \quad\quad\quad\quad\quad\quad\quad\quad\quad \text{暗線}$$
(3.25)

となる．また，図3.42から，

$$S_2P^2 = D^2 + \left(x + \frac{d}{2}\right)^2, \quad S_1P^2 = D^2 + \left(x - \frac{d}{2}\right)^2$$

$$\therefore \quad S_2P^2 - S_1P^2 = 2d \cdot x \quad \text{より，} \quad (S_2P - S_1P)(S_2P + S_1P) = 2d \cdot x$$

となり，D が d, x に比べて十分大きいので，$S_2P + S_1P \fallingdotseq 2D$ と近似できるから，

$$S_2P - S_1P = \frac{2d \cdot x}{S_2P + S_1P} \fallingdotseq \frac{d \cdot x}{D}$$

となる．よって，式 (3.25) より，明線，暗線の位置は，次のようになる．

$$x = \frac{D\lambda m}{d} \quad\quad (m = 0, \pm 1, \pm 2, \cdots) \quad \text{明線} \quad (3.26)$$

$$x = \frac{D\lambda}{d}\left(m + \frac{1}{2}\right) \quad (m = 0, \pm 1, \pm 2, \cdots) \quad \text{暗線} \quad (3.27)$$

問 3.24 $d = 1.0\,\mathrm{mm}$, $D = 2.0\,\mathrm{m}$, $\lambda = 590\,\mathrm{nm}\,(1\,\mathrm{nm} = 10^{-9}\,\mathrm{m})$ のとき隣りあった明線の間隔はいくらか．

問 3.25 $d = 0.30\,\mathrm{mm}$, $D = 2.4\,\mathrm{m}$ にしたとき，明線の間隔が $4.0 \times 10^{-3}\,\mathrm{m}$ であった．光の波長を求めよ．

3.8.3 薄膜による干渉

　水面の油膜やシャボン玉に太陽光をあてて見ると色づいて見える．これは，薄膜の外側の表面で反射した光と，膜に入射して内側の表面で反射した光との干渉によって起こるものである．

　ここでは，図3.43のように，厚さ d の非常に薄い平行な膜（屈折率 n）に波長 λ の単色光を空気中（屈折率を1とする）からあてた場合について考えてみる．このとき，膜の表面で反射する光と，膜の中へ屈折して境界面で反射する光が点Dで重なるとする．

　空気中を進む光波の点Dと，薄膜中を進む屈折波の点 D′ とは，屈折の法則（3.3.4項参照）により同じ位相である．薄膜中の光路長を考慮すると，この二つの光の光路差 Δ は，

$$\Delta = n \times \mathrm{BCD} - \mathrm{B'D} = n(\mathrm{D'C} + \mathrm{CD})$$

で与えられる．三角形 CDE で辺 CD と CE の長さは等しいから，

$$\Delta = n(\mathrm{D'C} + \mathrm{CE}) = n\mathrm{D'E}$$

(a) 暗 線　　　　　　　　　　(b) 明 線

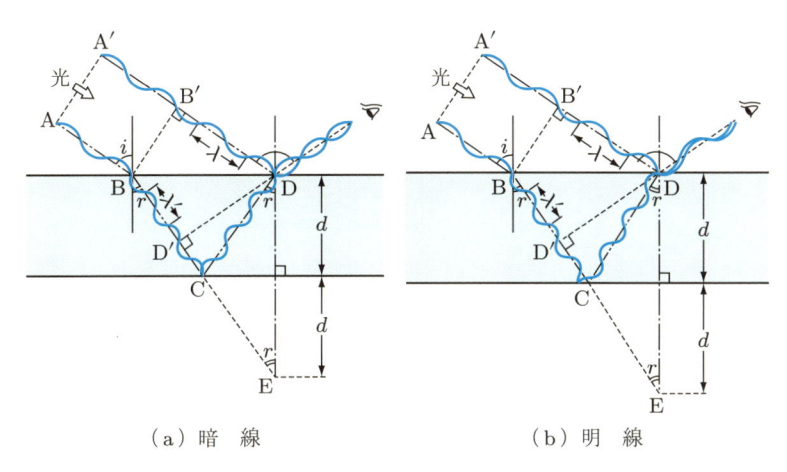

図 3.43　薄膜による干渉

となり，直角三角形 EDD′ の角度 DED′ が屈折角 r に等しいことから，
$$\Delta = n\mathrm{D'E} = n \times \mathrm{DE} \times \cos r = n \times 2d\cos r = 2nd\cos r$$
となる．点Dでは，光が屈折率の小さい媒質から大きい媒質へ進む境界で反射する場合には，位相が π（= 180°，光路長では $\lambda/2$）ずれることがわかっている（参考 3.2,「固定端での反射」参照）．したがって，干渉条件は，

$$\Delta = 2nd\cos r = \left(m + \frac{1}{2}\right)\lambda \quad (m = 0,\ 1,\ 2,\ \cdots) \quad 明線 \quad (3.28)$$
$$ = m\lambda \quad\quad\quad\quad\quad (m = 0,\ 1,\ 2,\ \cdots) \quad 暗線 \quad (3.29)$$

となる．白色光を薄膜にあてると，波長によって干渉条件が少しずれるので，膜面に色がつく．薄膜に入射した光が干渉により消滅する現象は，レンズのコーティングとして利用されている．

問 3.26　$\lambda = 5.9 \times 10^{-5}$ cm の光を屈折率 1.2 の薄膜に垂直に入射させ，反射光をなくすには，薄膜の厚さを最小いくらにすればよいか．

3.8.4　ニュートンリング

図 3.44（a）のように，平面ガラスと曲面をもつガラスを重ね合わせ，上から波長 λ の単色光を投射すると同図（b）のような同心円の明暗のしま模様ができる．これを**ニュートンリング**という．

これは，図（a）の点Aで反射した光と，平面ガラスの点Bで反射した光が干渉してできたものである．

　　　　光路差 $\Delta = 2\mathrm{AB}$　（空気の屈折率を 1 としている）

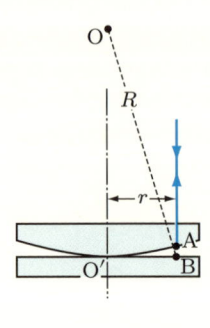

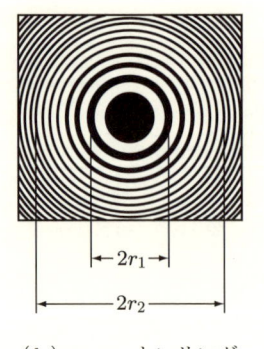

(a) ニュートンリングの原理
(b) ニュートンリング

図 3.44

であるが，点Bで位相がπずれるので干渉条件は，

$$\Delta = 2AB = \left(m + \frac{1}{2}\right)\lambda \quad (m = 0, 1, 2, \cdots) \quad 明線 \quad (3.30)$$

$$= m\lambda \quad (m = 0, 1, 2, \cdots) \quad 暗線 \quad (3.31)$$

となる．曲面の半径（曲率半径）をR，中心から点Aまでの距離をrとすれば，AB $= d$として，

$$r^2 = R^2 - (R - d)^2 = (2R - d)d$$

となり，d^2はRdに比べて非常に小さいので，

$$r^2 \fallingdotseq 2dR$$

となる．したがって，干渉の条件式は，次のようになる．

$$\Delta = 2AB = \frac{r^2}{R} = \left(m + \frac{1}{2}\right)\lambda \quad (m = 0, 1, 2, \cdots) \quad 明線 \quad (3.32)$$

$$= m\lambda \quad (m = 0, 1, 2, \cdots) \quad 暗線 \quad (3.33)$$

ニュートンリングは，レンズの曲率を検査するのに利用されている．

問 3.27 図 3.44（b）のようなニュートンリングにおいて，内側の暗線の直径$2r_1 = 0.53$ cm，これより6個外側の暗線の直径は$2r_2 = 0.75$ cmであった．$\lambda = 5.9 \times 10^{-5}$ cmとしてレンズの半径を求めよ．

3.9 偏 光

3.9.1 偏 光

図 3.45 のように，結晶軸に平行に切った電気石[1]の薄膜やポラロイド板[2]を2枚重

---

[1] 電気石にはいくつかの組成のものがあるが，基本的にはホウ素を含むケイ酸塩鉱物である．純粋なものはトルマリン（tourmaline）とよばれている．

ね，光源を見ながら，一方を固定し，他方を回転させると，明るくなったり（図（a）），暗くなったり（図（b）），90°回転するごとに明暗が繰り返される．ところが板が 1 枚だけのときはどんなに回転させてもこのような現象は起こらない．

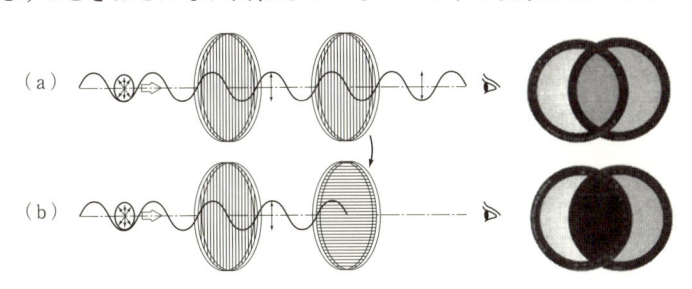

図 3.45　偏　光

　光は横波で，自然光はいろいろな方向に振動する横波で構成されている．電気石の薄膜は結晶の特定の方向にのみ振動する光だけを通す性質をもっているので，上のような現象が起こる．電気石の薄膜を通った光のように，一つの方向のみに振動する光を偏光といい，偏光をつくるものを偏光子という．

3.9.2　反射による偏光

　自然光が屈折率 n の物質の表面で反射され，入射角 i が，
$$\tan i = n \tag{3.34}$$
の関係を満たすとき，反射光は入射光と反射光とを含む平面に垂直な偏光となる（図 3.46 参照）．これをブルースターの法則という．このときの入射角 i を偏光角といい，反射光と屈折光とは 90° をなす．

　一般に，反射した光はある程度偏光しているので，偏光子をつけためがねやフィルターをかければ，反射光を取り除くことができる．

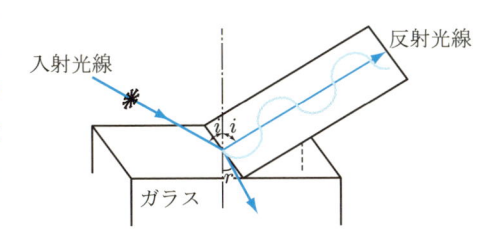

図 3.46　反射による偏光

問 3.28　ブルースターの関係を満たすとき，反射光と屈折光が 90°をなすことを示せ．

2）ポラロイドはアメリカのポラロイド社が開発した製品で，ヨード高分子を含むポリビニルアルコール膜をガラス板にラッカーの保護膜で接着したものである．

3.10 光のスペクトル

3.10.1 屈折による光の分散

図3.47のように，太陽光をスリットを通してプリズムにあてると，波長によって屈折率が異なるために（式（3.21）参照），いろいろな色の光に分けられる．この現象を光の**分散**といい，光をそれぞれの波長によって分けたものを，**スペクトル**という．

太陽光のようにいろいろな波長の光を含み，色合いを感じない光を**白色光**という．

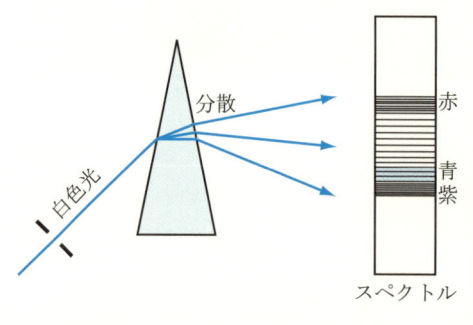

図3.47 プリズムによる光の分散

図3.48 分光器

問 3.29 図3.47で，赤と紫ではどちらがプリズムに対する屈折率が大きいか．

図3.48は，プリズムを用いて光の波長を測定する装置であり，**分光器**という．光源からの光をプリズムで分散し，望遠鏡で観測するしくみになっている．

この分光器で高温の物体から出る光，たとえばタングステン電球の光を調べると，赤から紫までの光が帯状になってみえる．このようなスペクトルを**連続スペクトル**という（口絵1参照）．

また，水銀灯やナトリウム灯のように，放電管の中に気体を入れて，その光を分光器で見ると，いくつかの輝いた線がとびとびに分布して見える（口絵1参照）．このようなスペクトルは各気体元素特有なもので，これを**線スペクトル**という．

太陽のスペクトルは連続スペクトルであるが，その中に輝いていない暗線が混じっている．この暗線を**フラウンホーファー線**という．これは，太陽の表面から出た連続スペクトルをもつ光が，太陽のまわりの元素や地球の大気で吸収されて生じた吸収スペクトルである．波長から，太陽のまわりの元素には，水素・ヘリウム・酸素・炭素などの多くの元素があることがわかる．

線スペクトルや吸収スペクトルは原子固有のものである．このことを利用して，物質を構成している原子の種類を知る方法を**分光分析**という．

3.10.2 回折による光の分散

図 3.49（a）に示すように，両面が平らなガラスの表面に 1 cm につき数百から数千の割合で，等間隔に直線状の溝をつけたものを，**回折格子**という．回折格子では，溝と溝の間のなめらかな部分がスリットとなるので，非常に多くのスリットによる干渉が起こる（図 3.49（b）参照）．

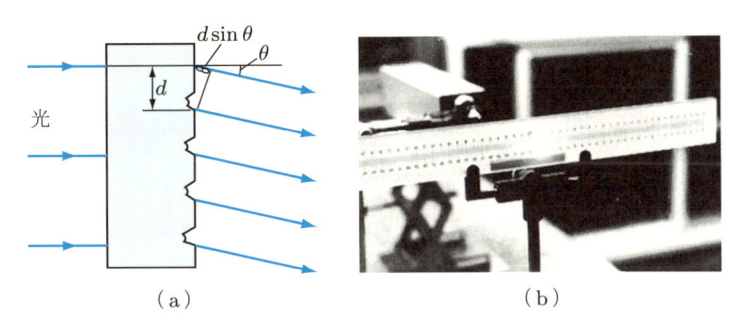

図 3.49 回折格子

回折格子を用いると，白色光の場合は連続スペクトルが，単色光の場合は線スペクトルが見える．それぞれのスリットでの光路差 Δ は，図 3.49（a）より，

$$\Delta = d \sin \theta$$

であるから，単色光の波長 λ の整数倍のとき，すなわち，

$$\Delta = d \sin \theta = m\lambda \quad (m = 0,\ \pm 1,\ \pm 2,\ \pm 3,\ \cdots) \tag{3.35}$$

のときに互いに干渉して強めあい，ほかの方向では弱めあう．d は細線の間隔で，**格子定数**といい，m は回折の次数である．

回折格子は，格子定数が小さければプリズムよりも光がよく分散するので，広範囲の精密な分光分析に利用されている．

問 3.30 回折格子にナトリウム灯の光（波長 $\lambda = 589$ nm）をあて，第一次の干渉明線角（図 3.50 で 1 と 1′ の間）を測ったら 6.76° であった．回折格子の格子定数を求めよ．

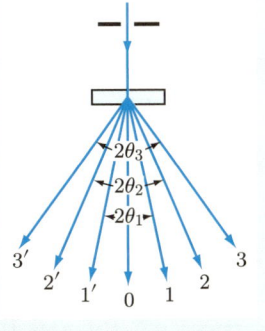

図 3.50 回折線の方向

3.10.3 レイリー散乱

光が微粒子にあたって，もとの方向からそれていくことを光の散乱という．光の散乱のうち，波長に比べて十分に小さい微粒子によって起こる散乱をレイリー散乱という．波長の短い光ほど散乱光の強さは大きい．太陽光は大気中の分子や煙の微粒子によって散乱を繰り返すが，青色光は赤色光に比べて波長が短いので散乱を受けやすい．このため，空は青く見える．

問 3.31 夕日が赤く見えるのはなぜか．

問題 3.2

1. 単色光を屈折率 1.73 のプリズムに，図 3.51 のように入射角 60° で入射させたとき，光の進路を示せ．

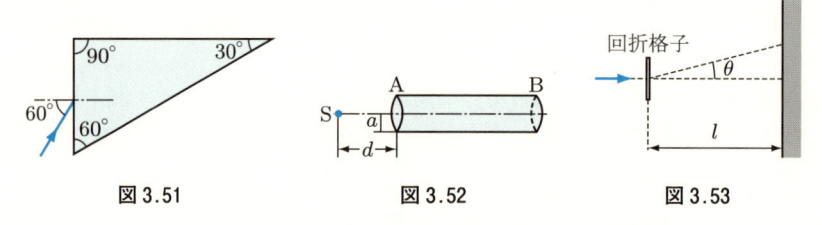

図 3.51　　　　図 3.52　　　　図 3.53

2. 図 3.52 のように，均質な半径 a の十分長いガラス棒があり，軸の中心上の位置に単色の光源 S がある．S から出て，面 A に入射した光がすべて面 B に到達するためには，d はどのような条件を満たさなければならないか．ただし，屈折率は $n(>1)$ とする．

3. 図 3.53 のように，回折格子にレーザー光 (3.11.7 項参照)（波長 $\lambda = 6.3 \times 10^{-7}$ m）を垂直にあてたところ，スクリーンに明点が生じた．中央での明点の間隔は 19 cm であった．格子定数を求めよ．ただし，回折格子と壁との間隔 l は 3.0 m とする．

3.11 光学機器

3.11.1 平面鏡

平面鏡による像は，平面鏡に対して対称の位置にできる．図 3.54 において，点 A から発した光が平面鏡 M の P_1, P_2 の点にあたり反射すると，それぞれの点において反射の法則が成り立つ．したがって，これらの反射光は 1 点 A′ で交わる．A′ は鏡 M に関して A の対称点である．像 A′B′ は

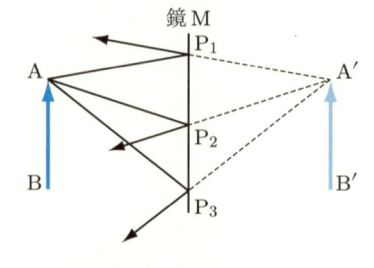

図 3.54　平面鏡による像

鏡Mによる像であるので**鏡像**という．

問 3.32 自分の全身の像を見るには，最低どれだけの大きさの平面鏡が必要か．

3.11.2 レンズ

（a）レンズの公式（レンズが薄く，光が光軸に近い場合）

二つの透明な球面でできているものを**レンズ**といい，図 3.55 のように凸レンズと凹レンズがある．両球の中心 O，O′ を結ぶ線を光軸という．凸レンズは光軸に平行な光線を入射させると，光線は 1 点に集まる．また，凹レンズは光軸に平行な光線を入射させると，光線は 1 点から出たように屈折していく．このような点を**焦点**といい，レンズの中心（光心）から焦点までの距離 f を**焦点距離**という．

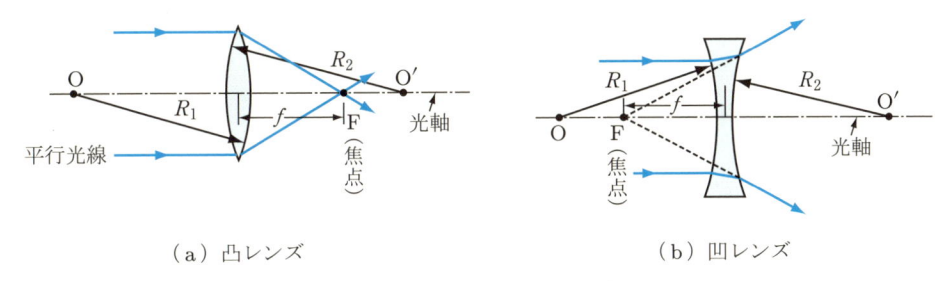

（a）凸レンズ　　　　　　　　　　（b）凹レンズ

図 3.55　凸レンズと凹レンズ

レンズが薄く，光軸に近い平行な光がレンズに入射するとしよう．レンズの材質の屈折率を n，球面の半径を R_1，R_2 とすると，レンズの焦点距離 f は，

$$\frac{1}{f} = (n-1)\left(\frac{1}{R_1} + \frac{1}{R_2}\right) \tag{3.36}$$

で与えられる．式（3.36）より，球面の半径が小さいほど焦点距離が小さいことがわかる．

参考 3.7　式（3.36）の求め方　図 3.56 において，光軸に平行な光の屈折を示す．光軸 OO′ に平行で軸に近い光 AP がレンズの第 1 面上の点 P で屈折し，第 2 面上の点 Q で再び屈折し，光軸と点 F で交わったとする．点 P，点 Q での入射角，屈折角をそれぞれ i，

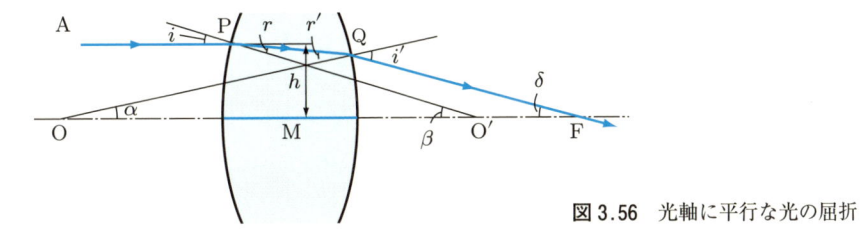

図 3.56　光軸に平行な光の屈折

i', r, r'（ラジアンで表す）とする．また，OF と光線の角を δ, レンズの屈折率を n とする．

i, i', r, r' は非常に小さい角度なので（光軸に近い入射），式 (3.21) を用いると，

$$n = \frac{\sin i}{\sin r} \fallingdotseq \frac{i}{r}, \quad n = \frac{\sin i'}{\sin r'} \fallingdotseq \frac{i'}{r'} \quad \therefore \quad i = nr, \quad i' = nr' \tag{3.37}$$

とすることができる．また，図 3.56 より，

$$\delta = (i - r) + (i' - r')$$

となり，上式に式 (3.37) を代入して整理すると，

$$\delta = (n - 1)(r + r') \tag{3.38}$$

となる．また，$\angle \mathrm{QOO'} = \alpha$, $\angle \mathrm{PO'O} = \beta$ とすると，

$$r + r' = \alpha + \beta \tag{3.39}$$

となる．一方，$\mathrm{OQ} = R_1$, $\mathrm{O'P} = R_2$, $\mathrm{FM} = f$ および光軸から光線 AP までの距離を h とし，薄いレンズのため厚さが無視できるとすると，α, β, δ は小さい角度なので，

$$\alpha \fallingdotseq \tan \alpha \fallingdotseq \frac{h}{R_1}, \quad \beta \fallingdotseq \tan \beta \fallingdotseq \frac{h}{R_2}, \quad \delta \fallingdotseq \tan \delta \fallingdotseq \frac{h}{f} \tag{3.40}$$

とすることができる．したがって，式 (3.38)～(3.40) より，h, r, r', α, β, δ を消去して，式 (3.36) が求められる．

近軸光線では，
① 光軸に平行な光線は屈折後，焦点を通る．
② 焦点を通った光線は屈折後，光軸に平行に進む．
この①，②を用いて図 3.57 に凸レンズによる像の作図を示す．

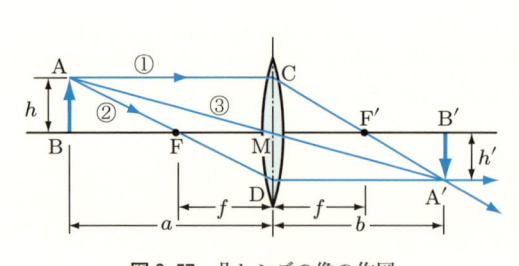

図 3.57 凸レンズの像の作図

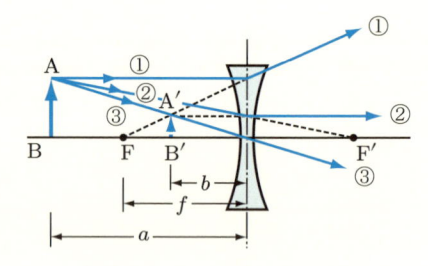

図 3.58 凹レンズの像の作図

$\triangle \mathrm{ABF}$ と $\triangle \mathrm{DMF}$ は相似なので，図 3.57 の記号を使って，

$$\frac{h'}{h} = \frac{f}{a - f} \tag{3.41}$$

とする．同様に，$\triangle \mathrm{A'B'F'}$ と $\triangle \mathrm{CMF'}$ も相似のため，

$$\frac{h'}{h} = \frac{b - f}{f} \tag{3.42}$$

となり，式 (3.41), (3.42) を使って整理すると，レンズの公式が導かれ，

$$\frac{1}{a} + \frac{1}{b} = \frac{1}{f} \tag{3.43}$$

となる．また，像の倍率 m は，

$$m = \frac{h'}{h} = \frac{b}{a} \tag{3.44}$$

で表される．また，△ABM と △A′B′M は相似なので，AMA′ は一直線となる．したがって，像の作図では，

③ レンズの中心を通る光は直進する．

としてよい．ここで，レンズを通過後，光が集束して像に集まるとき，この像を**実像**という．図 3.57 の像 A′B′ は実像である．

また，レンズを通過後，光が発散し，光線を逆向きに延長して集束してできた像を**虚像**という．凹レンズの像についても，①〜③を用いて作図をすることができる．

この場合，図 3.58 に示すように，像は虚像となる．a, b, f の関係は凸レンズの場合と同様の計算をすると，次式が導かれる．

$$\frac{1}{a} - \frac{1}{b} = -\frac{1}{f} \tag{3.45}$$

a, b, f の符号について次のように約束すれば，レンズの公式 (3.43) は式 (3.45) を含んだ一般式になる．

凸レンズ：$f > 0$　　凹レンズ：$f < 0$
物体がレンズの前方にあるときは $a > 0$，後方にあるときは $a < 0$
像がレンズの後方にあるときは $b > 0$，前方にあるときは $b > 0$

問 3.33 焦点距離 40 cm の凸レンズがある．このレンズの前方 60 cm にある物体の像はどこにできるか．また，倍率はいくらか．

問 3.34 問 3.34 の問題で，焦点距離の等しい凹レンズを使ったらどうなるか．

問 3.35 焦点距離 20 cm の凸レンズと焦点距離 20 cm の凹レンズの光軸を一致させ，30 cm 離して置く．凸レンズの前方で凹レンズと反対側 30 cm の位置に物体を置く．両方のレンズによりできる物体の像の位置と倍率を求めよ．

(b) レンズの収差

1 点から出た光は理想的レンズでは 1 点に集まる．しかし，実際には 1 点に集まらず，その結果，像がずれてぼける．このずれを**収差**という．

i) 色収差

光の波長によりレンズの屈折率が異なり，その結果，焦点が波長によって異なり，像の位置が波長によって変わることを**色収差**という．

ii) 球面収差

図 3.59 に示すように，光軸に平行な光線のうち，近軸光線は点 P で交わるが，レンズの中心から離れた点を通過した光線は光軸と点 P′ で交わる．このずれ PP′ を**球面収差**という．

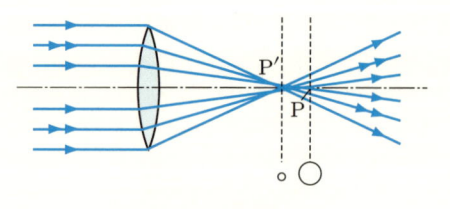

図 3.59 球面収差

3.11.3 眼の構造

眼は光学機器ではないが，各種光学機器による像は最終的には眼によって観察することが多い．また，眼は光学機器のもつべき理想的な機能を備えているので学ぶべき点も多い．眼の構造は図 3.60 のようになっている．水晶体は凸レンズであるが，その内部の屈折率は一定でなく，外側から中心に向かって 1.37〜1.42 の範囲で屈折率がしだいに高くなるような層状構造になっているので，単レンズでありながら収差が少ない．水晶体は毛様筋の収縮により変形し焦点距離を変化させる．虹彩（瞳孔）は，網膜上の像の明るさをコントロールする．これはカメラでいえば，「自動絞り」である．われわれが長時間読み書きや手作業をするとき，容易に焦点合わせができる距離を**明視の距離**といい，その値は約 25 cm である．無限遠の物体を見るとき，像がちょうど網膜上に結像される場合を**正視**，網膜の前で結像される場合を**近視**，逆の場合を**遠視**という．近視は凹レンズ，遠視は凸レンズにより補正する（図 3.61 参照）．

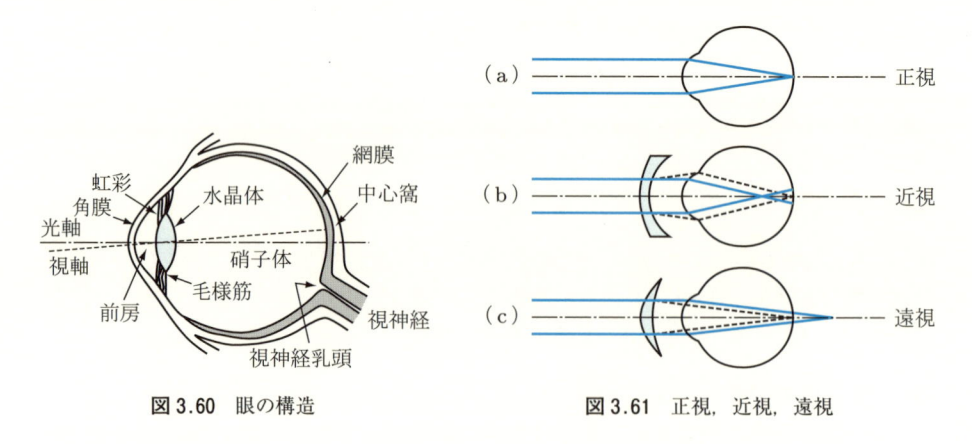

図 3.60 眼の構造

図 3.61 正視，近視，遠視

3.11.4 虫めがね

虫めがねは凸レンズのことである．図 3.62 のように，小さい物体を凸レンズの焦点距離の内側に置いて眼でみる．眼で見るためには，像が明視の距離 ($D = 25$ cm)

にできなければならない．

レンズの公式の，
$$\frac{1}{a} - \frac{1}{b} = \frac{1}{f}, \quad m = \frac{b}{a},$$
$$D = b + f$$
より，倍率は，
$$m = \frac{D}{f} \tag{3.46}$$

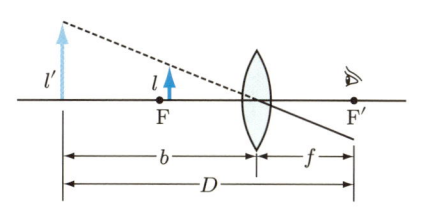

図 3.62 虫めがね

となる．ただし，眼をレンズに近づけて観測する場合は，
$$m = \frac{D}{f} + 1$$
となるが，一般には D に比べて f がかなり小さいので 1 を無視してもよい．f を小さくすれば倍率は大きくなるが，収差を生じてしまうので，単レンズでのルーペでは 4 ～5 倍が限度である．これに対して，レンズを 2，3 枚貼り合わせたルーペでは，10 倍を超す倍率で使用されている．

3.11.5 顕微鏡

顕微鏡は，図 3.63 のように凸レンズを 2 枚使って小さい物体を拡大して見る装置である．短い焦点距離の最初のレンズ L_1（対物レンズ：焦点距離 f_1）で中間の像 $A'B'$ をつくり，これを虫めがねの原理で 2 番目のレンズ L_2（接眼レンズ：焦点距離 f_2）で拡大して像 $A''B''$ をつくる．対物レンズの後側焦点 F'_1 から中間像までの距離 H を光学的筒長とよんでいる（$H = F'_1 B' \fallingdotseq F'_1 F_2$ としてよい）．

対物レンズの倍率は，次式となる．
$$m_1 = \frac{H}{f_1}$$

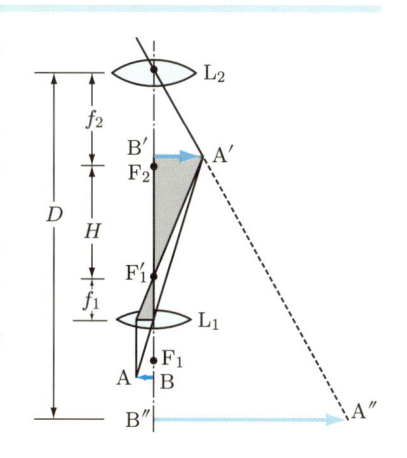

図 3.63 顕微鏡の原理

また，接眼レンズの倍率は，虫めがねと同じであるため，
$$m_2 = \frac{D}{f_2}$$
としてよいので，顕微鏡の合成倍率は，
$$m = \frac{H}{f_1} \cdot \frac{D}{f_2} \tag{3.47}$$

となる．このように，顕微鏡の倍率は対物レンズの倍率と接眼レンズの倍率の組合せによって変えることができる．対物レンズには 10～100 倍の高い倍率が，また接眼レンズには 2～10 倍の低い倍率が使われている．

3.11.6 望遠鏡

顕微鏡と望遠鏡の違いは，望遠鏡では物体が遠くにあり，光束が光軸にほぼ平行に入ってくることである．図 3.64 のように，平行な光束は対物レンズ L_1 により，その後側焦点 f_1 の位置に像 A′B′ をつくる．接眼レンズ L_2 の前側焦点 f_2 はこの中間像の位置に一致させてあるので，接眼レンズから出る光束は再び無限遠に投影される．

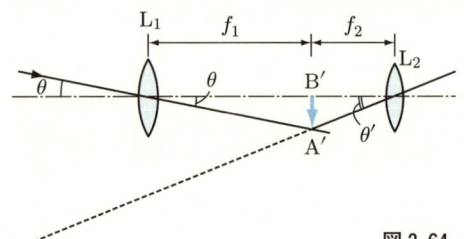

図 3.64 望遠鏡の原理

望遠鏡の倍率 m は，物体を直接見るときの視角と望遠鏡をとおして見るときの視角から計算できるので，中間像の大きさ A′B′ を y とすると，次の式で与えられる．

$$m = \frac{\theta'}{\theta} \fallingdotseq \frac{\tan\theta'}{\tan\theta} = \frac{y/f_2}{y/f_1} = \frac{f_1}{f_2} \tag{3.48}$$

対物レンズ，接眼レンズのいずれにも凸レンズを用いた方式を**ケプラー型**という．

問 3.36 焦点距離を，それぞれ 30 cm，3.0 cm の凸レンズを用いた望遠鏡の倍率を求めよ．

3.11.7 その他の光学機器

(a) 光ファイバー

光ファイバーは，図 3.65 に示すように屈折率の高いガラス（コア）を屈折率の低いガラス（クラッド）ではさんでつくられた光伝送路である．

光の周波数は，マイクロ波（4.4.3 項参照）に比べると 10^5 倍も高いので，マイクロ波と同じ程度変調[1]が可能と仮定すると，10^5 倍の情報量を送れることになる．臨界角範囲内に入射した光線は，境界面で全反射しながらガラスの中を伝搬するようになっている．このような光ファイバーを通信に応用したのが光ファイバー通信である．

光ファイバーは，銅線を主体にした同軸ケーブルよりも伝送損失が少ないため，断

---
1) 振幅・周波数などに変化を与えること．

図 3.65 光ファイバーの原理

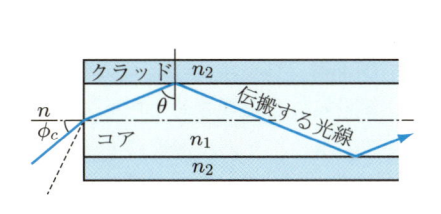

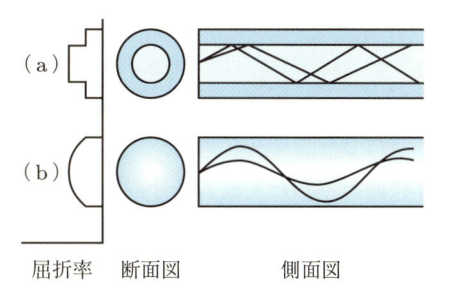

図 3.66 光ファイバーの中の光の進み方

面積だけでなく中継器の数も減らすことができる．また，電気的に絶縁体のため，雷や高電圧線による雑音がなくなるなどの利点もある．

おもな光ファイバーの形およびその屈折率の分布を図 3.66 に示す．図（a）はクラッド形とよばれている．構造が簡単である利点があるが，異なった角度で伝搬する光束は軸方向の速度が変わり，パルスの幅が広がり伝送情報量に限度ができてしまう．同図（b）は屈折率分布形という．屈折率分布をうまく加減し，軸方向の速度を等しくし，到達時間のばらつきを少なくした光ファイバーである．

問 3.37 図 3.65 で，コアの屈折率を n_1，クラッドの屈折率を n_2 とし，両者の境界面で全反射する角度を θ_1 としたとき，$\sin\theta_1$ を求めよ．

（b） レーザー

原子のはたらきを利用して，増幅光を発生させる装置である．1960 年にアメリカのメイマンがルビーレーザーの発振にはじめて成功したのち，多種類の気体・液体・固体・半導体がレーザーの媒質として知られるようになった．110 nm の紫外から数 mm に及ぶ広い波長領域で発振線が見つかっている．レーザーの特徴は通常の光源と異なり，単色で位相がきれいにそろっていることである．位相のそろった光はよく干渉し，コヒーレントな光という（図 3.67（a）参照）．

これに比べて，ふつうの単色光源，たとえば Na ランプの光は各場所から別々に光を放出しているので，位相が合っていない．このような光をインコヒーレントな光という（図 3.67

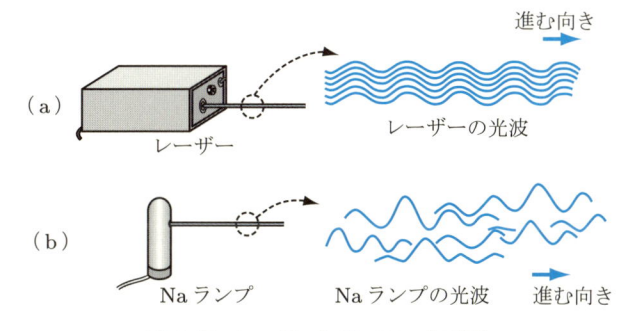

図 3.67 レーザーと Na ランプの光波

(b) 参照).

レーザーの応用分野はきわめて広く,分光学,長さなどの精密測定,加工,光通信,ホログラフィー,情報処理,臨床医学,エネルギー工学などが含まれる.

(c) ホログラフィー

物体に回折された光波（信号波）をほかの光波（参照波）と干渉させ,生じた干渉じまを記録した写真フィルムを**ホログラム**という.このホログラムに参照波をあてると,もとの信号波を再生して物体を見ることができる.この方法を**ホログラフィー**という.これを実現するためには,信号波と参照波が互いに干渉しなければならないので,レーザー光のようにコヒーレントな光がつくられてはじめて可能になった.

図 3.68 に,ホログラフィーの原理を示す.図（a）では,参照波と各物体の部分で反射した信号波が重ね合わさって干渉じまがフィルム上に記録される.同図（b）では,照明がフィルム上の干渉じままで回折され,物体の立体像が再生される.

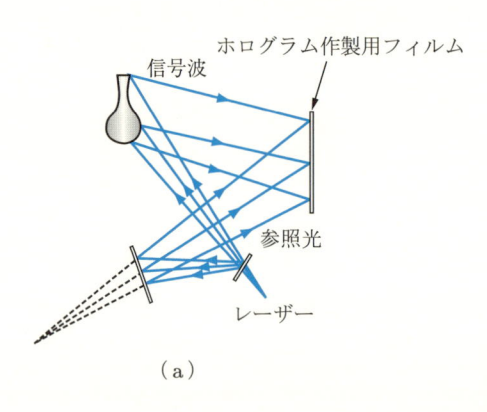

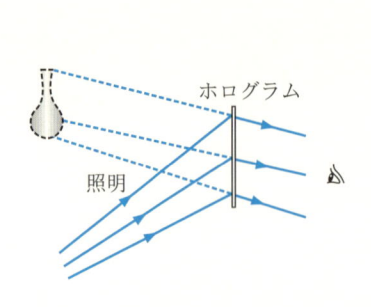

図 3.68　ホログラフィーの原理

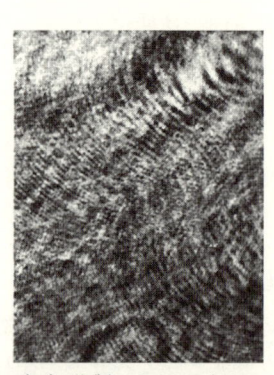

(a) 作製したホログラム

(b) ホログラムによる虚像

図 3.69　ホログラムと再生像

問題 3.3

1. 屈折率 1.6，曲率半径がそれぞれ 2.0 m の凸レンズと，曲率半径が 2.0 m，4.0 m の凹レンズがある．それぞれの焦点距離を求めよ．
2. 焦点距離 12 cm の凸レンズと，焦点距離 20 cm の凹レンズがある．それぞれのレンズの前方 30 cm の位置に置いた物体の像はどこにできるか．また，像の倍率はいくらか．
3. 焦点距離 20 cm の凹レンズと 25 cm の凸レンズを，20 cm の間隔で光軸が一致するように置いた．凹レンズの前方 40 cm の位置に置いた物体の像はどこにできるか．また，像の倍率を求めよ．
4. 図 3.70 に示すように，凸レンズ L の焦点を F，F′ とし，光軸上に置いた物体 ABC の像を作図し，B から出た光のうち図の P を通る光を記入せよ．
5. 焦点距離 15 cm の凸レンズと凹レンズがある．図 3.71 に示すような光を入射したときの像の虚実の別と位置を求めよ．

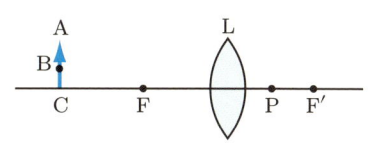

図 3.70

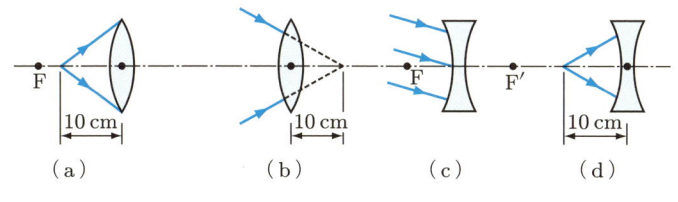

図 3.71

練習問題 3

(解答は巻末参照)

3.1 船が波の進む方向と同じ方向に速さ 5.0 m/s で航行している．船べりの 1 点を波の山が通過してから，次の山が 10 s 後に通過した．波の波長と周期を求めよ．ただし，波の速さは，10 m/s である．

3.2 x 軸の正の向きに速さ 4 m/s で進む正弦波がある．図 3.72 は，時刻 $t = 0.5$ s におけるこの波を示している．
 (a) 時刻 $t = 0$ におけるこの波のグラフをつくれ．
 (b) 位置 x [m]，時刻 t [s] におけるこの波の変位 y [m] を表す式を求めよ．

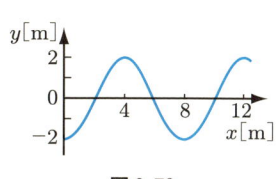

図 3.72

3.3 正弦波 y_1 と y_2 は，それぞれ x 軸の正の方向と負の方向に進む波で，波長，速さ，振幅が等しく，

$$y_1 = A \sin\left[2\pi\left(\frac{t}{T} - \frac{x}{\lambda}\right)\right], \quad y_2 = A \sin\left[2\pi\left(\frac{t}{T} + \frac{x}{\lambda}\right)\right]$$

で表される．この二つの波の合成波は定常波になることを示し，その節と腹の位置を求めよ．

3.4 船舶が霧の中を航行する場合には，霧笛を鳴らしながら反響によって氷山のような障害物を探知する．いま，サイレンを鳴らしながら航行している船が，その前方，進行方向に直立する氷壁から反響を聞き，毎秒2回のうなりが聞こえたとすれば，この船の速さはいくらになるか．また，サイレンを鳴らしはじめてから最初のうなりを聞くまでに5秒を要したとすれば，うなりが聞こえはじめたときの船と氷壁との距離はいくらか．ただし，サイレンの振動数は 94.0 Hz で，音波の速度は 334 m/s とする．

3.5 屈折率の異なる2枚の平板ガラスを重ね，空気中から波長 500 nm の光を入射させたところ，図 3.73 のような経路をとって進んだ．ガラス I，II の屈折率を 1.33，1.41 として次の問いに答えよ．

(a) ガラス I に対するガラス II の屈折率を求めよ．
(b) 屈折角 r を求めよ．
(c) 屈折角 i を求めよ．

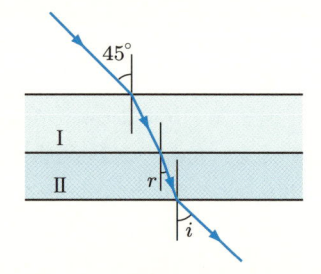

図 3.73

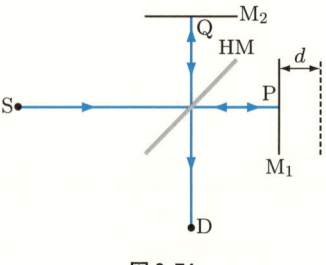

3.6 図 3.74 において，S は単色光源，HM は光の一部を通し，一部を反射する半透明鏡，M_1, M_2 は鏡，D は光の検出器である．

S から出た平行線は，HM を通り M_1 で反射されたあと HM で再び反射され D に入る光と，HM で反射されたあと M_2 で再び反射され HM を通り D に入る光とに分かれる．この二つの光線の干渉によって，D に入る光は強めあったり，弱めあったりする．装置は空気中にあり，はじめ光路差はなく，D に入る光は強めあっている．

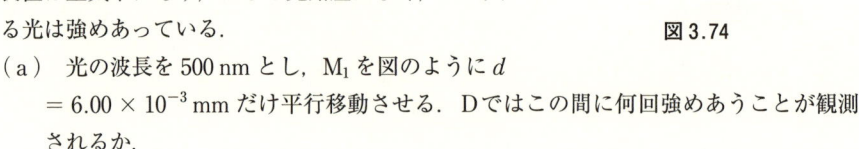

図 3.74

(a) 光の波長を 500 nm とし，M_1 を図のように $d = 6.00 \times 10^{-3}$ mm だけ平行移動させる．D ではこの間に何回強めあうことが観測されるか．
(b) $d = 6.00 \times 10^{-3}$ mm とし，光の波長を 500 nm から少しずつ大きくした．D で最初に暗くなるのは，光の波長が何 nm のときか．
(c) 波長を 500 nm に戻し，HM と M_1 の間に屈折率 1.5 で厚さ t のガラスを入れたら光は強めあった．このときの厚さ t を求めよ．ただし，$2.46 \times 10^{-2} < t < 2.53 \times 10^{-2}$ mm とする．

3.7 屈折率 n，厚さ d の平行平面をもつガラス板が，図 3.75 のように置いてあり，単色光（波長 λ_0）が面に垂直な AB の方向に進むとする．ガラス以外は真空である．

（a）ガラス中の光の波長 λ を n, λ_0 で表せ．
（b）ガラス中の波の数を d, n, λ_0 で表せ．ただし，AB の長さは L とする．
（c）AB 間の波の数を L, d, n, λ_0 で表せ．
（d）ガラスを除いたときの AB 間の波の数を L, λ_0 で表せ．
（e）この光に対して，点 B での位相がガラスの有無に無関係であるためには，ガラスの厚さ d はどんな条件を満たさなければならないか．

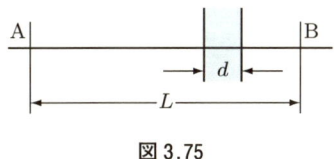

図 3.75

3.8　図 3.76 のように，2 枚の平行平面ガラスを置き，ガラス面に垂直に波長 5.0×10^{-5} cm の光をあてて光線の方向（真上）から見ると，ガラス面の間に等高線のようなしまが見られる．
（a）このしまの間隔を求めよ．
（b）2 枚のガラスの間に 4/3 の屈折率の水を入れるとしまの間隔はどうなるか．
（c）下側のガラスを下方に平行移動させるとしまはどうなるか．

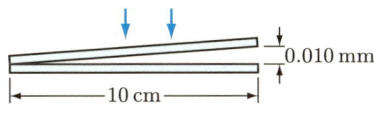

図 3.76

第4章

電　磁　気

　紀元前600年ごろのギリシアでは，すでに，こはくをこすると軽い物体を引き付けることや，マグネシア産のある種の鉱石は鉄を引き付けることが知られていた．しかし，電磁気の本格的な研究はルネッサンス時代になってはじまり，19世紀のファラデーやマクスウェルを経てその基礎が確立した．
　その電磁気学の理解が進むにつれて，電灯やモーターなどの形で電力が利用され，また電話や電報のように通信に応用されて，人びとの生活を一変させた．
　この章では，これらの技術の基礎になっている電磁気学を，基本的なところから順に学んでいくことにしよう．

4.1　静電界

4.1.1　静電気力

（a）　静電気力と帯電状態

　糸でつるしたガラス棒を絹でこすり，同様に絹でこすったもう1本のガラス棒を図4.1のように近づけると，斥力（反発力）がはたらく．この力は明らかに万有引力とは異なり[1]，静電気力（またはクーロン力）とよばれる．このように，静電気力を及ぼす状態になることを帯電するという．同じ帯電物質（たとえば，絹でこすられたガラスどうし，あるいはガラスでこすられた絹どうし）では，いつも斥力がはたらく．一方，異なる帯電物質では，斥力がはたらく場合と引力がはたらく場合とがある．たとえば，木綿でこすられたエボナイト棒と，ウールでこすられたビニールの間では斥力がはたらき，木綿でこすられたエボナイト棒と，絹でこすられたガラスの間では引力がはたらく．また，ウールでこすられたビニールとそのウールの間

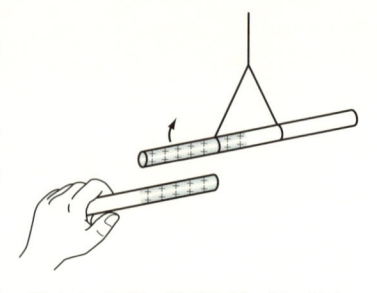

図4.1　同種の帯電物質の間の斥力

---

1)　万有引力よりはるかに大きい力がはたらくことが多い．

では引力がはたらく．

ある帯電物質を基準にして，これに斥力を及ぼすグループと，引力を及ぼすグループとに分けることができる．つまり，帯電状態には2種類ある．絹でこすられたガラスの帯電状態を正，これと引力を及ぼしあう物質の帯電状態を負という．

> 問 4.1　木綿でこすられたエボナイト棒の帯電状態は正か負か．また，ウールでこすられたビニールはどうか．さらにそのウールはどうか．　　　　　　　　　　（解答は巻末参照）

(b) 電荷

帯電の原因を，粒子（物質的なもの）が移動したためと考えよう[1]．帯電していない，つまり電気的に中性な場合に，ほかの帯電物質と力を及ぼしあわないのは，正の粒子と負の粒子が等量含まれていて，引力と斥力が打ち消しあうためと考えられる．帯電していないガラス棒を絹でこするとガラス棒が正に帯電するのは，正の粒子が絹からガラスへ移ったため，あるいは負の粒子がガラスから絹へ移ったためと考えればよい．このような帯電の原因となる粒子のことを電荷という．また，電荷の量を電気量，あるいは単に電荷という[2]．

物質は不連続であり，その構成単位を原子という．原子は，負の電荷をもついくつかの電子と正の電荷をもつ原子核からなる．原子核はさらに，いくつかの陽子と中性子からなり，陽子は正の電荷をもつ．陽子と電子の電気量は等しく，これが自然界における電荷の最小単位（電気素量）である．

(c) 静電誘導

物質には，金属のように電気をよく通す導体と，ガラスのように電気を通しにくい絶縁体とがある．

金属では，各原子のもつ電子のうち，いくつかはどの原子にも属さず原子間を自由に動くことができる．このような電子を自由電子という．導体は，この自由電子のような動きやすい電荷をたくさんもっている．

これに対して，絶縁体では，大部分の電子は原子や分子に強く結ばれていて動くことができないため，電気を通しにくい．

図 4.2 (a) のように，導体 A の近くに正の帯電物質 B を近づけると，導体の中の自由電子が B の正電荷に引かれて B に近い側に集まるため，そこは負になる．また，反対側は電子が不足して正になる．しかし，図 4.2 (b) に示すように，電子にはたらく三つの力がつり合うようになると自由電子の移動は止まる．帯電物質 B が負の場

---

[1] これに反して，熱は物質的なものの移動ではなく，物質の運動状態の移動である．たとえば，固体の熱伝導では，原子の振動のエネルギーが移動する．
[2] 帯電が物質的なものの移動の結果と考えてよいのは，電荷（電気量）の保存則が成り立つからである．

帯電物質　　　導体

(a)

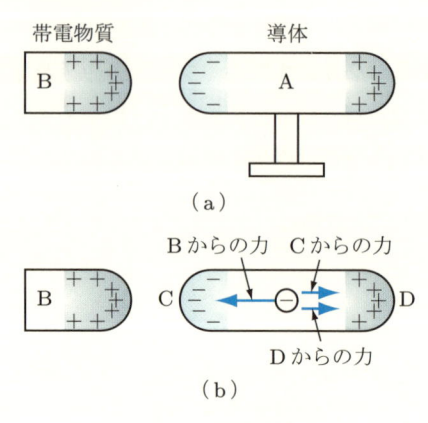

Bからの力　Cからの力
Dからの力

(b)

図4.2　静電誘導

図4.3　はく検電器

合も同様なことが起こる．この現象を**静電誘導**という[1]．

はく検電器は（図4.3参照），静電気力の性質や金属の静電誘導を利用して，物体の帯電の有無，正・負の別などを調べるのに便利である．はく検電器の上部に帯電物質を近づけると，静電誘導によりアルミはくが帯電し，斥力によりはくが開く．

問 4.2　図4.2で，帯電物質Bを近づけたまま導体Aを左右二つの部分に切り離す．それからBを取り去ると，Aの二つの部分は帯電しているか．もし，帯電しているとすれば，その正負はどうか．

問 4.3　わずかに帯電して開いているはく検電器がある．この電荷の符号を調べるために，正の帯電物質をゆっくり近づけた．はくの電荷が正の場合にはどうなるか．負の場合はどうか．

(d)　クーロンの法則

二つの電荷の間に作用する静電気力について，クーロン（フランス）はねじればかりを用いて定量的な測定を行い，次の結果を得た．

「二つの小さい帯電物質の間にはたらく静電気力は，方向が二つの帯電物質を結ぶ直線上にあって，その大きさ F は，それぞれの電気量 q_1, q_2 の積に比例し，その距離 r の2乗に反比例する」

すなわち，比例定数を $k(>0)$ として，次式で与えられる．

$$F = k\frac{q_1 q_2}{r^2} \quad [\text{N}] \tag{4.1}$$

これを，**電気に関するクーロンの法則**という．q_1, q_2 の符号に電荷の正・負の符号を使うと，同種の電荷の間では F が正で斥力，異種の電荷の間では F が負で引力を

---
[1]　絶縁体でもこれとよく似た現象が起こる．これについては，4.1.4（e）項で説明する．

表すことになる（図4.4参照）．

電気量の単位は，次のように決められている．電気量の等しい二つの帯電物質が真空中で1m離れている場合に，静電気力が9.0×10^9Nのとき，それぞれの帯電物質の電気量を**1クーロン**[C] という[1]．

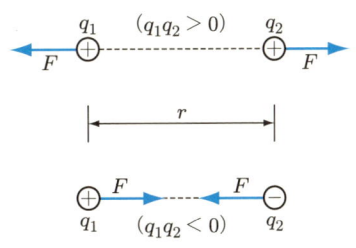

これらの値を式（4.1）に代入することによって，比例定数kの値が定まる．

$$k = 9.0 \times 10^9 \text{ N·m}^2/\text{C}^2 \tag{4.2}$$

図4.4　電荷の符号と力の向き

ここで，のちの便宜のため，$k = 1/4\pi\varepsilon_0$ とおく．これを用いると，次式となる[2]．

$$F = \frac{1}{4\pi\varepsilon_0} \frac{q_1 q_2}{r^2} \quad [\text{N}] \tag{4.3}$$

$$\varepsilon_0 = 8.85 \times 10^{-12} \text{ C}^2/(\text{N·m}^2) \tag{4.4}$$

問 4.4　3×10^{-8}C の正電荷をもった小球と，6×10^{-8}C の負電荷をもった小球を9cm隔てておいたとき，小球の間にはたらくクーロン力は引力か斥力か．また，その大きさは何Nか．

問 4.5　水素原子の陽子と電子の間にはたらく静電気力は何Nか．電荷の絶対値はともに 1.6×10^{-19}C，距離は 5.3×10^{-11}m とする．

4.1.2　電　界

（a）電　界

帯電物質の近くにほかの電荷をおくと，静電気力がはたらく．これは，帯電物質のまわりの空間がほかの電荷に電気力を及ぼす性質をもっているためである[3]．このような空間を**電界**（または**電場**）という．

空間に微小な電荷 q_0 が静止しているときに受ける電気力を $\vec{F}$ とすると，その点（電荷 q_0 の位置）の電界 $\vec{E}$ は，

$$\vec{E} = \frac{\vec{F}}{q_0} \quad [\text{N/C}] \text{ または } [\text{V/m}]^{1)} \tag{4.5}$$

---

[1] 実際には，より精度のよい定義をするために，4.3.3（c）項で説明するような方法で電流の単位アンペア [A] を先に決め，1Aの電流が1秒間に運ぶ電気量を1Cと定義する．ここで述べたのはその結果である．なお，1Cはかなり大きな電気量である．たとえば，プラスチックを摩擦するとよく帯電するが，それでもその電気量は 10^{-8}C 程度である．

[2] この ε_0 の値は（したがって，k の値も），真空中の値であるが，有効数字3けた程度では空気中でも同じと考えてよい．ε_0 を**真空の誘電率**という．

[3] このような考え方が必要なのは，帯電物質（電気力の原因となる電荷）が動いてどこかへ行ってしまった場合でも，それによる電気力がゼロになるのには，わずかではあるが時間がかかるためである．

と定義される．この電界のベクトルの大きさは単位正電荷（たとえば，1 C）あたりの電気力であり，電界の強さともいう．電荷 q_0 は電界を調べるために試験的においた電荷であり，その点の電界の原因となる電荷はほかに存在する．したがって，その点の電界 $\vec{E}$ は，その電荷 q_0 の大きさとは無関係である．たとえば，q_0 が 2 倍ならば式 (4.5) の $\vec{F}$ も 2 倍になる．

ところで，電界 $\vec{E}$ の場所に電荷 q_0 をおいたとき，

$$\vec{F} = q_0 \vec{E}$$

であるから，電界 $\vec{E}$ と電気力 $\vec{F}$ は同じ方向にある．また，電荷 q_0 が正の場合は電界 $\vec{E}$ と電気力 $\vec{F}$ は同じ向きにあり，電荷 q_0 が負の場合はそれらは逆向きである[2]（図 4.5 参照）．

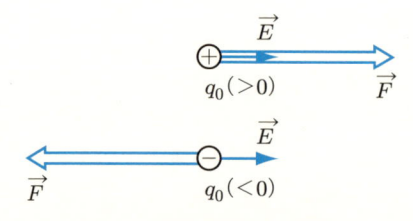

図 4.5 電界と電気力の関係

原因となる電荷が点電荷の場合について，それによる電界を調べよう（図 4.6（a）参照）．電荷 q が存在する点 A から距離 r の点 P に +1 C の電荷をおく．それが受ける力の大きさはクーロンの法則から求められる．したがって，+1 C あたりの力の大きさ，すなわち電界の強さ E [N/C] は，

$$E = \frac{1}{4\pi\varepsilon_0}\frac{q}{r^2} \quad \text{（点電荷の場合）} \tag{4.6}$$

となる[3]．電界の向きは，$q > 0$ ならば外向き，$q < 0$ ならば内向きである．

さらに，二つ以上の点電荷による電界について考えよう．たとえば，2 点 A，B にある電荷によって点 P に生じる電界は，次のようになる（図 4.6（b）参照）．点 A の電荷 q_A だけが存在する場合の電界を $\vec{E}_A$，点 B の電荷 q_B だけが存在する場合の電界を $\vec{E}_B$ とする．この二つの電荷が同時に存在する場合の電界は，実験によると図の $\vec{E}$ のようになる．つまり，電界に対して（したがって，電気力に対しても）ベクトル加法が成り立つ．点電荷がいくつか存在する場合も，このようにベクトル的に合成すればよい．これを**重ね合わせの原理**という．

---

1) これについては，4.1.3（b）項で説明する．
2) どのような直線上にあるかをベクトルの方向といい，その直線上でどちらに向いているかをベクトルの向きという（1.1.2（c）項参照）．
3) これからはとくに断らない限り真空中であるとして考える．

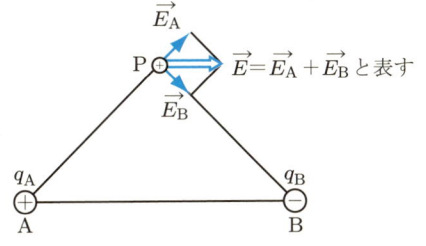

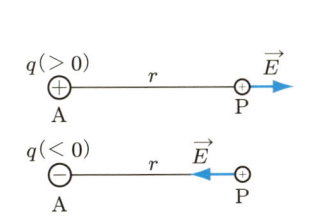

（a）原因となる電荷が一つの場合　　（b）原因となる電荷が二つの場合
（例：$q_A>0$, $q_B<0$の場合）

図4.6 点電荷による電界

問4.6 電界の強さ$10\,\text{N/C}$の場所にある$+0.3\,\text{C}$の電荷は，どんな力を受けるか．

問4.7 $+2\times 10^{-6}\,\text{C}$の電荷から$0.3\,\text{m}$離れている点の電界の強さはいくらか．

問4.8 $15\,\text{cm}$離れた2点A, Bに，それぞれ$1\times 10^{-8}\,\text{C}$，$4\times 10^{-8}\,\text{C}$の正電荷がある．電界の強さが0になるのはどのような点か．

問4.9 等量の正電荷をもつ二つの小さい帯電球A, Bが図4.7のように置かれている．BがCの位置につくる電界（Bだけが存在すると仮定したときの電界）は$2.0\times 10^4\,\text{N/C}$である．次の問いに答えよ．
（a）球A, Bの電荷はいくらか．
（b）AがCの位置につくる電界はいくらか．
（c）A, Bが同時に存在する場合のCの位置の電界の強さを求めよ．

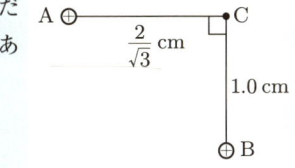

図4.7

（b）電気力線

図4.8は，正，負等量の電荷による各点の電界ベクトルを描き，それらを接線とする曲線を描いたもので，この曲線を**電気力線**という．電気力線は次のような性質をもつ．

① 電気力線の接線の方向，向きは，その点の電界の方向，向きと一致する．

② 電気力線は，正の電荷から出て負の電荷に入る．

③ ある点の電界の方向は，ただ一つに定まるので，電気力線は途中で交わらない．

電気力線の例を図4.9に示す．

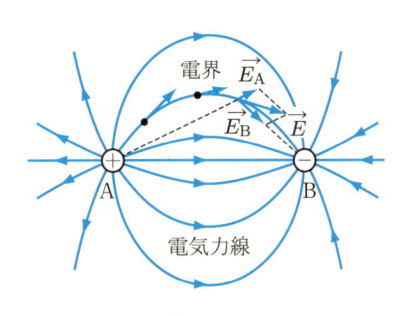

図4.8 電気力線
（正負の点電荷の電気量が等しい場合）

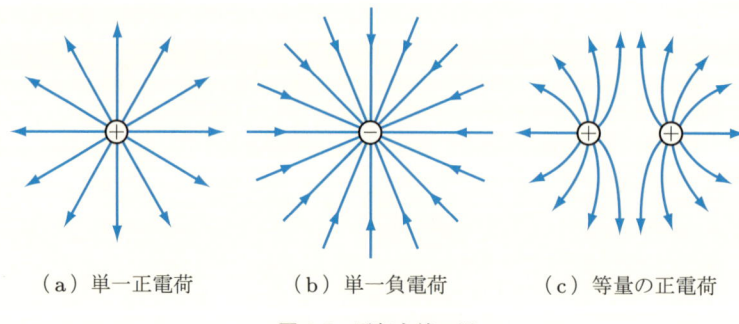

(a) 単一正電荷　　(b) 単一負電荷　　(c) 等量の正電荷

図 4.9　電気力線の例

(c) ガウスの定理

前述したように，電気力線を用いると電界の方向や向きがよくわかる．そこでさらに，電界の強さも電気力線と関連させて表すことにしよう．そのために次のように定義する．

「**電界の強さ E の点には，電界と垂直な面 1 m² あたり E 本の電気力線が通っている**」

このように決めると，電気力線が密なところほど電界が強いことがわかる．

ここで，q [C] の正電荷から出る電気力線の数を求めよう．電荷を中心とする半径 r の球面を考えると，球面上における電界の強さ E は式 (4.6) より $E = q/(4\pi\varepsilon_0 r^2)$ である．この値は球面上の面積 1 m² を貫く電気力線の数であるから，球面全体を貫く電気力線の数 N は，

$$N = \frac{q}{4\pi\varepsilon_0 r^2} \times 4\pi r^2 = \frac{q}{\varepsilon_0} \quad [\text{本}] \tag{4.7}$$

となり，これが求める電気力線の数である．$-q$ [C] の負電荷に入る電気力線の数も同じである．これは，球面だけでなく任意の閉曲面に対して，また，その中に多くの電荷が分布している場合にも成り立つ．つまり，一般に，

「**任意の閉曲面内の全電荷が Q [C] のとき，その閉曲面から出ていく電気力線の数は Q/ε_0 本である**」

ただし，閉曲面に入ってくる電気力線は負として数える．これを**ガウスの定理**という．

電荷の分布に対称性があるとき，このガウスの定理を用いて容易に電界の強さを求めることができる．

例題 4.1　十分に広い平面に正電荷が一様に分布している．面積 S [m²]，全電荷 Q [C] のとき，電界を求めよ（平面の端については考えなくてよい）．

解 電荷の分布が一様であるから，電気力線は面に垂直であり，また，電界は面の両側で等しい．また，正電荷による電界は外向きである．

図4.10のような断面積 $1\,\mathrm{m}^2$ の円筒に対して，ガウスの定理を適用する．

正電荷が一様に分布した平面（非常に広い）

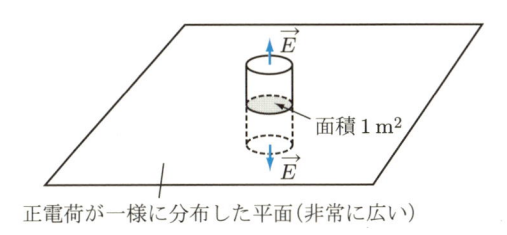

図4.10

この中に含まれる電荷は $Q/S\,[\mathrm{C/m}^2]$ であるから，この円筒から出ていく電気力線は $Q/\varepsilon_0 S$ 本である．平面に垂直である電気力線は円筒の側面を貫くことはなく，上下の面をそれぞれ $Q/2\varepsilon_0 S$ 本ずつ出ていく．上下の面の面積はそれぞれ $1\,\mathrm{m}^2$ であるから，これが $1\,\mathrm{m}^2$ あたりの電気力線の数，つまり電界 E である．

$$E = \frac{Q}{2\varepsilon_0 S} \,\,[\mathrm{N/C}] \quad (\text{一様な面電荷の場合}) \tag{4.8}$$

なお，この結果は面からの距離を含まないので，電界は面からの距離によらず一定である．

4.1.3　電位差

（a）電位と電位差

地球上で低い場所から高い場所へ物体を動かすには，仕事をしなければならない．同様に，図4.11に示すように，電界の中で電気力に逆らって電荷を運ぶのには，仕事が必要である．一般に，

「**基準とする点Aから点Bまで単位の正電荷（+1C）を運ぶのに必要な仕事が V [J] であるとき，点Bは点Aより V ボルト [V] 電位が高い．または，点Bの電位が V [V] である**」

という．また，2点間の電位の差を<u>電位差</u>，または，<u>電圧</u>とよぶ．

たとえば，図4.11に示すように，一様な電界 E [N/C] の中で，点Aから距離 d [m] 離れた点Bまで +1C の電荷を引き上げるのに必要な仕事 W [J] は，

$$W = F \times d = (1 \times E) \times d = Ed \tag{4.9}$$

である．したがって，点Bは点Aより Ed [V] 電位が高い．または，AB間の電位差（電圧）V [V] は，

$$V = Ed \quad (\text{一様な電界の場合}) \tag{4.10}$$

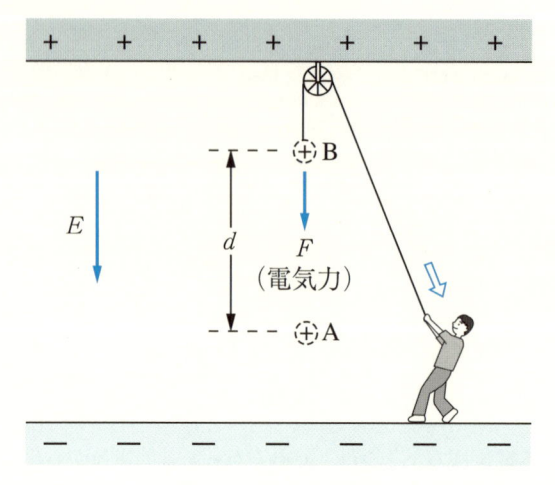

図 4.11 電位と電位差

ということができる．

V [V] 電位の高いところへ q [C] の電荷を移動させるには，1 C の場合に比べて電気力が q 倍になるために，仕事も q 倍になり，

$$W = qV \tag{4.11}$$

の仕事が必要になる．この式から，電位および電位差の単位ボルト [V] は，[J/C] に等しいことがわかる．また，以前に学んだ仕事とエネルギーの関係から，q [C] の電荷は V [V] の場所においては qV [J] の位置エネルギーをもっているということができる．逆に，電荷 q，質量 m の粒子が，電圧 V の 2 点間で加速された場合には，この位置エネルギーが粒子の運動エネルギーに変わるため，最終的な速さを v とすると，

$$\frac{1}{2}mv^2 = qV \quad (真空中) \tag{4.12}$$

が成り立つ．

次に，電荷 Q から距離 r だけ離れた点の電位 V の場合は，電界が一様でないために，1.6.6 項の万有引力の場合と同様な計算が必要になる．無限遠点を基準にとると，V は次式で与えられる．

$$V = \frac{1}{4\pi\varepsilon_0}\frac{Q}{r} \quad (点電荷の場合) \tag{4.13}$$

また，**多くの電荷による電位は，それぞれの電荷によるその点の電位の代数和をとればよい．**

問 4.10 電位差 10 V の 2 点間を，静電気力に逆らって 2.0 C の正電荷を運ぶのに必要な仕事はいくらか．

問 4.11 $+1.0 \times 10^{-9}$ C の電荷から 0.30 m 離れた点の電位はいくらか.

問 4.12 15 cm 離れた 2 点 A, B に, それぞれ 1.0×10^{-8} C, 4.0×10^{-8} C の正電荷がある. A, B を結ぶ直線上で A から 5.0 cm の点の電位を求めよ.

(b) 等電位面

電位の等しい点を連ねた面を**等電位面**という. 点電荷のまわりの電位は式 (4.13) によって表される. 図 4.12 に, 一定の電位差ごとに等電位面を描き, 電位の高低を示した. 等電位面の間隔が狭いほど電界が強く, 間隔が開いているほど電界は弱い.

等電位面上は電位差がないので, 電荷を動かしても静電気力は仕事をしない. これは, 等電位面の方向に静電気力の成分がないことを意味している. 静電気力の方向は電界ベクトルの方向であるから, 電界ベクトルは等電位面と垂直である. したがって, 電気力線は等電位面と直交する.

また, 一様な電界 E [V/m] の中では, 電位差と電界の関係は, 式 (4.10) より,

$$E = \frac{V}{d} \quad \text{(一様な電界の場合)} \tag{4.14}$$

で与えられる. この式からわかるように, 電界の強さの単位 [N/C] は [V/m] に等しい.

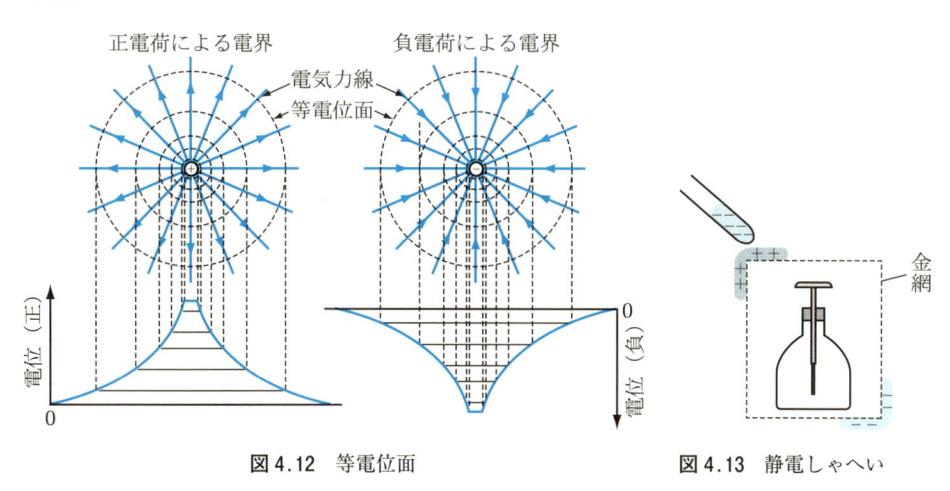

図 4.12 等電位面

図 4.13 静電しゃへい

問 4.13 一様な電界中で, 電界の方向に 0.10 m 離れた 2 点 A, B 間の電位差が 10 V であるとき, 電界の強さはいくらか. また, 4.0×10^{-7} C の正電荷を A から B まで運ぶとき, 電界がする仕事は何 J か.

（c） 電界中の導体

電界の中に置かれた導体には静電誘導が起こり，電界の強さに応じて表面に正負の電荷が現れる（4.1.1（c）項参照）．その結果，導体内では外部からの電界と逆向きの電界が新しく生じる．この新しくできた電界が外部からの電界を打ち消し，導体内の電界がゼロになると，電子の移動は止まる．逆に導体内の自由電子が静止している限り，導体内には電界がなく導体全体が等電位になっている．しかし，電流が流れている導体内では電界が存在し，電位は一定ではない．

図4.13のように，帯電していないはく検電器を金網で囲んでおくと，帯電物質を近づけてもはくは開かない．

このように，導体で囲んで外部の電界をさえぎることを**静電しゃへい**という．車の中の人が雷の被害を受けにくいのは，この静電しゃへいにより，強い電界がさえぎられるためである．

4.1.4 電気容量

（a） コンデンサー

導体に電荷を蓄える方法を考えてみよう．図4.14（a）のように，電池の正極，負極にそれぞれ金属板A，Bをつなぐと，自由電子が矢印のように移動し，Aは正に，Bは負に帯電する．Aと電池の正極が等電位になると電子の移動は止まる．

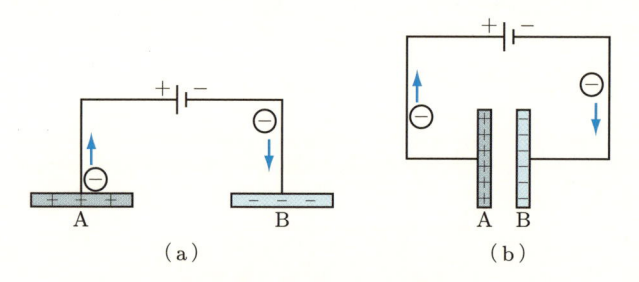

図4.14 コンデンサーの原理

次に，図4.14（b）のように金属板A，Bを近づけると，Aの正電荷とBの負電荷の間に引力がはたらくので，AとBの電荷はそれぞれ増加する．金属板を接近させるほど引力は強くなるので，正，負の電荷を多量に蓄えることができる．

このように，電圧を加えたとき多くの電荷を蓄えることのできる装置を**コンデンサー**といい，2枚の平行な金属板（極板）からできているものを**平行板コンデンサー**という．図4.15にいろいろなコンデンサーの例を示す．

（b） 電気容量

電荷を蓄える能力を平行板コンデンサーについて調べよう．いま，極板の面積がS，

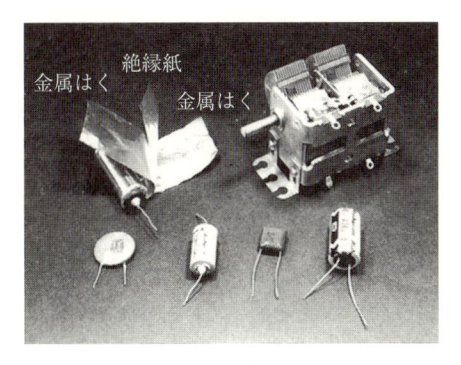

図 4.15　いろいろなコンデンサー 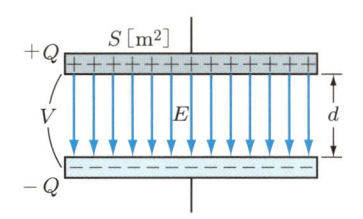　　　　図 4.16　平行板コンデンサー

その間隔が d である平行板コンデンサーに電荷 Q [C] を与えたとする（一方の極板に $+Q$, 他方に $-Q$）. 極板が広くその間隔が狭ければ, 極板の端での電界の乱れは無視できるので, 極板の間の電界は一様であるとみなせる.

例題 4.1 で, 一つの平面に正電荷が一様に分布しているとき, 外向きに $Q/2\varepsilon_0 S$ の電界ができることを知った. 負電荷の場合は, その平面に向かって同じ大きさの電界ができる.

結局, 平行板の間では, この二つの電界の向きが同じになり（図 4.16 参照）,

$$E = \frac{Q}{2\varepsilon_0 S} \times 2 = \frac{Q}{\varepsilon_0 S} \quad \text{（平行板）} \tag{4.15}$$

である. また, 極板の間の電位差を V とすると, $V = Ed$ であるから,

$$V = \frac{Qd}{\varepsilon_0 S} \quad \text{ゆえに} \quad Q = \frac{\varepsilon_0 S}{d} V \tag{4.16}$$

となる. この式から, Q は V に比例することがわかる. ここで, 比例定数を,

$$C = \frac{\varepsilon_0 S}{d} \quad \text{（平行板）} \tag{4.17}$$

とおくと, 式 (4.16) は次式のように表せる.

$$Q = CV \tag{4.18}$$

式 (4.18) は平行板以外でも成り立つ. C は電荷を蓄える能力を示し, コンデンサーの電気容量という. 同じ電圧を加えたとき, 電気容量が大きいほど電荷を多く蓄えることができる. 平行板コンデンサーの場合, 式 (4.17) からわかるように, 電気容量は極板の面積 S に比例し, 極板の間隔 d に反比例する.

電気容量の単位には, 1 V の電位差を与えたとき 1 C の電荷を蓄える電気容量をとり, これを 1 ファラド [F] という. 1 F = 1 C/V である. 1 F は大きすぎることが多いので, 実用上は, 1 マイクロファラド [μF] や 1 ピコファラド [pF] が用いられる. 1 μF = 10^{-6} F, 1 pF = 10^{-12} F である.

問 4.14 極板の面積 100 cm^2, その間隔が 1.00 mm のコンデンサーの電気容量は何 pF か. ただし, $\varepsilon_0 = 8.85 \times 10^{-12}\text{ C}^2/(\text{N·m}^2)$ である.

問 4.15 平行板コンデンサーを電池に接続したままで, 極板間の距離を 1/2 倍にすると,
（a） 電気容量は何倍になるか.
（b） 極板の電荷はどうか.
（c） 極板間の電界はどうか（電池は電位差を一定に保つはたらきがあることに注意）.

問 4.16 コンデンサーを電池で充電させたのち, 電池を切り離し, 極板の間隔を 1/2 倍にすると,
（a） 電気容量は何倍になるか.
（b） 極板の電荷はどうか.
（c） 極板間の電界はどうか.
（d） 電位差はどうか.

（c） コンデンサーの接続

　コンデンサーの極板に, ある限度を超えた電圧をかけると, 極板の間の絶縁を破って電荷が移動してコンデンサーが破損する. この限度の電圧をコンデンサーの<u>耐電圧</u>という. 電気容量と耐電圧はコンデンサーによって決まっている.

　コンデンサーを組み合わせることにより, 全体としての容量を変えたり, 個々のコンデンサーにかかる電圧を下げて耐電圧以下にすることができる.

　コンデンサーの接続方法には, 図 4.17 のように, <u>並列接続</u>と<u>直列接続</u>がある. それぞれの場合について合成容量[1]を求めてみよう.

　図 4.17（a）のように, 並列の場合は各コンデンサーにかかる電圧は同じであるから, それを V とする. 各コンデンサーの容量を C_1, C_2, C_3 とし, それぞれの電荷を Q_1, Q_2, Q_3 とすれば,

$$Q_1 = C_1 V, \quad Q_2 = C_2 V, \quad Q_3 = C_3 V$$

となり, 全体の電荷（電池から移動する電荷）を Q とすると,

$$Q = Q_1 + Q_2 + Q_3 = (C_1 + C_2 + C_3)V$$

となる.

　一方, 合成容量を C とすると $Q = CV$ であるから, 両式を比較することにより,

$$C = C_1 + C_2 + C_3 \quad \text{（並列）} \tag{4.19}$$

となる. このように, 並列では合成容量は大きくなる. しかし, 各コンデンサーには電池の電圧 V がそのままかかるため, 耐電圧は上がらない.

　図 4.17（b）のように, 直列の場合には, 両端に V の電圧をかけると, 各コンデ

---
[1] 全体を一つのコンデンサーで置き換えたとき, 同じはたらきをする（電池から移動していく電荷が等しい）コンデンサーの電気容量.

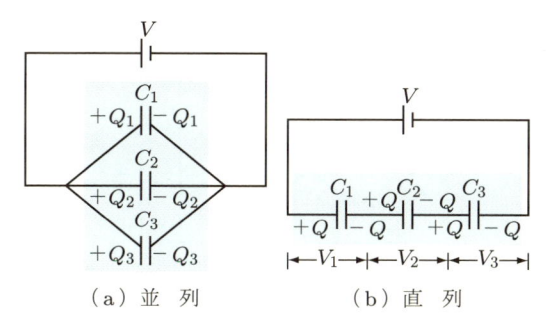

ンサーの極板にはみな同じ電荷が現れる[1]．それを Q とする．各コンデンサーの両極板間の電位差を V_1, V_2, V_3 とすると，

$$V_1 = \frac{Q}{C_1}, \quad V_2 = \frac{Q}{C_2}, \quad V_3 = \frac{Q}{C_3}$$

であるから，

$$V = V_1 + V_2 + V_3 = Q\left(\frac{1}{C_1} + \frac{1}{C_2} + \frac{1}{C_3}\right)$$

となり，合成容量を C とすると，$V = Q/C$ であり，両式を比較することにより，

$$\frac{1}{C} = \frac{1}{C_1} + \frac{1}{C_2} + \frac{1}{C_3} \quad (\text{直列}) \tag{4.20}$$

となる．直列では合成容量は小さくなる．しかし，電池の電圧が各コンデンサーに分かれてかかるため，全体としての耐電圧は上がる．

問 4.17 容量 $4.0\,\mu\mathrm{F}$，耐電圧 $500\,\mathrm{V}$ のコンデンサー 2 個を直列につないだものを 3 組並列につなぐと，その合成容量および全体としての耐電圧はいくらか．

問 4.18 電気容量 $2.0\,\mu\mathrm{F}$ と $3.0\,\mu\mathrm{F}$ の二つのコンデンサーを直列につなぐと，合成容量はいくらになるか．また，その両端に $1000\,\mathrm{V}$ の電圧をかけたとき，各コンデンサーの極板にたまる電気量および各コンデンサーにかかる電圧を求めよ．

（d） コンデンサーに蓄えられる静電エネルギー

コンデンサーの両極板に電池をつなぐと，極板に電荷を与えることができる．これをコンデンサーの**充電**という．コンデンサーを充電するときの電池の仕事を調べよう．

電気容量の C のコンデンサーに電圧 V の電池をつなぐと，電荷が流れ込み，コンデンサーの電位差はゼロからしだいに増して，電位差が V になると電荷の移動は止

---

[1] 電圧を加えるまえに各コンデンサーに電荷がない場合，第一のコンデンサーの負側の極板と第二のコンデンサーの正側の極板の電荷の代数和はゼロであるから，その絶対値は等しい．

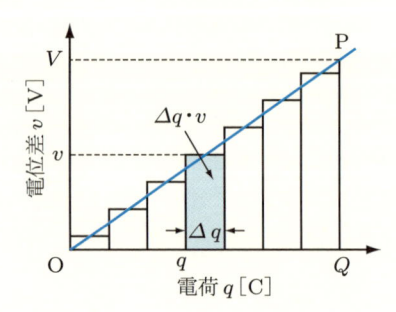

図 4.18 コンデンサーの静電エネルギー

まる.そのときの電荷を Q とすると $Q = CV$ である.

図 4.18 に,コンデンサーに蓄えられている電荷 q と,そのときの電位差 v との関係を示す.

いま,電荷 q が蓄えられていて電位差が v であるコンデンサーに,微小な電荷 Δq をさらに蓄える仕事は,式 (4.11) からわかるように $\Delta q \cdot v$ で与えられる.これは,図中の青い長方形の面積である.電荷 Q を充電するのに必要な仕事は,このような長方形の面積の和を求めればよいことになる.Δq をきわめて小さくとると長方形の面積の和は,ついには △OPQ の面積になる.

したがって,電位差 0 から V まで充電するときの電池の仕事 W [J] は,

$$W = \frac{1}{2}QV = \frac{1}{2}CV^2 = \frac{1}{2}\frac{Q^2}{C} \tag{4.21}$$

となる[1].充電されたコンデンサーは,充電するために電池が与えた仕事 W をエネルギーとして蓄えている.これを**静電エネルギー**という[2].

充電したコンデンサーの両極板を導線でつなぐと,一瞬の間,電流が流れる.これは,正電荷が導線を通って負の極板に移動し,正,負が打ち消しあって,電荷がゼロになるためである.これをコンデンサーの**放電**という.

問 4.19 電気容量 6.0 μF のコンデンサーを 300 V に充電したときに蓄えられる静電エネルギーは何 J か.

問 4.20 あるコンデンサーに 500 V の電圧を加えたところ,50 J の静電エネルギーが蓄えられた.コンデンサーの極板に蓄えられた電荷はいくらか.また,電気容量はいくらか.

(e) 誘電体

小さい紙片が帯電物質に引きつけられるのはなぜだろうか.絶縁体を電界の中に置

---

[1] この仕事は QV でないことに注意せよ.電荷 Q が微小でない場合は,極板の電荷が変化すると電位差も変化する.
[2] これは電界のエネルギーと考えることができる.あとで述べる電磁波の場合には,そのほうが適当である.

くと，原子や分子の中で電子がわずかに変位し，正電荷と負電荷の位置が互いにずれる．つまり，帯電物質に近い表面に帯電物質と異種の電荷が生じ，また，帯電物質と反対側の表面には，同種の電荷が等量現れる．この現象を**誘電分極**とよぶ．そのため，絶縁体のことを，**誘電体**ともいう．

図 4.19（a）のように，電池につながれた平行板コンデンサーの間の電界は，$E_0 = V/d$ である（V：電池の起電力，d：極板間の距離）．このコンデンサーの間に誘電体を入れたときのようすを同図（b）に示す．

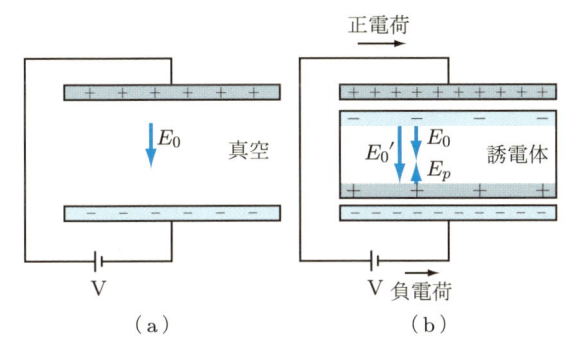

表 4.1 比誘電率

物　質	比誘電率
パラフィン	1.9〜2.3
エボナイト	2.7〜2.9
ガラス	5〜10
チタン酸バリウム	1500〜5000
空　気	1.0006

図 4.19 誘電分極

上に述べた誘電分極による電荷が，誘電体の表面に生じている．誘電体内には，この電荷による電界 E_p と極板の電荷による電界 E_0' が生じている．これらは互いに逆向きである．V と d は変わっていないので，極板間の電界 $E_0' - E_p (= V/d)$ は，誘電体を入れるまえの電界 E_0 と同じである．したがって，

$$E_0' = E_0 + E_p$$

が成り立つ．この式から，E_0' は E_0 より E_p だけ大きいことがわかる．これは，誘電体を入れたことにより，極板にさらに電荷が蓄えられたことを意味している．つまり，誘電体を入れることより，コンデンサーの容量は大きくなる．

極板の間が真空のときの電気容量を C_0 とし，そこに誘電体を満たしたとき，容量 C が ε_r 倍になったとする．つまり，

$$C = \varepsilon_r C_0 \tag{4.22}$$

のとき，ε_r はその物質特有の定数で，**比誘電率**とよばれる．いろいろな物質の比誘電率を表 4.1 に示す．比誘電率が ε_r である誘電体の入った平行板コンデンサーの容量 C は，式（4.17）より次式で表される（S は平行板の面積）．

$$C(=\varepsilon_r C_0) = \frac{\varepsilon_r \varepsilon_0 S}{d} \quad \text{（平行板）} \tag{4.23}$$

ここで，

$$\varepsilon = \varepsilon_r \varepsilon_0 \tag{4.24}$$

とおき，ε をその物質の**誘電率**とよぶ．真空では $\varepsilon_r = 1$ であるから，ε_0 は真空の誘電率を表している．結局，平行板コンデンサーの容量，式 (4.23) は，

$$C = \frac{\varepsilon S}{d} \quad (\text{平行板}) \tag{4.25}$$

と表すことができる．

　式 (4.25) から，誘電率 ε と平行板の面積 S が大きく，間隔 d が狭いほどコンデンサーの容量が大きいことがわかる．市販されているコンデンサーは，極板の間隔をできるだけ小さくし，その間にセラミックスや合成樹脂またはオイルなどを入れ，大きな容量を得るように工夫されている．

問 4.21 平行板コンデンサーの極板の間隔を半分にし，その間を比誘電率 6.0 のガラスで満たすと，電気容量は何倍になるか．

問題 4.1　　　　　　　　　　　　　　　　　　　　　（解答は巻末参照）

1. 点電荷とみなせるような小さな帯電球を，わずかに同符号に帯電した大きな金属球に近づけると，引かれることがある．その理由を説明せよ．
2. 長さ 1 m の 2 本の絹糸で同じ点から並べてつるした，質量 100 mg の二つの小さい帯電球に等しい電荷を与えると，互いに反発して 4 cm 離れてつり合った．帯電球の電気量を求めよ．
3. x 軸上で原点から 20 cm，-20 cm の 2 点にそれぞれ $+8.0 \times 10^{-8}$ C，-8.0×10^{-8} C の電荷がある．y 軸上の原点から 20 cm の点の電界の x, y 成分および電位を求めよ．
4. 平行板コンデンサー（間隔 3.0×10^{-2} m）の極板が水平になるように置かれている．極板の間に入れた電気量 4.8×10^{-19} C，質量 1.0×10^{-20} kg の点電荷が静止している．極板間の電位差を求めよ．ただし，重力加速度を 9.8 m/s^2 とする．
5. 電子が電位差 1 V の 2 点間で加速されて得る運動エネルギーを **1 電子ボルト** [eV] という．1 eV は何 J か．また，電子が 1 eV の運動エネルギーをもつときの速さを求めよ．ただし，電子の質量は 9.1×10^{-31} kg，電荷は 1.6×10^{-19} C である．
6. 容量が 3.0 μF，2.0 μF，1.0 μF のコンデンサーを直列につないで両端に電圧をかける．各コンデンサーの耐電圧が 900 V であれば，最大何 V までかけられるか．
7. 極板の面積 20 cm^2，間隔 5.0 mm の平行板コンデンサーに，1000 V の電圧をかけたとき，次の値を求めよ．
   （a）極板の間の電界の強さ，（b）電気容量，（c）電荷，（d）静電エネルギー
8. 電気容量 10 μF のコンデンサーを電位差 500 V に充電し，これに帯電していない電気容量 15 μF のコンデンサーを並列につないだとき，電位差はどうなるか．また，このときの

静電エネルギーの減少を求めよ．この減少分は何に変わったか．

9. 電気容量 C_0 のコンデンサーを電池で電位差 V_0 に充電し，極板の間一杯に比誘電率 ε_r の誘電体を入れた．
   （a） 電池をつないだまま入れた場合，
   （b） 電池を外してから入れた場合，
   のそれぞれについて，電荷，電位差，静電エネルギーを求めよ．

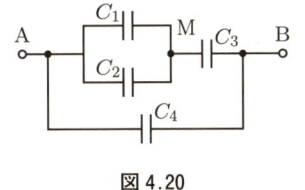

10. 図 4.20 のようにコンデンサーを組み合わせた．$C_1 = 2\,\mu\mathrm{F}$, $C_2 = 4.0\,\mu\mathrm{F}$, $C_3 = 3.0\,\mu\mathrm{F}$, $C_4 = 5.0\,\mu\mathrm{F}$ で，AB 間に 60 V の電池を接続したとき，
    （a） AB 間の電気容量，
    （b） MB 間の電位差，
    （c） C_1 に蓄えられる電荷，
    （d） C_4 に蓄えられる静電エネルギー，を求めよ．

図 4.20

4.2 直 流

4.2.1 電圧と電流

（a） 電 流

図 4.21 のように，たとえばニクロム線の両端を電池に接続すると，物質中の自由電子は，電池のつくる電界によって正極のほうへ動いていく．

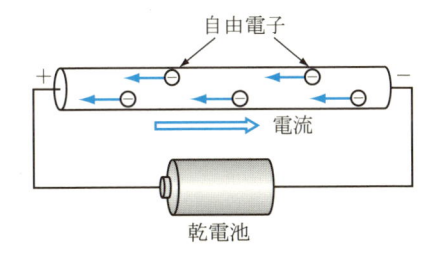

このような電荷をもった粒子の流れを **電流**

図 4.21 電 流

とよぶ．**電流の向きは，正電荷の動く向き** と定められている．そのため，負電荷をもつ電子の場合は，電子の移動する向きと電流の向きは逆になる．

電流の大きさ（強さ）は，導体の任意の断面を単位時間に移動する電荷（電気量）で表す．導体中を 1 秒間に 1 C の電荷が移動する場合を単位にとり，これを **1 アンペア** [A] という．$1\,\mathrm{A} = 1\,\mathrm{C/s}$ である．

したがって，I [A] の電流が t 秒間流れるとき，移動する電荷 Q [C] は，
$$Q = It \tag{4.26}$$
で表される．電流の向きが一定で大きさが時間的にほとんど変わらない電流を **直流** という[1]．また，抵抗などの素子を導体でつないだ一まわりの道筋を **回路** という．

---

[1] 向きが変わらない電流を直流といい，向きだけでなく大きさも変化しない電流をとくに定常電流ということもある．

問 4.22　針金に 1.0 A の電流が流れているとき，その断面を通って毎秒何個の電子が通過しているか．ただし，電子のもつ電荷は，1.6×10^{-19} C である．

問 4.23　電位差 5.0 V の電池に，太さが一様で長さ 0.50 m のニクロム線をつないで電流を流すとき，ニクロム線の中の電界の強さはいくらか．また，その中で電子はどれだけの力を受けるか．

(b)　オームの法則

いろいろな金属線を図 4.22 (a) のように接続し，両端の電圧 V を変化させたときに流れる電流 I を測定した結果を同図 (b) に示す．ここでは，金属線の長さや太さは同じにし，その種類だけを変えて測定を行っている．グラフが直線になっていることから，電流 I [A] は電圧 V [V] に比例していることがわかる．しかし，その直線の傾きは，各金属線で異なっている．ここで，比例定数を $1/R$ とすると次式が成り立つ．

$$I = \frac{V}{R}$$

あるいは，

$$V = IR \tag{4.27}$$

であり，これを**オームの法則**という．

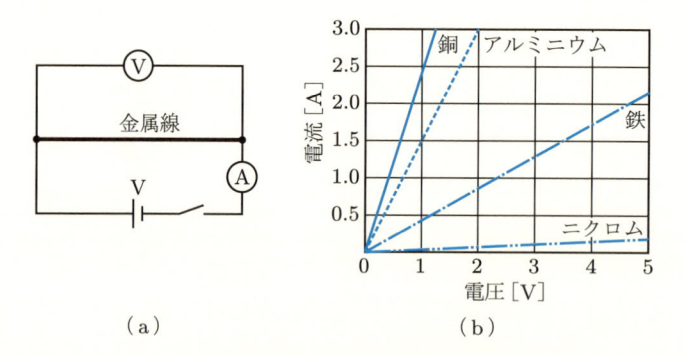

図 4.22　オームの法則

同じ電圧を与えても R の値が大きいと電流は流れにくいので，R を**電気抵抗**または単に**抵抗**という．R は導体の種類・長さ・太さ・温度によって決まる．電気抵抗の単位は，導体の両端に 1 V の電圧を加えたとき 1 A の電流が流れる抵抗をとり，これを**1 オーム** [Ω] という．1 Ω = 1 V/A である．

材質の一様な導体の抵抗 R [Ω] は，長さ l に比例し，断面積 S に反比例する．その関係は次式で示される．

$$R = \rho \frac{l}{S} \tag{4.28}$$

ここで，ρ は導体の種類と温度に関係する量で，その物質の**抵抗率**という．抵抗率は導体の長さ 1 m，断面積 1 m^2 あたりの抵抗を表し，その単位は**オーム・メートル** [$\Omega \cdot$m] である．

物質の抵抗率は，表 4.2 に示すように，金属のような導体では小さく，雲母のような絶縁体では大きい．亜酸化銅やシリコンはその中間の値を示すが，このようなものを**半導体**という．

表 4.2 物質の抵抗率

物　　質	温度 [℃]	抵抗率 [$\Omega \cdot$m]
銀	20	1.62×10^{-8}
銅	20	1.72×10^{-8}
アルミニウム	20	2.75×10^{-8}
タングステン	20	5.5×10^{-8}
鉄	20	9.8×10^{-8}
ニクロム	20	$98 \sim 110 \times 10^{-8}$
亜酸化銅	20	$10 \sim 10^6$
シリコン（真性）	27	6×10^4
雲　　母	22	$10^{12} \sim 10^{15}$
天然ゴム	20	$10^{13} \sim 10^{15}$

物質の抵抗率は温度によっても変化する．たとえば，家庭用の電灯の場合，点灯時はフィラメントが高温になるため，その抵抗値は常温のときの値の 10 倍以上になる．このような温度による電気抵抗の変化は温度測定に利用されており，白金抵抗温度計やサーミスタ温度計がある．

問 4.24 6.0 V の電池に抵抗をつないだところ 0.20 A の電流が流れた．この抵抗は何 Ω か．また，電流を 0.60 A にするには何 Ω の抵抗をつなげばよいか．

問 4.25 長さ 10 m，直径 0.5 mm の銅線の抵抗はいくらか．表 4.2 を使って求めよ．

（c）抵抗の接続

ｉ）直列接続

抵抗を二つ以上つないだとき，これらがどのようなはたらきをするかを調べよう．抵抗 R_1，R_2，R_3 を図 4.23（a）のように**直列**に接続し，その両端 AD 間に電圧 V を与える．そのとき，各抵抗に流れる電流は同じであり，これを I とする．それぞれの抵抗の両端の電圧を V_1，V_2，V_3 とすると，オームの法則より，

$$V_1 = IR_1, \quad V_2 = IR_2, \quad V_3 = IR_3$$

となり，これらの和が AD 間の電圧 V に等しいので，

$$V = V_1 + V_2 + V_3 = IR_1 + IR_2 + IR_3 = I(R_1 + R_2 + R_3)$$

となる．AD 間を，同じはたらきをする一つの抵抗で置き換えたと仮定する．この抵抗値を R とすれば $V = IR$ であるから，上の式と比べて次式が成り立つ．

$$R = R_1 + R_2 + R_3 \tag{4.29}$$

このような R を**合成抵抗**とよぶ．直列回路の合成抵抗は，それぞれの抵抗の和に等しい．

図 4.23（b）に，図（a）の回路における各点の電位を示す．抵抗 R_1 の両端の電位差は $V_1 = IR_1$ であるので，抵抗 R_1 の中を電流 I が流れる間に IR_1 だけ電位が下がっている．これを抵抗 R_1 による**電圧降下**という．電圧降下は，単位電荷あたりのエネルギーの消費量である．R_2，R_3 の電圧降下は，それぞれ IR_2，IR_3 である．

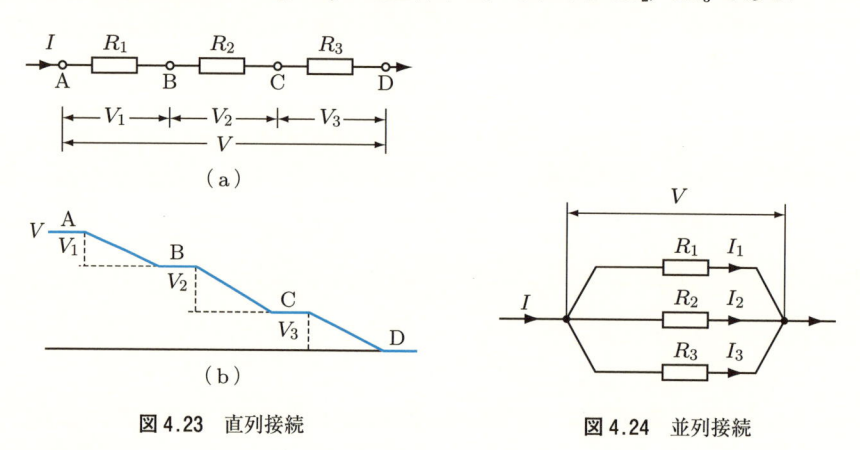

図 4.23 直列接続

図 4.24 並列接続

ⅱ）並列接続

図 4.24 のように，抵抗 R_1，R_2，R_3 を**並列**に接続し，その両端に電圧 V を与える．電流 I は各抵抗に I_1，I_2，I_3 と分かれて流れるので，

$$I = I_1 + I_2 + I_3$$

となり，またオームの法則を各抵抗に適用することにより，

$$V = I_1 R_1 = I_2 R_2 = I_3 R_3$$

であるから，

$$I = \frac{V}{R_1} + \frac{V}{R_2} + \frac{V}{R_3} = \left(\frac{1}{R_1} + \frac{1}{R_2} + \frac{1}{R_3} \right) V$$

となる．合成抵抗を R とすると $I = V/R$ であるから，上式と比べて，

$$\frac{1}{R} = \frac{1}{R_1} + \frac{1}{R_2} + \frac{1}{R_3} \tag{4.30}$$

となる．つまり，合成抵抗の逆数は，それぞれの抵抗の逆数の和に等しい．

問 4.26 $2\,\Omega$ と $3\,\Omega$ の抵抗を直列につなぐと，合成抵抗はいくらか．これに $10\,\mathrm{V}$ の電池をつなぐとどれだけの電流が流れるか．また，各抵抗にかかる電圧を求めよ．

問 4.27 図 4.25 の接続で，AC 間に $100\,\mathrm{V}$ の電圧をかけた．BC 間の合成抵抗はいくらか．R_1, R_2, R_3 を流れる電流の強さを求めよ．また，AB 間の電圧と BC 間の電圧を求めよ．ただし，$R_1 = 30\,\Omega$, $R_2 = 100\,\Omega$, $R_3 = 25\,\Omega$ である．

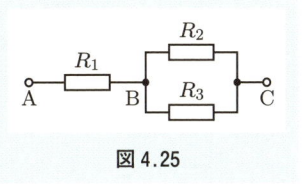

図 4.25

4.2.2 直流回路

(a) 電池の起電力と内部抵抗

電池は，化学変化のエネルギーや光のエネルギーを利用して，正極・負極の間に一定の電位差を保つはたらきをする．化学変化による電池（図 4.26 (a) 参照）では，電解質溶液にイオンとなって溶け込む化学作用が両極に用いた金属で異なるため，両極の間に電位差を生じる．また，それによってできた電界はイオンになる化学作用を止める．電界と化学作用がつり合ったときの両極間の電位差を**電池の起電力**という[1]．起電力の単位には電位差と同じボルト［V］が用いられる．同図（b）のように，抵抗を介して電池の両極を導線でつなぐと，電流が流れるため電界が弱まるので，イオンになる化学作用が起こる．電流が小さければ両極間はほぼ一定の電位差に保たれる．

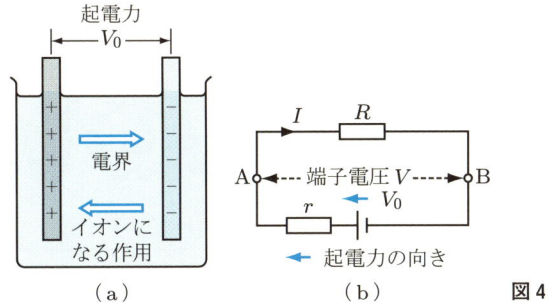

図 4.26 電池

起電力は，電流が流れていないときの両極の間の電位差である．しかし，電池から電流を取り出すと，電池の内部を荷電粒子が移動する際にほかの粒子と衝突するので電気抵抗が現れる．これを電池の**内部抵抗**という．内部抵抗があれば，それによる電圧降下があるので，電流が流れているときの両極間の電位差（**端子電圧**という）は起電力より小さくなる．

起電力 V_0，内部抵抗 r の電池の両極に抵抗 R を接続し，電流 I［A］を流したとすると，内部抵抗による電圧降下が Ir であるため，電池の端子電圧 V は次式で示され

---

1) 起電力は単位電荷あたりのエネルギーの供給量である．つまり，「力」ではなく「仕事」である点に注意．

る．
$$V = V_0 - Ir \tag{4.31}$$

図 4.26（b）からわかるように，AB 間では $V = IR$ が成り立つから，式 (4.31) に代入して次の関係が得られる．
$$I = \frac{V_0}{R + r} \tag{4.32}$$

よく使われている乾電池の内部抵抗は 0.1〜0.5 Ω 程度，鉛蓄電池では 0.02 Ω 程度である．電池の内部抵抗を図に示すときは，同図（b）のように，電池に対して直列に描いて表す．

問 4.28 起電力 2.0 V，内部抵抗 0.050 Ω の電池に，0.95 Ω の抵抗をつないだときに流れる電流，およびそのときの電池の端子電圧はいくらか．

問 4.29 起電力 V_0，内部抵抗 r の等しい電池 2 個を直列にして，外部抵抗 R に接続したとき，R に流れる電流はいくらか．

（b） キルヒホッフの法則

いくつかの電池や抵抗が複雑に接続された回路網では，単純にオームの法則を用いて各部の電流や電圧を求めることができないことが多い．そのときには，**キルヒホッフの法則**が用いられる．そこで，図 4.27 に示す回路を例にとり，この法則を説明する．

第 1 法則 「回路の任意の交点で，そこへ流れ込む電流の和とそこから流れ出る電流の和は等しい（**電流の保存**）」

各部に流れる電流の大きさと向きを図 4.27 のように仮定すると，交点 A では次式が成り立つ．
$$I_2 = I_1 + I_3 \tag{4.33}$$

第 2 法則 「回路網の中の任意の閉回路にそって 1 周するとき，各抵抗とそこを流れる電流の積（電圧降下）の代数和は，その閉回路の中にある起電力の代数和に等しい」

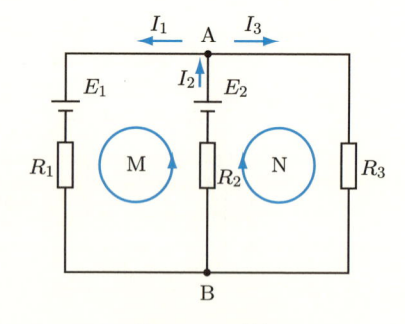

図 4.27 回路網

ただし，電流や起電力の向きが 1 周する向きと同じときは正，反対の向きのときは負とする．

図の回路網の中の二つの閉回路 M，N について，1 周する向きを矢印のようにとると，次式が成り立つ．

M について，　$E_2 - E_1 = I_1 R_1 + I_2 R_2$ 　　　　　　　　　　　　　　　(4.34)

N について，　$E_2 = I_2 R_2 + I_3 R_3$ 　　　　　　　　　　　　　　　　　(4.35)

ここで、E_1 は M の向きと逆向きに電流を流そうとするので、負号がつけられている。式 (4.33)～(4.35) を連立方程式として解いて I_1, I_2, I_3 を求めることができる。計算した結果、電流の値が負になれば、実際には、仮定した向きと逆向きに電流が流れていることになる。

問 4.30 図 4.27 で、電池の起電力がそれぞれ $E_1 = 8$ V, $E_2 = 13$ V, 抵抗がそれぞれ $R_1 = 4\,\Omega$, $R_2 = 10\,\Omega$, $R_3 = 5\,\Omega$ のとき、電流 I_1, I_2, I_3 を求めよ。ただし、電池の内部抵抗は無視できるとする。

例題 4.2 図 4.28 の回路において、各抵抗を流れる電流を求めよ。ただし、電池の内部抵抗は無視する。

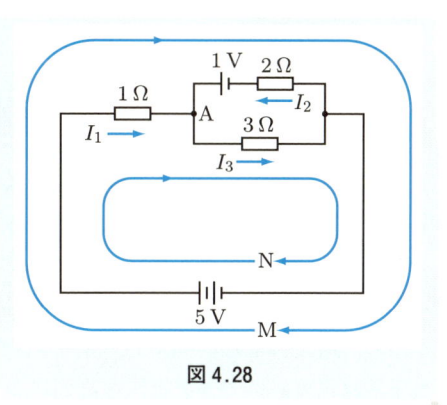

解 各抵抗に流れる電流を図 4.28 に示すように、I_1, I_2, I_3 とする。交点 A において、キルヒホッフの第 1 法則を適用し、

$$I_1 + I_2 = I_3 \tag{4.36}$$

が得られる。次に、図中に示すような M, N の二つの閉回路をとり、キルヒホッフの第 2 法則を適用すると、

M について、$5 - 1 = I_1 - 2I_2$ (4.37)

N について、$5 = I_1 + 3I_3$ (4.38)

が得られる。式 (4.36)～(4.38) の三つの連立方程式を解くと、

$$I_1 = 2\,\text{A}, \quad I_2 = -1\,\text{A}, \quad I_3 = 1\,\text{A}$$

を得る。I_2 は負号がついているため、最初の仮定と逆向き、つまり、右向きに 1 A 流れていることがわかる。

図 4.28

（c） 抵抗の測定

抵抗の値は、図 4.22 に示すように電圧計と電流計を使って、オームの法則 $R = V/I$ から計算することができる。しかし、電流 I には電圧計を流れる電流も含まれている。したがって、このような方法では正確な抵抗値は求めにくい。より正確に未知抵抗 R_x を測定するには、図 4.29 に示すように、抵抗値 R_1, R_2, R_3, R_x の四つの抵抗、検流計 G、電池 E、スイッチ S_1, S_2 を接続した回路が用いられる。ここで、R_1, R_2, R_3 は抵抗値がわかっている抵抗で、とくに R_3 は可変

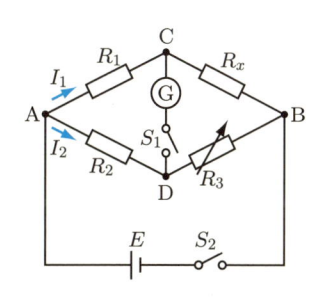

図 4.29 ホイートストンブリッジ

抵抗になっている．この回路を**ホイートストンブリッジ**という．

S_1, S_2 を閉じても G に電流が流れないように R_3 を調節する．このとき，R_1, R_2 に流れる電流を I_1, I_2 とする．G に電流が流れないから，R_x, R_3 に流れる電流もそれぞれ I_1, I_2 であり，また点Cと点Dは電位が等しいことがわかる．したがって，R_1 と R_2 および R_x と R_3 にかかる電圧はそれぞれ等しい．つまり，

$$R_1 I_1 = R_2 I_2, \quad R_x I_1 = R_3 I_2 \quad \therefore \quad \frac{R_1}{R_2} = \frac{R_x}{R_3}$$

となる．この関係により，R_1, R_2, R_3 の値から R_x が求められる．

（d）電流計と電圧計

電流計は，のちの 4.3.3（f）項で述べるように，電流が磁界から受ける力が電流の大きさに比例することを用いて，電流の大きさを測る装置である．電流計は回路に直列に接続されるので，電流計を接続したことにより回路全体の抵抗が増し，測ろうとする電流が変化してしまう．その変化を少なくするには，測定可能な範囲で電流計全体としての抵抗（内部抵抗）をできるだけ小さくする必要がある[1]．

電圧計は，測定しようとする2点に並列に接続する．そのため，電圧計の中を流れる電流によって，測定しようとする電圧が変化する．その変化をできるだけ少なくするため，測定可能な範囲で電圧計の内部抵抗を大きくする必要がある．そのために，電圧計は電流計に大きな抵抗を直列につないだ構造をしている．

参考 4.1 一般に，電流計や電圧計は，測定レンジを切り換えることにより，広い範囲の電流，電圧の測定が可能な構造になっている．電流計の場合には，電流計と並列に，分流器とよばれる抵抗を接続する．たとえば，図 4.30 に示すように，電流計の内部抵抗 r_0 の 1/9 の抵抗（分流器）を並列につないだ場合を考えよう．電流計を流れる電流の 9 倍の電流がこの分流器を流れるので，この電流計は，結局 10 倍の電流の測定が可能になる．

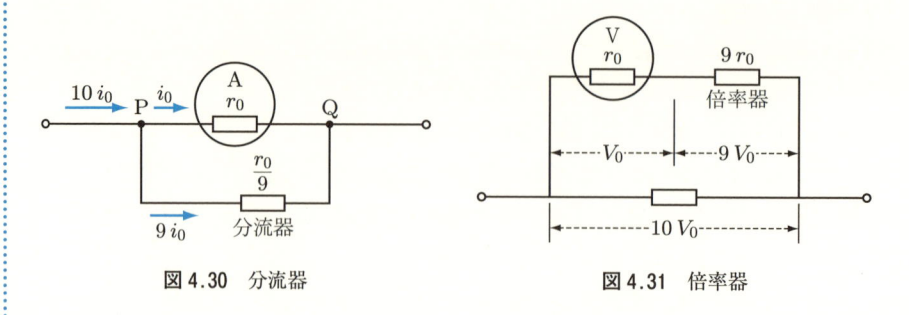

図 4.30　分流器

図 4.31　倍率器

---

[1] 内部抵抗をあまり小さくすると指針の振れが小さくなり，精度が悪くなってしまう．

電圧計の場合は，倍率器とよばれる抵抗を，電圧計と直列に接続する．たとえば，図 4.31 に示すように，電圧計の内部抵抗 r_0 の 9 倍の倍率器を使うと，この倍率器には電圧計にかかっている電圧の 9 倍の電圧がかかり，結局，全体としては 10 倍の電圧が測定可能になる．

問 4.31 最大目盛 50 mA，内部抵抗 10 Ω の電流計を，最大目盛 250 mA まで測れるようにしたい．分流器の抵抗を何 Ω にすればよいか．

問 4.32 内部抵抗 1 kΩ，最大目盛 1 V の電圧計に 99 kΩ の倍率器を接続した．この電圧計の最大目盛は何 V になるか．

4.2.3 電流のする仕事

(a) ジュール熱

抵抗線の中の自由電子は，電界の作用を受けると加速されて速度を増すが，陽イオンと衝突してその運動エネルギーを失う．そして，電界によって再び加速され，また，衝突してエネルギーを失う．このようなことを繰り返して，抵抗線の中の自由電子は平均して一定の速度で移動していく．図 4.32 にそのようすを示す．

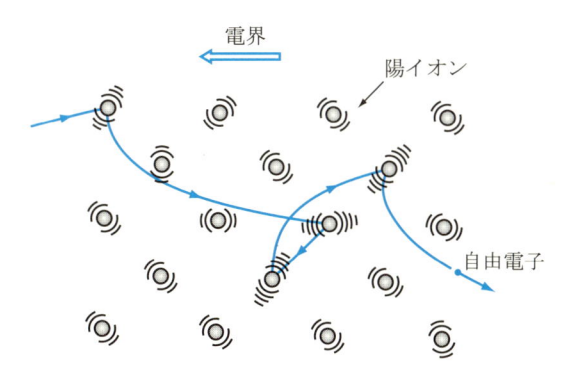

図 4.32 電流とジュール熱（物質中の自由電子の運動）

このように，電界から得た位置エネルギーが電子の運動エネルギーに変わり，電子が陽イオンに衝突すると，陽イオンが激しく振動して熱エネルギー（正確には，内部エネルギー）に変わる．電子が最終的にもっている運動エネルギーは，熱エネルギーに比べて無視できるほど小さいので，電気的位置エネルギーが全部熱エネルギーになると考えてよい[1]．

いま，抵抗 R の両端に電圧 V をかけて，電流 I が流れていたとする．時間 t の間に $Q = It$ の電荷が移動するので，電荷が電界から受けとるエネルギー（電流のする

---

1) これが抵抗における電圧降下の具体的な内容である．

仕事) W [J] は，式 (4.11) より，

$$W = QV = VIt = I^2Rt = \frac{V^2}{R}t \tag{4.39}$$

である．これが熱エネルギーに変わるとき，ジュール熱という[1]．ジュール熱は電熱器などに広く利用されている．

電気器具に使われている途中の導線も発熱するので，導線の太さによって安全に流せる電流が決められている．これを導線の許容電流という．

(b) 電力量と電力

電流のする仕事は，ジュール熱になるばかりでなく，モーターによって力学的な仕事にもなる．いずれの場合も，

$$W = VIt$$

で表される．この W [J] を電力量という．単位時間あたりの電流のする仕事，つまり，仕事率を電力という．電力を P [W] とすれば，

$$P = \frac{W}{t} = VI = I^2R = \frac{V^2}{R} \tag{4.40}$$

である．1 V の電位差のところを 1 A の電流が流れる場合の電力を 1 ワット [W] という．1 W = 1 V·A = 1 J/s である．

電力量の単位にはジュール [J] のほか，1 kW の電力が 1 時間にする仕事である 1 キロワット時 [kWh] が用いられる．1 kWh は，

$$1 \text{ kWh} = 10^3 \text{ J/s} \times (60 \times 60) \text{ s} = 3.6 \times 10^6 \text{ J}$$

である．家庭にある積算電力計は電力量を測る計器である．

問 4.33 100 V 用 500 W の電熱器の抵抗はいくらか．また，100 V で 1 分間に発生するジュール熱は何 J か．この電熱器を 80 V の電圧で用いると，消費する電力はいくらか．

問 4.34 抵抗値がそれぞれ 20 Ω と 30 Ω の 2 本のニクロム線を，
(a) 直列に接続した場合，
(b) 並列に接続した場合，
のそれぞれについて，100 V の電圧を加えたときに各ニクロム線が 1 秒間に発生するジュール熱の比を求めよ．

▍問 題 4.2

1. 図 4.33 の回路において，
   (a) 全合成抵抗はいくらか．

---
[1] 1 cal = 4.2 J であるから (2.3 節参照)，ジュール熱は $W = VIt/4.2$ [cal] とも表せる．

(b) 4.0Ωの抵抗に0.50Aの電流が流れているとき，ab間の電位差は何Vか．

2．ある電池に可変抵抗をつないで電流を測ったところ，4.0Ωにしたときは0.30A，また，9.0Ωにしたときは0.15Aであった．この電池の起電力と内部抵抗を求めよ．

3．図4.34の回路において，E_1, E_2は電池の起電力であり，r_1, r_2はその内部抵抗である．
 (a) 回路に流れる電流はいくらか．
 (b) 電池E_1の端子電圧はいくらか．
 (c) ab間の電位差はいくらか．
 (d) 電池E_2の端子電圧はいくらか．

4．図4.35において，
$$V = 60\,\text{V},\ C = 8.0\,\mu\text{F},\ R_1 = 10\,\Omega,$$
$$R_2 = 5.0\,\Omega,\ R_3 = 5.0\,\Omega,\ R_4 = 10\,\Omega$$
である．次の問いに答えよ．
 (a) Cに蓄えられる電気量はいくらか．
 (b) もし，R_1が断線したならば，Cの電気量はいくらになるか．
 (c) 図のコンデンサーの代わりに導線（抵抗0）でM，N間を結んだならば，それを流れる電流はいくらか．

5．図4.36の回路で，各抵抗と各電池を流れる電流の向きと大きさを求めよ．

6．起電力10V，内部抵抗1.6Ωの電池に4.0Ωと6.0Ωの抵抗を並列につなぐ．
 (a) 電池および各抵抗を流れる電流を求めよ．
 (b) 電池および各抵抗で5分間に発生するジュール熱はそれぞれ何Jか．

7．100V用1kWのヒーター2本を，(a) 直列に接続して，(b) 並列に接続して，100Vの電源につないだ．それぞれの場合の消費電力はいくらか．ただし，ヒーターの抵抗は変わらないものとする．

8．500Wの電熱器で湯を沸かす．1Lの水が沸騰しはじめるまでに何分かかるか．ただし，はじめの水の温度は10℃であり，また，発生するジュール熱の80%が有効に使われるものとする．

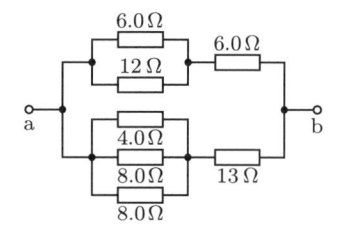

図4.33

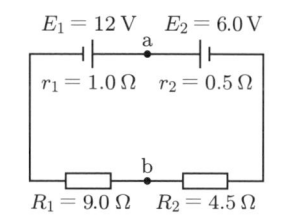

図4.34

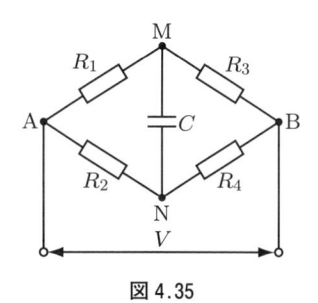

図4.35

図4.36

4.3 電流と磁界

4.3.1 磁石による磁界

(a) 磁極の間にはたらく力

磁石が鉄を引きつける性質は磁石の両端付近で最も強く，この部分を磁極という．磁極間の力には引力と斥力がある．帯電状態と同様に磁極も2種類に分類され，同種間では斥力，異種間では引力がはたらく．

軸を中心に自由に回転できる小磁石（磁針）は南北を向く性質がある．北に向く磁極をN極，南に向く磁極をS極という．このように，磁石が地球から磁気力を受けるということは，地球も一つの磁石であることを意味する．N極と引き合う地球の北極は，磁石としてはS極ということになる．

二つの磁極の間にはたらく力の方向は磁極を結ぶ直線上にあって，その大きさ F [N] は磁極間の距離 r の2乗に反比例する．磁極の強さを表すのに磁荷という量を用い，各磁極の磁荷を m_1, m_2 とすると，

$$F = \frac{1}{4\pi\mu_0} \frac{m_1 m_2}{r^2} \tag{4.41}$$

と表せる．これを磁気に関するクーロンの法則という．磁荷の単位としては，ウェーバ [Wb] が用いられる．ここで，

$$\mu_0 = 1.26 \times 10^{-6} \, \text{Wb}^2/(\text{N·m}^2) \text{ または N/A}^2 \tag{4.42}$$

である．μ_0 を真空の透磁率という．したがって，二つの等しい磁荷が1m離れている場合にはたらく力が 6.33×10^4 N（$= 1/4\pi\mu_0$）であるとき，その磁荷がそれぞれ1Wbである．なお，空気中の透磁率は有効桁数3けた程度まで真空と同じである．

N極とS極を分けようとして磁石を二つに切っても，切口に新しい磁極が現れて2本の磁石となる．N極だけ，または，S極だけの磁極（モノポール）は発見されていない．したがって，電荷と同じ意味での磁荷というものはなく，このあとの磁気の扱いは必ずしも電気とは対応しない．

(b) 磁　界

磁極の近くにほかの磁極を置くとこれに力がはたらく．これは，磁極のまわりの空間がほかの磁極に力を及ぼす性質をもっているためである．このような空間を磁界または磁場という．

磁界は電界と同じように，方向と向き，および大きさをもつベクトルで表される．磁界の中に置かれた，N極にはたらく力の向きを，磁界の向きと定める．また，磁界の大きさ（磁界の強さともいう）は，1Wbあたりの磁気力で表される．したがって，

磁界 $\vec{H}$ [N/Wb] の場所に置かれた磁荷 m [Wb] にはたらく磁気力を $\vec{F}$ [N] とすると，
$$\vec{F} = m\vec{H} \tag{4.43}$$
の関係がある[1]．

電界内の電気力線と同様に，磁界のようすは磁力線で表すことができる．**磁石の磁力線はN極から出てS極に入る**．また，磁力線上の各点における接線の方向がその点の磁界の方向に一致する．図 4.37 は鉄粉をふりかけたガラス板を磁石の上に置き，ガラス板を軽くたたいたもので，磁力線のようすがよくわかる．

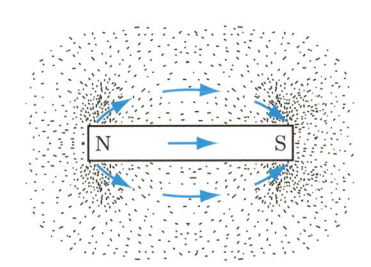

図 4.37 磁石の磁力線

4.3.2 電流による磁界

（a） 直線電流による磁界

図 4.38 のように，非常に長い直線状の導線に電流を流すと，これと垂直な平面上に導線を中心として同心円状の磁力線ができる．そして，図のように，**電流の向きを右ねじの進む向きと一致するようにとると，ねじの回転の向きが磁界の向きと一致する**．これを右ねじの法則という．このように，**電流による磁力線は閉曲線ではじめも終わりもない**．

磁石による磁力線はN極からはじまってS極で終わっているので，この点が両者の大きな違いである．

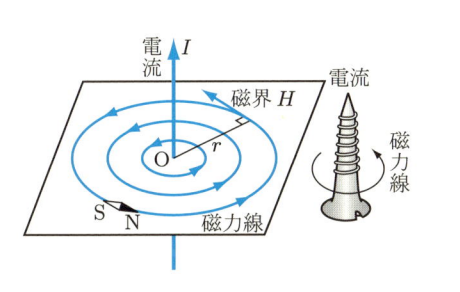

図 4.38 直線電流の磁界　　　　**図 4.39** 円形電流の磁界

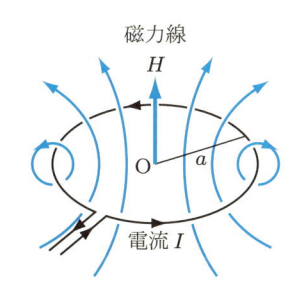

1） 4.3.2 項で述べるように，電流もまた磁界をつくる．その場合の磁界の単位は，[A/m] である．1 A/m = 1 N/Wb と決められている．したがって，1 Wb = 1 N·m/A である．

非常に長い直線状の電流 I が流れているとき，電流からの距離が r の位置の磁界の強さ H [A/m] は，次式となる．

$$H = \frac{I}{2\pi r} \tag{4.44}$$

(b) **円形電流による磁界**

円形の導線に電流が流れているとき，磁力線は図 4.39 のようになる．円の内側の磁界は円の面に垂直である．

円形電流によって円の中心に生じる磁界の強さ H [A/m] は，電流の強さを I，円の半径を a とすると，次式となる．

$$H = \frac{I}{2a} \tag{4.45}$$

(c) **ソレノイドの電流による磁界**

円筒形に一様に導線を巻いた細長いコイルを**ソレノイド**という．ソレノイドに電流が流れると，コイルの各 1 巻きのつくる磁界が強めあって，内部には軸方向に強い磁界ができる（図 4.40 参照）．コイルの外側の磁力線は棒磁石の場合とよく似ている．

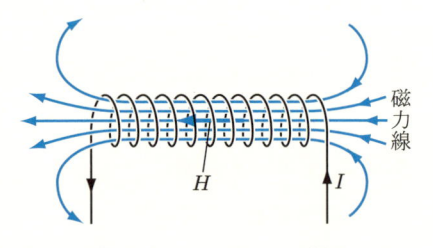

図 4.40 ソレノイドの磁界

ソレノイドの長さが半径に比べて十分に長ければ，内部の磁界の強さ H [A/m] は両端付近を除きほとんど一様である．単位長さあたりの巻き数を n，電流を I とすると，内部の磁界は，次式となる．

$$H = nI \tag{4.46}$$

磁界の単位 [A/m] は式 (4.46) をもとにして定められたものである．つまり，

「1 m あたりの巻き数が 1 回の細長いソレノイドに 1 A の電流を流したとき，ソレノイドの内部の磁界の強さが 1 A/m である」

これは 1 N/Wb に等しい．

問 4.35 長い直線状の導線に 6.28 A の電流が流れている．この導線から 10.0 cm 離れた点の磁界の強さはいくらか．

問 4.36 半径 15 cm の円形導線に 6.0 A の電流を流したとき，円の中心の磁界の強さはいくらか．

問 4.37 長さ 20 cm の円筒に導線を 1000 回巻いたソレノイドの内部の磁界を 30 A/m の強さにするには，どれだけの電流を流せばよいか．

例題 4.3 水平面内で自由に回転できる小さな磁針の上 10 cm のところに，導線を南北方向に水平に張った．これに電流を流したところ磁針は 45° 振れて静止した．電流は何Aか．地磁気の大きさの水平方向成分は 25 A/m とする．

解 小磁針の大きさの範囲内では磁界は一様と考えてよいので，磁針はその場所の磁界の方向を向いて静止するとしてよい．したがって，地磁気の大きさの水平方向成分を H_0，電流による磁界を H_i とすると，図 4.41 のように，$H_i/H_0 = \tan 45°$，∴ $H_i = H_0$ である．

$$\therefore \frac{I}{2\pi \times 0.1} = 25, \quad I = 16\,\text{A}$$

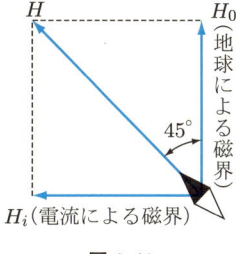

図 4.41

4.3.3 電流が磁界から受ける力

(a) 直線電流が受ける力

これまでに，電流が磁界をつくり，その磁界が磁石に力を及ぼすことを知った．それならば，その反作用として，逆に電流のほうも磁石の磁界から力を受けるのではないかと推測される．

図 4.42 (a) のように，磁石の間に導線をブランコ状に入れて電流を流した場合を考えよう．同図 (b) は，同図 (a) を右側から見たものである[1]．図には，磁石による磁力線 H と電流による磁力線 H' が描かれている．電流による磁界 H' はN極の

H (実線)：磁石による磁力線
H' (点線)：電流による磁力線

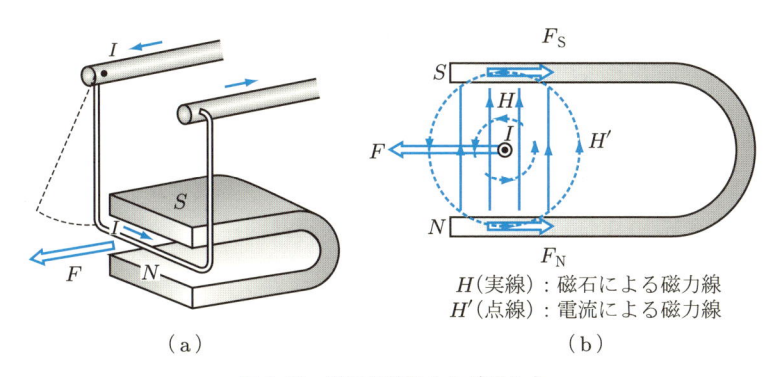

(a)   (b)

図 4.42 電流が磁界から受ける力

---

1) 紙面に垂直な電流，磁界，力などの向きを示すのに図 4.43 のような記号を用いる．(a) は紙面の表から裏へ，(b) は裏から表への向きを表す．

図 4.43 紙面に垂直な向きを表す記号

ところでは右向きであるから，N極に右向きの力F_Nを与える．また，S極のところでは磁界H'は左向きであるから，S極にはそれと逆向き，つまり右向きの力F_Sを与える．このように，磁石が全体として右向きの力を受けるので，電流は左向きの反作用を受けるであろう．実際に電流を流すと，電流はこのような力Fを受ける．この力は電荷間にはたらく静電気力とは別の力である．

この力は，次のように表すことができる．同図（b）で電流Iの右側では2種類の磁界HとH'は同じ向きであり，電流Iの左側ではHとH'は逆向きである．したがって，**電流にはたらく力は，2種類の磁界が強めあうほうから打ち消しあうほうへ向かってはたらく**[1]．

また，この力の大きさは，電流と磁界が垂直な場合に最も大きく，両者が平行な場合にはゼロである．電流Iと一様な磁界Hが互いに垂直で，磁界中の電流の長さがlのとき，電流と磁界の両方に垂直にはたらく力の大きさF [N] は，

$$F = \mu_0 l I H \tag{4.47}$$

である．なお，図4.45のように，電流と磁界のなす角がθの場合には，電流と垂直な方向の磁界Hの成分が$H\sin\theta$であるから，

$$F = \mu_0 l I H \sin\theta \tag{4.48}$$

となる．力の方向は，やはり，電流の方向と磁界の方向の両方に垂直である．

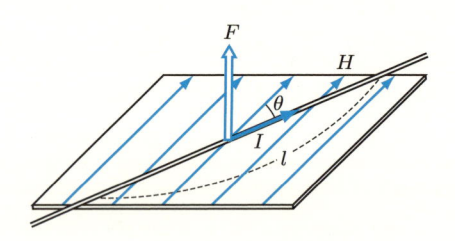

図4.45 一様な磁界内の直線電流が受ける力

問 4.38 地球磁界が10 A/mの場所に，磁界の方向と30°の角度で長さ1.4 mの導線が張ってある．これに20 Aの電流を流したとき，導線が受ける力はいくらか．

---

1) なお，電流I，磁界H，電流にはたらく力Fの向きの間の関係を図4.44のように表すこともできる．これをフレミングの左手の法則という．

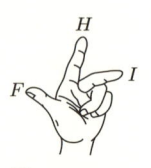

図4.44 フレミングの左手の法則

(b) 磁束密度と磁束

一般に，磁界と電流が関係する現象では，磁界の強さ H は μ_0 との積の形で式に現れることが多い．真空中では，

$$\vec{B} = \mu_0 \vec{H} \quad [\text{N}/(\text{A·m})] \text{ または } [\text{Wb/m}^2] \text{ または } [\text{T}] \tag{4.49}$$

を磁束密度という．磁束密度の単位をテスラ $[\text{T}]$ という．式 (4.49) を用いると，式 (4.48) は，次式で表される．

$$F = lIB\sin\theta \tag{4.50}$$

磁界に対して磁力線を描いたように，磁束密度に対して磁束線を描く[1]．電気力線の場合と同様に，磁束密度 $\vec{B}$ と垂直な面 $1\,\text{m}^2$ あたり B 本の磁束線が通過しているとすると，面積 S を通過する磁束線の数は，次式となり，これを磁束という (図 4.46 参照)．

$$\Phi = BS \quad [\text{N·m/A}] \text{ または } [\text{Wb}] \tag{4.51}$$

図 4.46　磁　束

図 4.47　平行電流の間の力

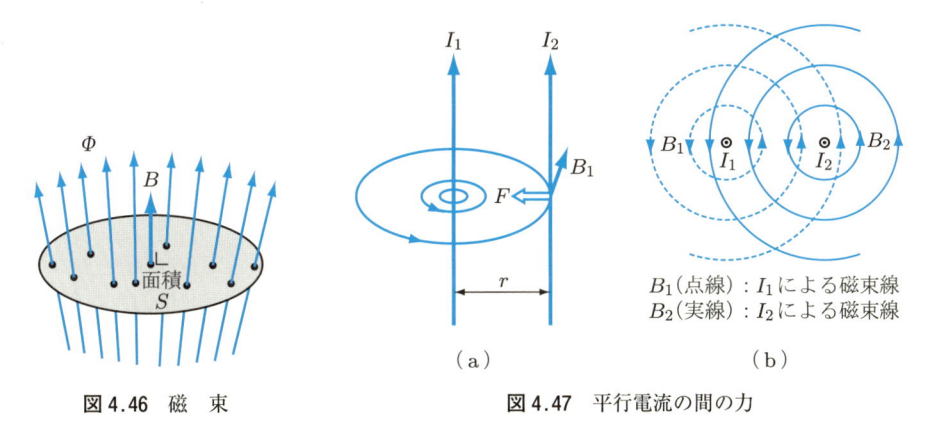

問 4.39 真空中で磁界の強さが $1.0 \times 10^4\,\text{A/m}$ の場所の磁束密度はいくらか．また，この場所で，磁界と垂直な半径 $1.0\,\text{cm}$ の円形の面を貫く磁束はいくらか．

(c) 平行電流の間にはたらく力

図 4.47 のように，非常に長い直線状の導線が平行に置かれている．その距離を r，それぞれの導線に流れる電流を I_1, I_2 とすれば，I_1 によって I_2 のところにできる磁束密度は，式 (4.49) および式 (4.44) を用いると，

$$B_1 = \mu_0 H_1 = \frac{\mu_0 I_1}{2\pi r}$$

である．その方向は I_2 に垂直であるから，電流 I_2 の単位長さがこの磁界から受ける力 $F\,[\text{N/m}]$ は，式 (4.50) を用いると，次式となる．

1）空気中などでは，磁力線と磁束線の形は一致するが，磁石の中では両者は異なっている．

$$F = B_1 I_2 = \frac{\mu_0 I_1 I_2}{2\pi r} \tag{4.52}$$

図 4.47（b）は，同図（a）を上から見たものである．図には，電流 I_1 による磁束線 B_1 と，電流 I_2 による磁束線 B_2 が描かれている．I_2 の右側では両者は強めあい，I_2 の左側では打ち消しあっている．したがって，電流 I_2 は左向きの力を受ける．電流 I_1 の単位長さが受ける力の大きさは，式（4.52）と同じであるが，その向きは反対である．二つの電流の間にはたらく力は，I_1 と I_2 の向きが図のように同じならば引力で，向きが逆ならば斥力である．

> **参考 4.2** 式（4.52）は，電流の国際単位の定義に使われている．1948 年の第 9 回国際度量衡総会で，次のような取り決めが承認された．
>
> 「無限に小さい円形断面積をもち，真空中で 1 m の間隔を保って平行に置かれた無限に長い 2 本の直線状の導体に，等しい電流を流したとき，これらの導体の長さ 1 m あたり 2×10^{-7} N の力を及ぼしあう一定の電流の強さを 1 A とする」

> **問 4.40** 間隔 70 cm で平行に張った 2 本の導線に，逆向きに 200 A の電流が流れているとき，2 本の導線は引き合うか，それともしりぞけ合うか．また，その力は導線 1.0 m につき何 N か．

（d）磁界中を動く荷電粒子が受ける力

導線に電流が流れているとき，導線の中には負の自由電子が電流と逆向きに動いている．したがって，磁界中で電流が力を受けるのは，動いている各電子が磁界から力を受ける結果であると考えられる．実際に，口絵 2 のように真空中での電子の流れに磁界を加えると，その方向が変わり，電子が力を受けたことがわかる．このようすを模式化したのが図 4.48 である．次に，電流が磁界から受ける力の式（4.50）から，運動する個々の荷電粒子が磁界から受ける力を導くことにしよう．

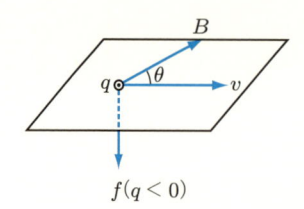

図 4.48 電子が磁界から受ける力

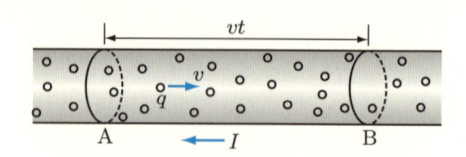

図 4.49 荷電粒子（電子）の運動と電流

図 4.49 は，電流が導線を流れているようすである．導線の単位長さに含まれる運動する荷電粒子の数を n，その電荷を q，その平均の速さを v とする．これらを用い

て電流を表すと，

$$電流\,I = \begin{pmatrix}単位時間に断面\mathrm{A}\\を通過する電荷\end{pmatrix}$$
$$= \begin{pmatrix}運動する荷電粒子\\1個の電荷\end{pmatrix} \times \begin{pmatrix}単位時間に断面\mathrm{A}を\\通過する荷電粒子の数\end{pmatrix} \tag{4.53}$$

である．ここで，運動する荷電粒子はすべて同じ速さ v で動いていると仮定している．断面Aを通過した荷電粒子は，時間 t 後には断面Bに到達している（AB間の距離は vt）．この時間 t の間に断面Aを通過した粒子はすべて AB 間にあって，その数は nvt である．したがって，単位時間あたり断面Aを通る荷電粒子は，

$$\frac{nvt}{t} = nv$$

であり，結局，電流 I は次式となる．

$$I = qnv$$

磁束密度 B の磁界中にある長さ l の導線が受ける力は，式 (4.50) により，

$$F = lIB\sin\theta = lqnvB\sin\theta$$

である．導線のこの部分には運動する荷電粒子が nl 個あるので，粒子 1 個あたりが受ける力 f [N] は，F を nl で割って，

$$f = qvB\sin\theta \tag{4.54}$$

となる．なお，動いている荷電粒子の電荷 q の符号が正のときは，力 f の向きは図 4.48 とは逆になる．この力の向きを求めるには，まえに学んだ電流が磁界から受ける力の向きを求める方法を用いればよい．電子の場合，電流の向きは運動の向きと逆である．このような運動する荷電粒子が磁界から受ける力を磁界からの**ローレンツ力**という．この力は電界からの力 qE とは別の力である[1]．

例題 4.4 真空中を電子が v の速さで進んでいるとき，これに垂直に磁束密度 B の磁界を加えると，電子はどのような運動をするか．電子の電荷を e，質量を m とする．

解 電子にはたらくローレンツ力の大きさは，式 (4.54) より evB である．その方向はつねに進行方向に垂直であり，それが向心力となって，電子は等速円運動をする（図 4.50 参

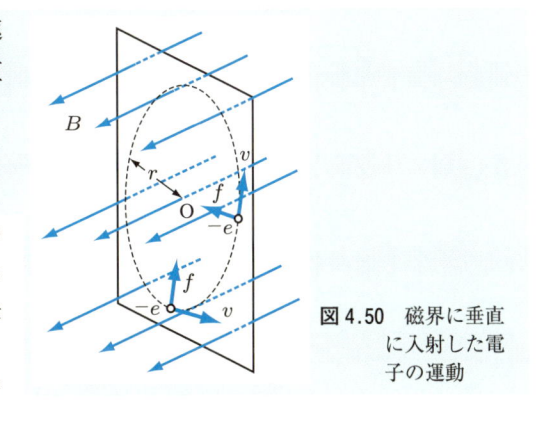

図 4.50 磁界に垂直に入射した電子の運動

1) 電界と磁界が同時に存在するときは，その両方からの力を合成したものをローレンツ力という．電界からの力 qE を電気力，磁界からの力 $qvB\sin\theta$ を磁気力ということもある．

照). 円の半径を r とすれば,

$$evB = \frac{mv^2}{r} \quad \therefore \quad r = \frac{mv}{eB}$$

となる. 電子が磁界から受ける力は速度に垂直であるから, その力は仕事をしないのでエネルギーのやりとりはない.

問 4.41 真空中で電子が速さ 6.0×10^6 m/s で動いているとき, 速度の方向と垂直に, 磁束密度 2.0×10^{-3} T の磁界を加えた. 電子が描く円軌道の半径はいくらか. また, 電子が軌道を1周する時間はいくらか. 電子の電荷は -1.6×10^{-19} C, 質量は 9.1×10^{-31} kg である.

(e) 長方形電流が受ける力

電流が磁界から受ける力の一例として, 図 4.51 のような長方形コイルを磁界中に置いた場合を考えよう. 辺の長さ a, b の長方形導線に電流 I が流れていて, 磁束密度 B の磁界中にある. 同図 (b) は図 (a) を真上から見たものであり, 辺 PS, QR が磁界と θ の角をなしている. 辺 PS と QR を流れる電流は逆向きであるから, それらが受ける力 F' も逆向きで一直線上にあるので打ち消しあう. しかし, 辺 PQ, RS が受ける力 F は偶力 (1.7.1 (e) 項参照) となり, コイルは左まわりに回転しようとする. どちらの電流も磁界と垂直であるから, 式 (4.50) より,

$$F = aIB$$

である. したがって, 偶力のモーメント N は,

$$N = Fb\cos\theta = abIB\cos\theta \tag{4.55}$$

である. N は $\theta = 0$ で最大となる. $\theta = \pi/2$ では, PQ と RS にはたらく力が一直線上になって打ち消しあい, N はゼロとなる.

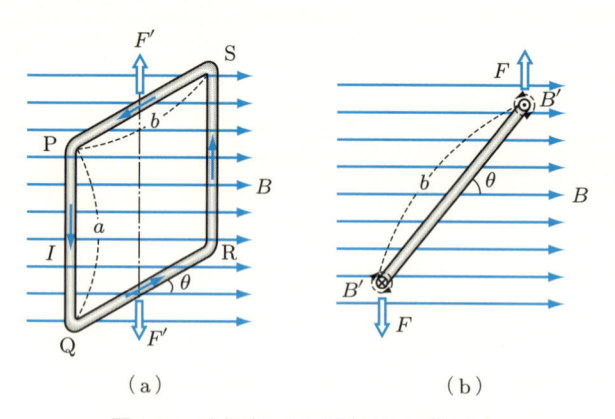

図 4.51 長方形コイルが磁界から受ける力
(b) は (a) を上から見た図. B' は電流による磁束線

問 4.42 図 4.51 で, $a = 20$ cm, $b = 10$ cm, $I = 40$ A, $B = 0.5$ T であった. 導線の PQ または RS の部分が受ける力はいくらか. また, θ が 0°, 60°, 90°のとき, コイルが受ける偶力のモーメントを求めよ.

(f) 直流電流計と直流モーター

電流が磁界から受ける力を利用して, いろいろな電気機器がつくられているが, その代表的なものをとりあげる.

直流を測るには, 可動コイル形電流計がよく用いられる. その原理は, 長方形電流が磁界から受ける力の場合と同じである. 実際の構造は, 図 4.52 のように, 永久磁石の間に固定された円柱形の軟鉄心が入っている. その結果, 磁界が強められると同時に, 磁束線が放射状になり, コイルを通る磁束密度がコイルの位置に無関係となるので, 偶力のモーメントはつねに電流に比例する. コイルにはひげぜんまいがついているので, 電流が流れると電流に比例した回転角の位置でつり合う. 指針はコイルに固定されているから, コイルを流れる電流と指針の振れの角は比例する. 目盛を電流単位で目盛っておけば, 電流の値を直読できる. また, コイルを流れる電流は計器の端子電圧に比例するので, 電圧単位で目盛っておけば電圧計として使用できる.

直流モーターも磁界の中の長方形電流が受ける偶力のモーメントを利用したもので, 電気的なエネルギーを力学的エネルギーに変えるはたらきをする. コイルに図 4.53 の向きに電流が流れると, コイルは時計方向の偶力のモーメントを受けるが, 半回転しても電流の向きがこのままでは, 偶力のモーメントの向きが反時計まわりに変わるので, コイルはもとに引き戻されてしまう. 同じ向きに回転を続けさせるには, コイ

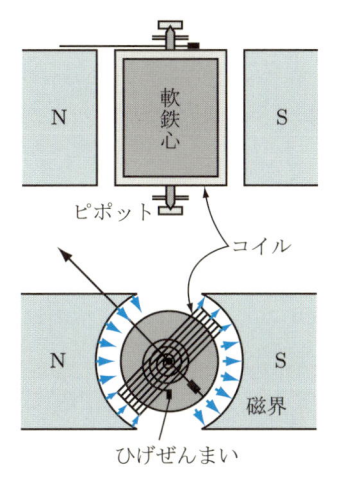

図 4.52 可動コイル形電流計   **図 4.53** 直流モーター

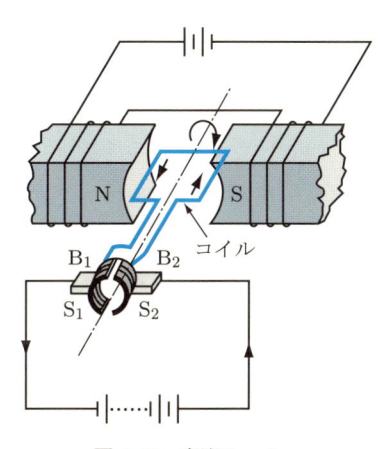

ルに流れる電流の向きを半回転ごとに変えなければならない．そのため，図のように**整流子**とよばれる半円柱形の二つの銅片 S_1, S_2 に，ブラシ B_1, B_2 を接触させている．S_1, S_2 はコイルの両端に，B_1, B_2 は直流電源につないである．

4.3.4 磁化の強さと磁気モーメント

(a) 強磁性体の磁化

磁石の磁極の近くに鉄片をもってくると，鉄片は磁石に引きつけられる（図 4.54 参照）．これは，鉄片の磁極に近い端に磁石の磁極と異種の磁極が，また遠い端に同種の磁極ができるためである．このように，磁界の中に置かれた物体が磁石になることを**磁化**されるという．

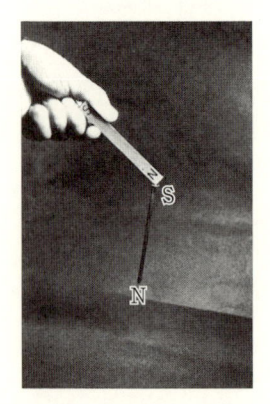

図 4.54 鉄製の釘は磁石に引かれる

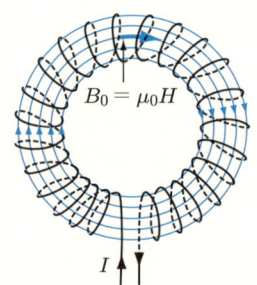

(a) 空心の環状ソレノイド　(b) 強磁性体を入れた環状ソレノイド

図 4.55 強磁性体の磁化

ふつうの物質は非常にわずかしか磁化されず，磁界を取り除くと磁化もなくなってしまう．一方，鉄，ニッケル，コバルトなどは，磁界の中で磁界の向きに強く磁化され，また，磁界を取り除いても磁化がある程度残って磁石になる．このような物質を**強磁性体**という．

図 4.55（a）のような空心の環状ソレノイドに電流を流すと，ソレノイドの内部には一様な磁界 H（磁束密度 $B_0 = \mu_0 H$）ができる．次に，同図（b）のように，環状の強磁性体をソレノイドの中に入れて磁化する．強磁性体の環の途中に図のような狭いすきまをつくると，その端面に大きな磁荷が現れる．その磁荷の単位面積あたりの値を**磁化の強さ**あるいは磁気分極という．

このすきまでは，ソレノイドの電流による磁界のほかに，この端面の磁荷による強い磁界が加わるので，非常に強い磁界 H' が存在する．したがって，すきまの磁束密度 B（$= \mu_0 H'$）も非常に大きい．強磁性体内の磁束密度も同じ B であり[1]，強磁性体

がない場合の μ_r 倍になっていたとすると，μ_r をこの物質の比透磁率という．つまり，
$$B = \mu_r B_0 \quad (= \mu_r \mu_0 H) \tag{4.56}$$
である．また，$\mu_r \mu_0 = \mu$ をその物質の透磁率という．したがって，
$$B = \mu H \tag{4.57}$$
と表される．真空中（空気中もほとんど同じ）では $\mu_r = 1$，$\mu = \mu_0$（真空の透磁率）である．このように，ソレノイドに鉄心のような強磁性体を入れると，その磁気作用は非常に大きくなる．

強磁性体のもう一つの特徴は，磁化が残ることである．コイルに流す電流を変化させて，磁界 H と磁化の強さの関係を調べると，図 4.56 のような磁化曲線が得られる．

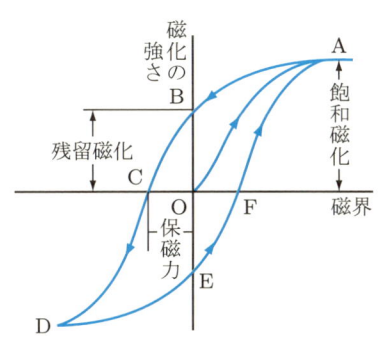

図 4.56 磁気ヒステリシス曲線

表 4.3 磁性体の比透磁率

物 質	比透磁率	
ニッケル	$100 \sim 300$	強磁性体
鉄	$200 \sim 8000$	
スーパーマロイ	$10^5 \sim 10^6$	
空　気	1.0000004	常磁性体
アルミニウム	1.00002	
銅	0.99999	反磁性体

磁化されていない強磁性体に磁界を加えると，磁界の増加につれて磁化の強さは OA にそって増すが，ある程度以上になると磁界を増しても磁化の強さは変わらなくなる．このときの値を飽和磁化という．次に，磁界を減らしていくと AB にそって変化し，磁界がゼロになっても OB だけの磁化が残る．これを残留磁化という．次に，逆向きに磁界を加えると，点 C で磁化がなくなる．このときの磁界を保磁力という．さらに磁界を強くすると，今度は逆向きに飽和する．このように，磁界を増減すると ABCDEFA の閉曲線を描き，磁化の強さはそのときの磁界の強さだけでは定まらず，それまでに加えた磁界の経過に関係する．この現象を磁気ヒステリシスとよぶ．

表 4.3 は，いろいろな物質の比透磁率である．アルミニウムや空気のように磁界の向きにわずかに磁化されるもの（常磁性体）や，銅のように磁界と逆向きに磁化されるもの（反磁性体）もある．強磁性体では，必ずしも，磁化の強さは磁界に比例しない．なお，スーパーマロイは Ni, Fe 合金に少量の Mo, Cr, Mn を添加したものである．強磁性体はモーターの鉄心や永久磁石として，あるいは磁気記録装置として使わ

---

1) 磁力線は磁石の場合には，N 極から S 極へ向かう性質があるのに対し，磁束線はつねに（磁石でも，電流でも）はじめも終わりもないという性質がある．

(b) 磁気モーメント

4.3.1 (a) 項で述べたように，磁石をどんなに細かく分けていっても単独の磁極を得ることはできない．したがって，磁石の最小単位は磁荷ではなくて，これから述べる磁気モーメントである．あとで述べるように，磁気モーメントは磁気的な作用の強さも表す．

物体のもつ磁気[1]の最小単位の一つは，原子核のまわりの電子の運動である．これは閉じた電流であり，電流が磁界をつくることはすでに学んだとおりである．もう一つは，電子などの粒子がもつ固有の磁気モーメントである．

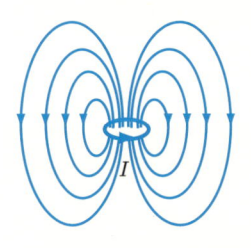

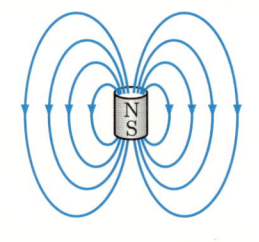

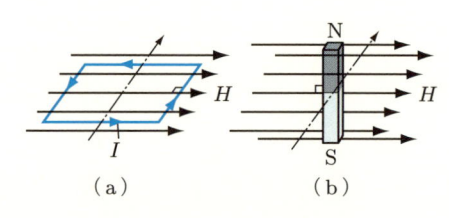

(a) 電流による磁力線　　(b) 磁石による磁力線

図 4.57　電流および磁石が外部につくる磁界の比較

(a)　　(b)

図 4.58　電流と磁石の等価性

図 4.57 のように，閉じた電流がつくる磁界は，磁石が外部につくる磁界とよく似ている．つまり，閉じた電流も磁石と同じはたらきをする．4.3.3 (e) 項で扱った長方形コイルをモデルとして考えよう．式 (4.55) からわかるように，力のモーメント N が最大になるのは $\theta = 0$ のときである．つまり，図 4.58 (a) のように，コイル面が磁界 $\vec{H}$ と平行な場合であり，その最大値は次式となる．

$$N_{\max} = abI\mu_0 H = \mu_0 ISH \quad (S = ab \text{ は面積})$$

長方形でなくても閉じた電流であれば同じで，一般に力のモーメントの最大値は，

$$N_{\max} = \mu_0 ISH \tag{4.58}$$

である．一方，磁石で力のモーメント N が最大になるのは，同図 (b) のように NS 方向が磁界と垂直な場合で，その最大値は，

$$N_{\max} = mHl \tag{4.59}$$

である（m は磁極の磁荷，l は磁石の長さ）[2]．

これらの式の磁界 H の係数を<u>磁気モーメント</u>という．これを p_m と表すと，

---

1) 磁石以外の物質も磁気モーメントをもつが，磁界が加わっていないときは，磁気モーメントが互いに逆向きになったりなど，何らかの形で打ち消しあう．
2) N 極は磁界の向きに力 mH を受ける（式 (4.43) 参照）．S 極は同じ大きさの力を逆向きに受けるから，偶力のモーメントを生じる．磁石の中心のまわりに N 極および S 極が受ける力のモーメントは，ともに $mH \times (l/2)$ である．

$$p_m = \mu_0 IS \quad \text{(閉じた電流)} \tag{4.60}$$
$$p_m = ml \quad \text{(磁石)} \tag{4.61}$$

である.

磁気モーメントが同じならば磁界から同じ力のモーメントを受けるので，この磁気モーメントを用いて，閉じた電流と磁石を比較することができる[1]．

問 4.43 長さ l，磁荷 m の棒磁石がある．これを図 4.59（a）の点線のように半分に切って，同図（b）のように並べた．
（a） 切るまえ，
（b） 切ったのち，
のそれぞれの場合について，磁気モーメントを求めよ．

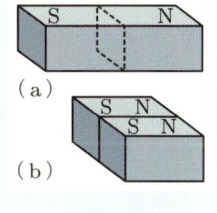

図 4.59

問題 4.3

1. 2本の等しい細長い棒磁石（質量各 30 g）のN極どうし，S極どうしを長さが等しい糸で結び，糸を平行にしてそれぞれの中心を天井からつるす．その際，2本の磁石が平行で同種の極が同じ側にくるようにする．図 4.60 はそれを真横から見たもので，天井からの距離 OM が 30 cm で，互いに 3.0 cm 離れて静止した．磁極の磁荷は何 Wb か．

2. 図 4.61 のように，x 軸上を x の正の向きに $I_1 = 40$ A の電流が，また，y 軸上を y の正の向きに $I_2 = 50$ A の電流が流れている．点 P（0.5 m，0.2 m，0 m）の磁界の向きと強さを求めよ．

3. 水素原子の電子が円運動をしているというモデルで，その電荷を 1.6×10^{-19} C，軌道半径を 5.3×10^{-11} m，公転の回転数を $6.6 \times 10^{15} \mathrm{s}^{-1}$ として，次の問いに答えよ．
   （a） 電子の公転による電流は何 A か．
   （b） 軌道の中心につくられる磁界の強さは何 A/m か．
   （c） 電子の軌道運動の磁気モーメントを求めよ．

4. 10 A の電流が流れている非常に長い導線と，5 A の電流が流れている長方形コイルが

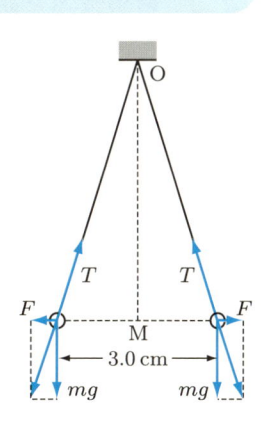

図 4.60

---

[1] ここで扱った力のモーメントは，閉じた電流や磁石が磁界から受ける作用である．一方，われわれが比較したいのは，これらがほかに及ぼす作用，つまり，磁気的な作用の強さである．しかし，作用・反作用の法則が成り立つので，磁界から受ける作用とほかに及ぼす作用は大きさが等しい．

図 4.62 のような位置にある.
(a) コイルの AB, BC, CD, DA の各部分が電流から受ける力はどちら向きか.
(b) 長方形コイルの受ける力を求めよ. それは引力か反発力か.

5. 図 4.51 の長方形コイルにおいて,
(a) θ をいくらにすれば力のモーメントが最大になるか.
(b) 長方形の周辺の長さが一定である場合には, a と b の比をいくらにすれば力のモーメントが最大になるか. $a+b=c$ (一定) として計算せよ.
(c) 磁束密度 $B=0.50\,\mathrm{T}$, 周辺の長さ $=1.2\,\mathrm{m}$, 電流 $I=10\,\mathrm{A}$ であれば, 力のモーメントの最大値はいくらか.

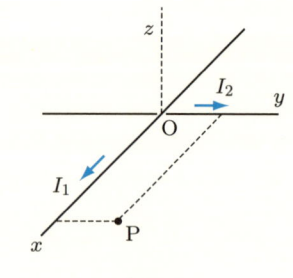

図 4.61

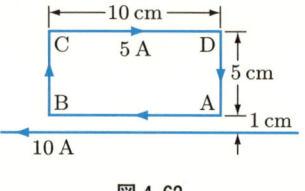

図 4.62

4.4 電磁誘導と交流

4.4.1 電磁誘導

(a) 電磁誘導

われわれは電流が磁界をつくることを知っているが, 逆に磁界から電流をつくることはできないであろうか. このような現象を予想し, ついにそれを発見したのはファラデー (イングランド) である.

一様な磁界中に, 図 4.63 (a) のようにコの字形の導線を置き, これに金属棒を接触させておく. 棒が静止しているときは回路に電流は流れないが, 棒を矢印の向きに動かすと図の向きに電流が流れ, 棒を逆向きに動かすと電流の向きも逆になる. また,

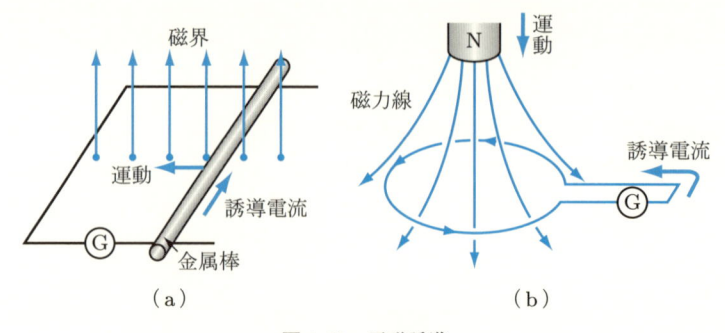

図 4.63 電磁誘導

同図（b）に示すように，コイルに磁石を近づけるか，あるいは遠ざけると，このコイルに電流が誘起される．このような現象を電磁誘導といい，誘起される電流を誘導電流とよぶ．

(b) **ローレンツ力と誘導起電力**

図 4.63（a）のように，導体が動く場合の電磁誘導は磁界からのローレンツ力が原因であることを説明し，その起電力の大きさを求めよう．

図 4.64 に，金属棒の中の電子のようすを示

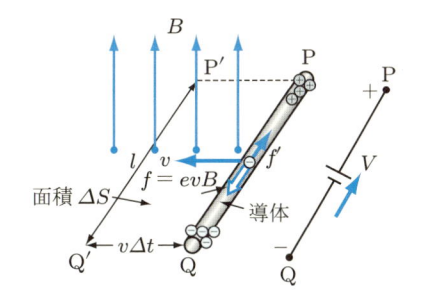

図 4.64 ローレンツ力と誘導起電力

す．磁束密度 B の一様な磁界と垂直に長さ l の金属棒 PQ を置き，棒を図のように左に一定の速さ v で動かす．その中の自由電子も同時に左に動くので，自由電子には P → Q の向きに磁界からのローレンツ力，

$$f = evB \quad (\text{電子の電荷}：-e)$$

がはたらく．その結果，自由電子は金属棒の中を移動して Q 端に集まり，P 端には正電荷が残る．この両端の電荷によって，PQ 間の電子にはローレンツ力とは逆向きの力 f' がはたらく．この両者がつり合うと自由電子の移動は止まる．もし，図 4.63 （a）のように回路が閉じていると，磁界からのローレンツ力による自由電子の連続的な移動，つまり，誘導電流が生じる．

いずれにしても，このとき，ローレンツ力は自由電子に対して仕事をし，その結果，ここに電位差が生じたわけである．このはたらきは電池と似ているので，やはり，起電力が生じたという．この場合は，電池の場合と区別して誘導起電力とよぶ．これを V [V] とすると，電荷が動く間に，単位電荷あたりにされる仕事が起電力であるから，

$$V = \frac{fl}{e} = vBl \tag{4.62}$$

となる．棒の P 端は Q 端より電位が高いので，電池と比べてみると P は正極，Q は負極にあたる．

(c) **電磁誘導の法則**

図 4.64 で，金属棒 AB が時間 Δt の間に動いた距離は $v\Delta t$ であるから，その間に棒が通過した面積を ΔS とすると，

$$\Delta S = lv\Delta t$$

となる．結局，式 (4.62) の誘導起電力 V は，

$$V = vBl = \frac{B(lv\Delta t)}{\Delta t} = \frac{B\Delta S}{\Delta t}$$

と表せる．$B\Delta S$ は ΔS の面積を貫く磁束であり，これを $\Delta \Phi$ とおくと，

$$|V| = \left|\frac{\Delta \Phi}{\Delta t}\right| \tag{4.63}$$

である.

図 4.63（b）のように，磁石が動いた場合，あるいは何も動かさないで磁界の強さだけが変化した場合も，この式は成り立つ[1]．磁界の強さが ΔB だけ変化した場合は，

$$\Delta \Phi = \Delta B \cdot S$$

である．式（4.63）は，次のように表すことができる．

「閉回路を貫く磁束が変化すると，回路に誘導起電力が生じ，その大きさは磁束の時間的変化の割合に比例する」[2]

これを**ファラデーの電磁誘導の法則**という．

また，誘導起電力の向きについては，次のように表せる．

「誘導起電力は，それによって流れる誘導電流がつくる磁束が，外から加えた磁束の変化を打ち消すような向きに生じる」

これを**レンツの法則**という．

磁石の近くでコイルを遠ざける場合に，レンツの法則を適用してみよう．図 4.65（a）に示すように，コイルを下向きに動かすと，コイルを貫く磁束は減少する．そこで，磁束の減少を妨げる向き，つまり，コイル内に磁石のつくる磁束と同じ向き（破線の向き）の磁束をつくるように，図中に示す向きの誘導電流が流れる．

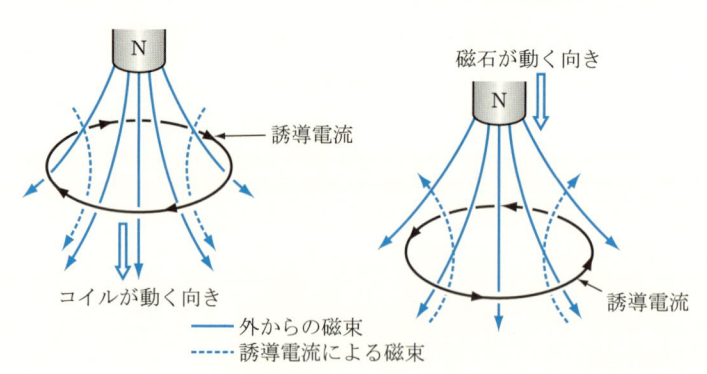

（a）コイルを貫く磁束が減るとき　　（b）コイルを貫く磁束が増すとき

図 4.65　レンツの法則

---

[1] これらの場合，回路（したがって，その中の電荷）を動かしたわけではないので，$f = qvB$ で電荷の速さ $v = 0$ である．したがって，誘導起電力の原因は磁界からのローレンツ力ではなくて，電界からの力 qE である．つまり，変化する磁界によって電界ができる（動いている磁界があると，そこに電界が生じる．また，変化する磁界のまわりに電界が生じる）．これを**誘導電界**という．

[2] 「導体が磁束を通過すると誘導起電力を生じ，その大きさは導体が単位時間に通過する磁束に比例する」ともいえる．これは回路が開いている場合にも成り立つ．

いま，閉回路を貫く磁束 Φ と同じ向きに磁束をつくるような電流の向きを正の向きと決める．同図（a）では誘導電流，したがって誘導起電力の向きは正（$V > 0$），一方，回路を貫く磁束はいま減少しているので，その変化率は負，つまり $\Delta\Phi/\Delta t < 0$ である．そこで，誘導起電力の式（4.63）は，その向きも含めて，

$$V = -\frac{\Delta\Phi}{\Delta t} \tag{4.64}$$

と書くことができる．右辺の負号は，起電力が磁束の変化を妨げる向きに生じることを示す．同図（b）は磁石が近づく場合で，$\Delta\Phi/\Delta t > 0$，$V < 0$ である．

例題 4.5 磁束密度 $B = 4.0 \times 10^{-2}$ T の一様な磁界と垂直な平面内で，長さ 30 cm の金属棒 AA′ をその中点 O を中心として，毎秒 50 回転の割合で回転させる．棒の端と中点の間の誘導起電力はいくらか．また，中点と端ではどちらの電位が高くなるか．ただし，磁界の向きと回転の向きは図 4.66 のようになっている．

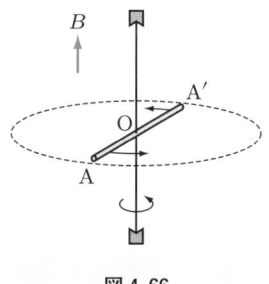

図 4.66

解 図で，棒は半径 15 cm の円を描くので，1 回転に OA が通過する面積は，

$$\pi \times 0.15^2 = 7.1 \times 10^{-2} \text{ m}^2$$

である．したがって，1/50 s 間に OA が通過する磁束を考えて，式（4.64）より誘導起電力は，

$$(4.0 \times 10^{-2}) \times (7.1 \times 10^{-2})/0.020 = 0.14 \text{ V}$$

となる．（p.172 脚注 2）参照）．また，OA の間にある自由電子は，回転運動にともない中心向きのローレンツ力を受け，中心へ向かって移動する（OA′ の間についても同様）．そのため，中心に負電荷が集まり，端の電位が高くなる．

問 4.44 図 4.63（a）で，磁界の磁束密度 0.2 T，平行に置いた導線の間隔 0.3 m，金属棒を動かす速さ 5 m/s のとき，金属棒に生じる誘導起電力は何 V か．

問 4.45 図 4.65（b）の場合に，レンツの法則を使って，誘導電流の向きを説明せよ．

問 4.46 断面が直径 4.0 cm の円形で巻き数 100 のコイルがある．これを貫く磁束の磁束密度が，0.040 s の間に 0.50 T から 0.20 T に減少した．コイルに生じる誘導起電力は何 V か．コイルの 1 巻きについて式（4.64）の起電力が生じることに注意せよ．

（d） 相互誘導

図 4.65 では，磁石の磁束によってコイルに起電力を生じたが，磁石の代わりに，ほかのコイルに電流を流してつくった磁束によっても同様の現象が起こる．図 4.67 のように，コイル 1 を流れる電流 I_1 によってできた磁束の一部 Φ_2 がコイル 2 を貫い

（a）スイッチを閉じたとき
　　（I_1が増すとき）

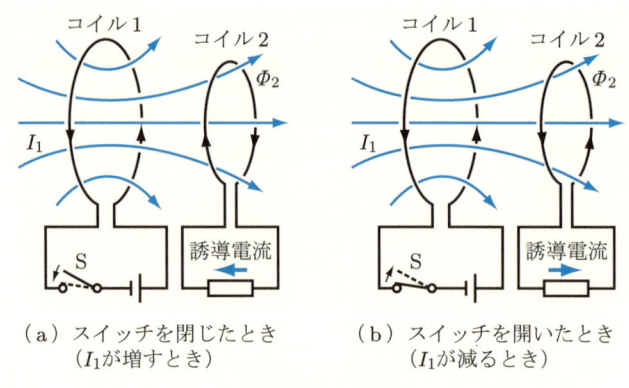

（b）スイッチを開いたとき
　　（I_1が減るとき）

図 4.67 相互誘導

ているとき，I_1 が変化すると Φ_2 も変化するので，コイル 2 には誘導起電力が生じる．この現象を**相互誘導**という．

磁束 Φ_2 [Wb] は I_1 に比例するから，比例定数を M とすると，

$$\Phi_2 = MI_1 \tag{4.65}$$

である．Δt の間に I_1 が ΔI_1 だけ変化したとすれば，Φ_2 は $\Delta \Phi_2 = M\Delta I_1$ だけ変化するので，コイル 2 に生じる誘導起電力 V_2 [V] は，

$$V_2 = -\frac{\Delta \Phi_2}{\Delta t} = -M\frac{\Delta I_1}{\Delta t} \tag{4.66}$$

となる．右辺の負号は，I_1 によってつくられる磁束の変化を妨げるような磁束をつくる電流の向きに，コイル 2 の起電力が生じることを示している．M は二つのコイルの磁気的な結びつきの程度を示す量で，**相互インダクタンス**という．M の大きさは両コイルの形，大きさ，巻き数，相互の位置，内部の磁性体によって決まる．単位は [V·s/A] であり，これを**ヘンリー** [H] とよぶ．

上の二つのコイルを同じ状態のままで，今度はコイル 2 に電流 I_2 を流してこれを変化させると，コイル 1 に誘導起電力 V_1 [V] を生じ，

$$V_1 = -M\frac{\Delta I_2}{\Delta t} \tag{4.67}$$

となる．式 (4.66) と式 (4.67) の M は同じである．

問 4.47 図 4.67 のコイル 1 に 20 A の電流を流し，これを 1/100 s の間に一様に減らして 0 にしたとき，コイル 2 に 0.2 V の起電力を発生した．相互インダクタンスはいくらか．

（e）自己誘導

図 4.68（a）に示す回路でスイッチ S を閉じたとき，電流はすぐには V_0/R にはならないで，同図（b）のように徐々に増加する．これは，コイルに電流が流れはじめ

(b)

(a)

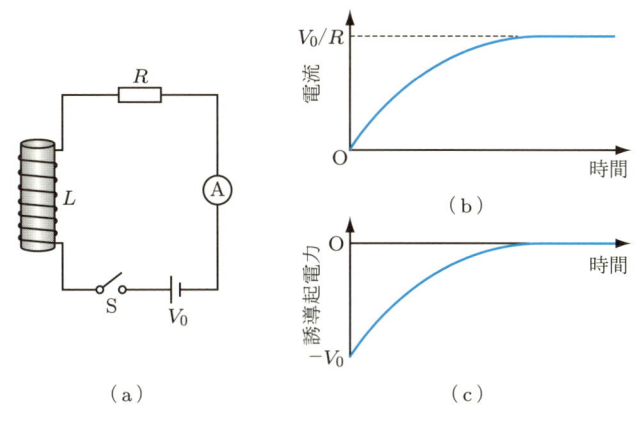

(c)

図 4.68 自己誘導

ると，このコイル自体を貫く磁束が増加するため，これを打ち消す向きに誘導起電力が生じるからである．このように，コイルに流れる電流の変化によって，そのコイル自体に誘導起電力を生じる現象を**自己誘導**という．

コイル自体を貫いている磁束 Φ は，コイルを流れる電流 I によってつくられる．したがって，磁束 Φ は電流 I に比例する．比例定数を L とすると，

$$\Phi = LI \tag{4.68}$$

である．Δt の間に電流が ΔI 変化すると，磁束の変化は，

$$\Delta\Phi = L\Delta I$$

であり，コイルに生じる起電力は，

$$V = -\frac{\Delta\Phi}{\Delta t} = -L\frac{\Delta I}{\Delta t} \tag{4.69}$$

となる．右辺の負号は，電流が増すときは誘導起電力が電流と逆向きに，電流が減るときは誘導起電力が電流の向きに生じることを意味する．L はコイルの形，大きさ，巻き数，内部の磁性体によって決まる定数で，**自己インダクタンス**とよぶ．その単位は相互インダクタンスと同じヘンリー [H] である．

例題 4.6 軟鉄心の入った巻き数の多いコイルとネオンランプを，図 4.69 のように結線しておき，スイッチを急に切る．切った瞬間にネオンランプが明るく輝くのはなぜか．ただし，ネオンランプは高い電圧でのみ点灯する．

解 コイルの自己インダクタンスが大きく，またスイッチを切った瞬間に電流が急変するので，コイルに電

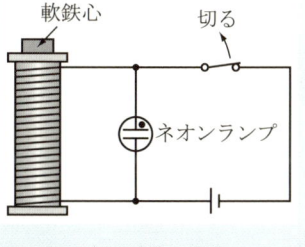

図 4.69 自己誘導の実験

問 4.48 比透磁率の大きい鉄心をコイルに入れると，鉄心がないときに比べて自己インダクタンスや相互インダクタンスの値が著しく大きくなるのはなぜか．

問 4.49 ある電磁石の電流を 0.01 s の間に 20 A から 5 A に減らしたところ，3000 V の誘導起電力を生じた．電磁石の自己インダクタンスはいくらか．

(f) コイルに蓄えられる磁界のエネルギー

前述したように，コイルに電流を流そうとすると逆起電力が生じる．これに逆らって電流を増していくには仕事が必要である．これは，コンデンサーの電荷を増す（充電する）のに仕事が必要であるのと似ている．

4.1.4 (d) 項で学んだように，電気容量 C のコンデンサーに電荷 $Q(=CV)$ が分布していて電圧が V のとき，このコンデンサーには $CV^2/2$ のエネルギーが蓄えられている．それと同様に，自己インダクタンス L のコイルに磁束 $\Phi(=LI)$ ができていて電流が I のとき，このコイルには，

$$W = \frac{1}{2}LI^2 \tag{4.70}$$

のエネルギーが蓄えられている（図4.70 参照）．これは，磁界のエネルギーと考えてよい．

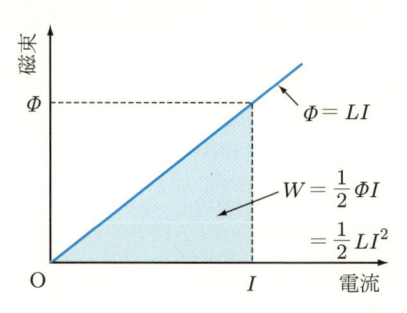

図4.70 コイルの磁界のエネルギー

4.4.2 交 流

(a) 交 流

電池のような電源を抵抗に接続した回路では，流れる電流はほとんど時間的に一定である．これを直流とよぶことは前述したとおりである．

一方，家庭で使用している 100 V のコンセントの電圧をオシロスコープで観察してみると，図4.71 のような波形が得られる．オシロスコープは，電圧の時間変化を測定する装置であり，横軸が時間，縦軸が電圧である．このことから，この電源の正極と負極は，周期的に逆転していることがわかる．このような電圧を交流電圧とよぶ．また，これによる電流の向きも周期的に変化する．このような電流を交流電流，または，単に交流とよぶ．

---

1) 発電機は，4.3.3 (f) 項で述べたモーターとは逆に，力学的エネルギーを電気的エネルギーに変える装置である．

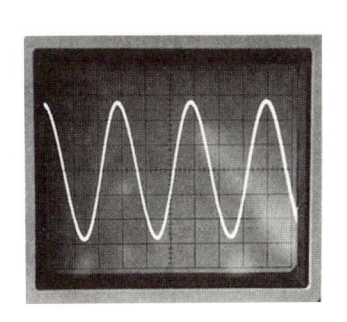

図 4.71　ブラウン管オシロスコープの交流波形

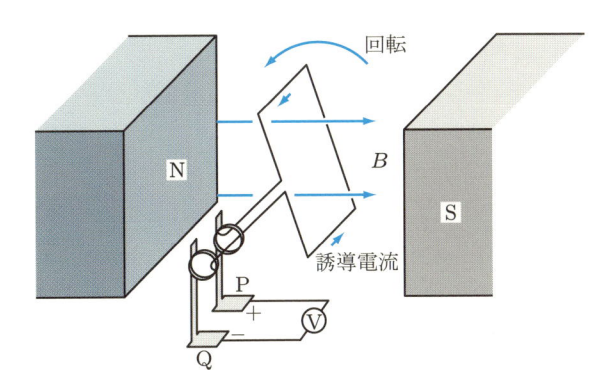

図 4.72　交流発電機

　交流は直流に比べると，発電機で発電しやすく[1]，また変圧器を使って電圧を自由に変化できるのでたいへん便利である．したがって，現在，発電所で大規模につくられている電力は交流であり，家庭や工場で使われている電気もほとんどが交流送電である．

　交流は，電磁誘導の原理に従ってつくられる．図 4.72 のように，磁界中において何らかの方法でコイルを回転させると，コイルを貫く磁束 Φ が変化し，式 (4.64) のようにこのコイルに誘導起電力が発生する．たとえば，図 4.72 の状態からコイルを左まわりに回転させた瞬間には，コイルを貫く右向きの磁束が減少する．レンツの法則を用いると，図中に示すような誘導電流が流れ，P 端を正極とする電圧が発生することがわかる．回転を続けると，図 4.73 に示すような正弦曲線で表される交流電圧，

$$v = V_m \sin \omega t \quad [\text{V}] \tag{4.71}$$

が発生する．発電機のコイルの角速度にあたる ω を**角周波数**とよび，1 秒間に繰り返される周期の数 $f = \omega / 2\pi$ を**周波数**とよぶ．f の単位 [1/s] は，**ヘルツ** [Hz] という．v をこの交流電圧の**瞬時値**，V_m を**最大値**とよぶ．

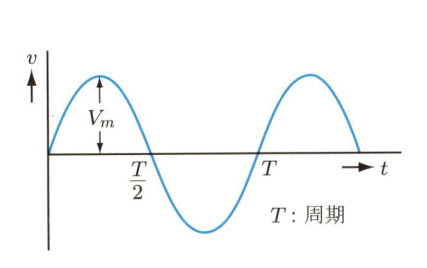

図 4.73　正弦波交流

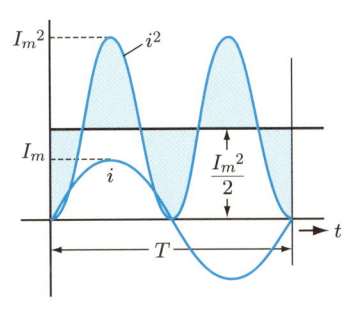

図 4.74　交流の実効値

(b) 実効値

電熱器などに交流が流れているとき，どのようなジュール熱が発生するか調べてみよう．抵抗 R に交流電流,

$$i = I_m \sin \omega t \quad [\text{A}] \tag{4.72}$$

が流れているとき，R の中で消費される電力の各瞬間における値は $p = i^2 R$ である（式 (4.40) 参照）．

家庭で使われている電灯や電熱器の場合，周波数が高いため，時間的に平均化された消費電力が重要になってくる．そこで，i^2 を交流の1周期にわたって平均すると，図 4.74 に示すように，i^2 の平均値 $\overline{i^2} = I_m^2/2$ となる[1]．したがって，電力の平均値は，

$$P = \overline{i^2} R = \frac{I_m^2}{2} R = \left(\frac{I_m}{\sqrt{2}}\right)^2 R \quad [\text{W}] \tag{4.73}$$

である．式 (4.40) と比較すると，式 (4.73) はその大きさが，

$$I = \frac{I_m}{\sqrt{2}} \quad [\text{A}] \tag{4.74}$$

の直流を抵抗 R に流したときの電力に等しい．この I を交流電流の実効値という．電圧についても同様で，その実効値は，

$$V = \frac{V_m}{\sqrt{2}} \quad [\text{V}] \tag{4.75}$$

である．交流の電圧や電流の大きさは，ふつう実効値を用いて表す．実効値 100 V の交流電圧が電熱器や電灯に加えられたとき，直流 100 V と同じはたらきをすることがわかる．

問 4.50 実効値 100 V の交流電圧の最大値はいくらか．

(c) 抵抗に流れる交流

図 4.75 (a) のように，抵抗 R に交流電圧を加えると，どの瞬間にもオームの法則 $v = iR$ が成り立ち，流れる電流は電圧に比例するので，同図 (b) のように電圧と電流は同じ位相である．また，実効値についても，次式のオームの法則が成り立つ．

$$V = IR \quad [\text{V}] \tag{4.76}$$

(d) コイルに流れる交流

自己インダクタンス L をもつコイル（抵抗はないとする）に，交流 i が流れていると仮定しよう．図 4.76 (b) のように，自己誘導によって電流 i の変化を妨げる向き

---

[1] $i^2 = I_m^2 \sin^2 \omega t = I_m^2 (1 - \cos 2\omega t)/2$ で $\cos 2\omega t$ は1周期にわたって平均化すると0になるので，$\overline{i^2} = I_m^2/2$ である．

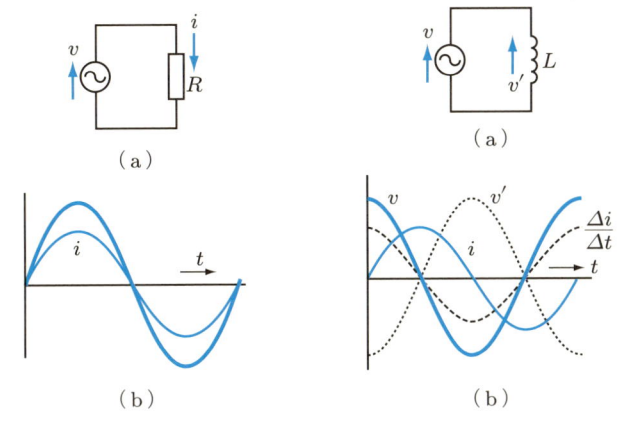

図 4.75 抵抗だけの回路　　**図 4.76** コイルだけの回路

に起電力 $v'(=-L(\Delta i/\Delta t))$ が生じる．そのため，交流電圧を流すには，v' と逆向きの電圧 $v=-v'$ を加えればよい．図からわかるように，この電圧の位相は，電流より $\pi/2$ だけ進んでいる．

コイルに加えるべき電圧の実効値は，

$$V = \omega L I \quad [\text{V}] \tag{4.77}$$

で与えられることがわかっている．ωL は，交流の実効値に対して抵抗と同じはたらきをする量であり，単位はオームである．

$$X_L = \omega L = 2\pi f L \quad [\Omega] \tag{4.78}$$

を **誘導リアクタンス** とよぶ．式 (4.78) から，自己インダクタンスが大きいほど，また周波数が大きいほど，コイルは交流を通しにくいことがわかる．

問 4.51　0.10 H の自己インダクタンスをもつコイルの，50 Hz および 60 Hz の交流に対する誘導リアクタンスはそれぞれ何 Ω か．

(e)　**コンデンサーに流れる交流**

電気容量 C のコンデンサーに交流電圧 v を加えた場合を考える．コンデンサーに蓄えられる電荷は $q = Cv$ であるが，v は絶えず変化するので，q もそれに比例して同じ位相で増減する．電流は電荷が移動する割合であるから，図 4.77 (b) で，i は q の曲線の傾きに比例する．結局，この図からわかるように，電流は電圧よりも $\pi/2$ だけ位相が進む．

また，電流の実効値は，

$$I = \omega C V \quad [\text{A}] \tag{4.79}$$

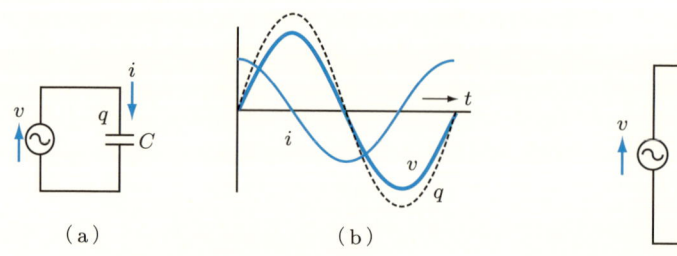

図 4.77 電気容量だけの回路

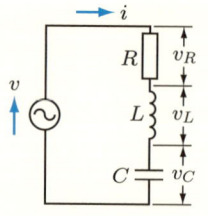

図 4.78 直列回路とインピーダンス

となることがわかっている．式 (4.79) を $V = I(1/\omega C)$ と書き直すとわかるように，$1/\omega C$ は，交流の実効値に対して抵抗と同じはたらきをする量であり，その単位はオームである．

$$X_c = \frac{1}{\omega C} = \frac{1}{2\pi f C} \quad [\Omega] \tag{4.80}$$

を**容量リアクタンス**とよぶ．このように，コンデンサーは交流の周波数が大きいほど，また容量が大きいほど，交流をよく通すことがわかる．

> **問 4.52** 電気容量 $2.0\,\mu\mathrm{F}$ のコンデンサーは，$1000\,\mathrm{Hz}$ の交流に対して何オームのリアクタンスを示すか．また，$50\,\mathrm{Hz}$ に対してはどうか．

(f) 直列回路

抵抗 R，自己インダクタンス L，電気容量 C を直列に接続した回路に，交流電流 i を流す場合を考える．このとき，R, L, C には同じ電流が流れるから，電流を基準にして考えると都合がよい．図 4.78 で，v_R は i と同位相であるが，v_L は i より $\pi/2$ 位相が進み，v_C は i より $\pi/2$ 位相が遅れる．結局，i と v の間の位相のずれは，R, L, C の大きさに応じて $-\pi/2$ と $\pi/2$ の間にある．

また，加えた電圧 v の実効値を V，流れる電流 i の実効値を I とすると，

$$V = IZ \tag{4.81}$$

となる．ただし，

$$Z = \sqrt{R^2 + \left(\omega L - \frac{1}{\omega C}\right)^2} \tag{4.82}$$

が成り立つことがわかっている．式 (4.81) からわかるように，Z は交流の実効値に対して抵抗と同じはたらきをし，単位はオームである．この Z を**インピーダンス**とよぶ．

> **例題 4.7** R, L, C の直列回路に加える交流電圧の実効値 V を一定に保ち，周波数 f だけを連続的に変化させたとき，流れる電流が最大になる周波数 f_0 を求めよ．

解 式 (4.82) の根号の中の第 2 項は f によって変化し，

$$2\pi f_0 L = \frac{1}{2\pi f_0 C}$$

のとき 0 になる．したがって，周波数 f_0[Hz] が，

$$f_0 = \frac{1}{2\pi\sqrt{LC}} \tag{4.83}$$

のとき，回路のインピーダンスは $Z = R$ で最小となり，電流は最大になる．このとき，回路は f_0 に共振したといい，f_0 をこの回路の共振周波数または固有周波数という．

（g）電気振動

図 4.79（a）で，スイッチ S を 1 に入れてコンデンサーを充電したのち，S を 2 に切り換えると，コンデンサーの電荷はコイルを通って放電をはじめる．同図（b）にそのようすを示す．

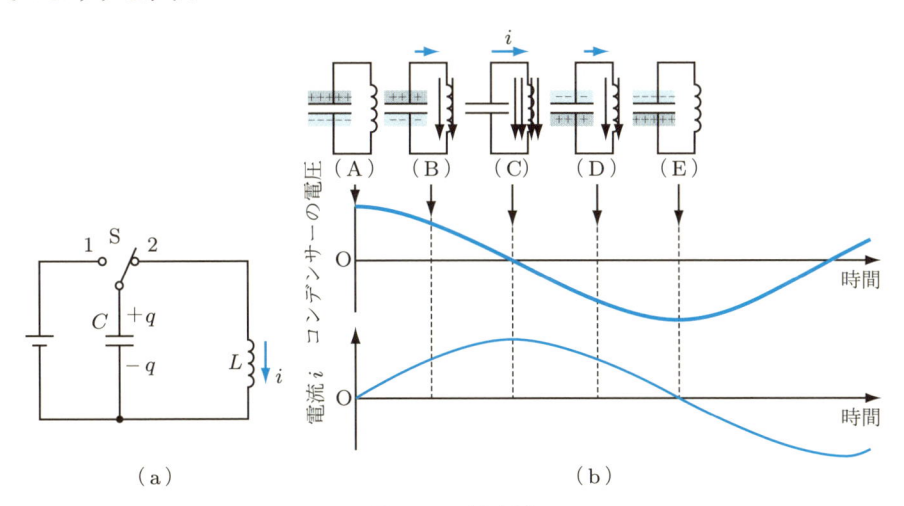

図 4.79 電気振動

スイッチを切り換えると電流が流れはじめるが，コイルの自己誘導による逆向きの起電力のため，電流は急激には増加せず徐々に増していき（B），コンデンサーの電荷がゼロになったとき電流が最大になる（C）．このとき，コンデンサーの両端の電圧がゼロになるが，自己誘導のため，コイルには電流を流し続けようとする起電力が生じていて電流は流れ続け，コンデンサーにははじめと反対の負号の電荷が蓄えられていく（D）．そして，電流がゼロになったときには，コンデンサーにははじめと反対の符号の電荷が，はじめと同じ量蓄えられる（E）．次に，回路にははじめと反対向きの電流が流れはじめて上と同様の現象が繰り返される．こうして，コイルとコンデン

サーでつくられた回路には，振動する電流が流れることになる．この現象を**電気振動**という．

このとき，コンデンサーに蓄えられる静電エネルギーと，電流によってコイルに蓄えられる磁界のエネルギーは，相互に移り変わって変化するが，その和は一定である．しかし，回路に抵抗があってジュール熱が発生したり，電磁波の放射によってエネルギーが失われたりすると，電圧も電流もしだいに振幅が小さくなり，ついに電気振動は消えてしまう．

電気振動が起こっているときの電流や電圧の振動は正弦波で表され，その振動数は式 (4.83) で表される固有周波数に等しい．

(h) 変圧器

図 4.80 のように，透磁率の大きな鉄心に二つのコイルを巻き，一方を電源に接続して交流電圧を加えると，他方に交流の誘導起電力が発生する．このように，相互誘導を利用して交流の電圧を変える装置を**変圧器**という．前者を**一次コイル**，後者を**二次コイル**という．

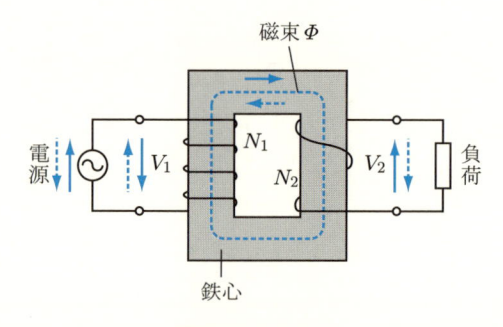

図 4.80 変圧器

磁束が鉄心から外に漏れることがないとすれば，コイルのどの 1 巻きにも同じ磁束が貫いているので，各コイルの 1 巻きに生じる起電力は等しい．また，コイルに誘起する起電力の大きさは，その巻き数に比例する．そして，一次コイルに誘起した起電力は，一次コイルに加えた電圧と反対向きで，その大きさが等しい．一次コイルおよび二次コイルの巻き数を N_1, N_2，一次コイルに加えた電圧を V_1，二次コイルに生じた電圧を V_2 とする．コイルの 1 巻きあたりの起電力は等しい．つまり，$V_1/N_1 = V_2/N_2$ であるから，

$$\frac{V_1}{V_2} = \frac{N_1}{N_2} \tag{4.84}$$

となり，電圧はコイルの巻き数に比例する．

問 4.53 一次コイルと二次コイルの巻き数の比が 30 の変圧器がある．一次コイルに 6000 V の交流電圧を加えたとき，二次コイルに生じる電圧は何ボルトか．

4.4.3 電磁波

(a) 変化する磁界と電界

コイルを貫く磁束が変化すると，そのコイルに起電力が生じることはすでに学んだ．図 4.63（b）に示したように，コイルに磁石を近づけるとき，コイルは動いていないので誘導起電力の原因はローレンツ力ではない．したがって，電界からの力が原因と考えられる．つまり，磁界の変化によりコイルに電界が生じたわけである．このような現象はコイルがなくても同様に起こるはずであるから，一般に，

「磁界が変化する場所にはこれをとりまく電界が生じる」

ということができる．

また，これと逆の現象が起こることもわかっている．すなわち，変化する電界にはそれにともなう磁界ができる．図 4.81 のように，コンデンサーに変化する電圧を加えると電流 i が流れて，導線のまわりには磁界ができる．コンデンサーの極板の間には電流は流れないが，そのまわりには，あたかも電流 i が流れているかのように，導線のまわりと同じ変化する磁界ができる．

この極板の間には，電荷の増減に応じて変化する電界ができている．したがって，

「変化する電界のまわりに磁界ができている」

ということができる．これを**誘導磁界**という．電界の変化は電流と同等のはたらきをするため，これを**電束電流**または**変位電流**とよぶ．

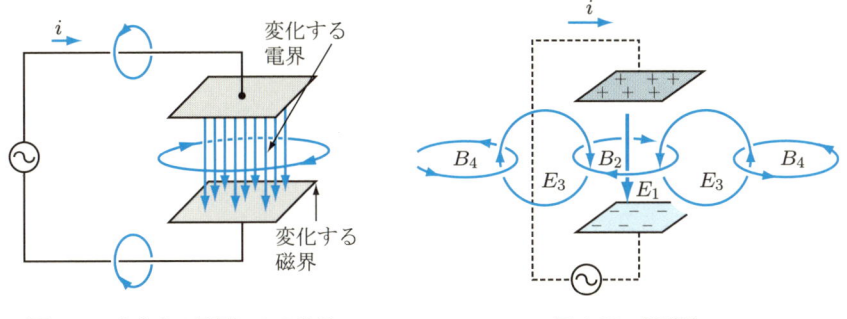

図 4.81 変化する電界による磁界

図 4.82 電磁波

(b) 電磁波

図 4.81 のように，交流電圧を加えた場合，変化する電界のまわりには変化する磁界が発生する．このような電界または磁界の変化は，さらに波となってまわりに伝わ

っていく. 図4.82は, このようすを示したものである.

平行板コンデンサーに, 高い周波数の交流電圧を加える. いま, 電流 i が流れて下向きの電界 E_1 が増加する場合を考えよう. そのとき, 図4.82で示したように, E_1 のまわりに磁束密度 B_2 が生じる. この B_2 も変化しているので, やはり電磁誘導によって B_2 のまわりに電界 E_3 が発生し, E_3 のまわりにはまた磁束密度 B_4 が発生する. このように, 電界および磁界の変化は次々とまわりに伝わっていく. これは一種の波動であり, この波を電磁波とよぶ. 図4.83に, 波源から十分離れたところでの電界と磁界のようすを示す. 電界と磁界は, 同じ位相で, 互いに直交している.

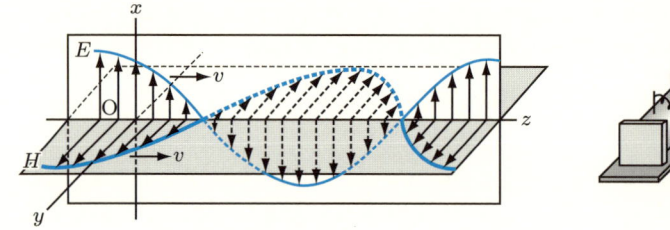

図4.83 電磁波の伝ぱ

図4.84 ヘルツの実験

マクスウェル (イギリス) は, 電界や磁界についてのファラデーの考えに基づき, 電磁気的な現象をマクスウェルの方程式とよばれる四つの式で表すことに成功した. そして, この式から電磁波の存在を予測した.

のちに, ヘルツ (ドイツ) は実験によって電磁波の存在を証明した. ヘルツの用いた装置は, 図4.84のようなものである. 誘導コイルの高電圧によって二つの金属球の間に火花を飛ばすと, その近くに置かれた針金の輪の小さなすきまに火花が飛ぶ. これは, 金属球の間の火花放電で起こった電気振動によって電磁波が発生し, 振動する電界と磁界によって, 針金の輪の中に振動する誘導起電力が発生したためである.

(c) 電磁波の分類

電磁波は, その振動数 (周波数) が異なるにつれて性質が異なってくる. 図4.85に示すように, 性質や発生方法によって, いくつかに分けられている. ふつうの電気振動によって発生する程度の周波数のものを一般に電波とよぶ.

電波によって無線通信を行うには, まず発振器からの振動電流を送信用アンテナに流して電磁波を放射する. これを受信用アンテナで受け, その変化する電界と磁界によってアンテナの導体に生じた交流の起電力を利用する.

電磁波は波長が短くなると回折の効果が少なくなり, しだいに, 直進する性質が強くなる. 超短波より波長の短いマイクロ波はとくにこの性質が著しいので, レーダーなどに応用されている. また, 光は波長がごく短い電磁波であり, X線や γ 線ではさ

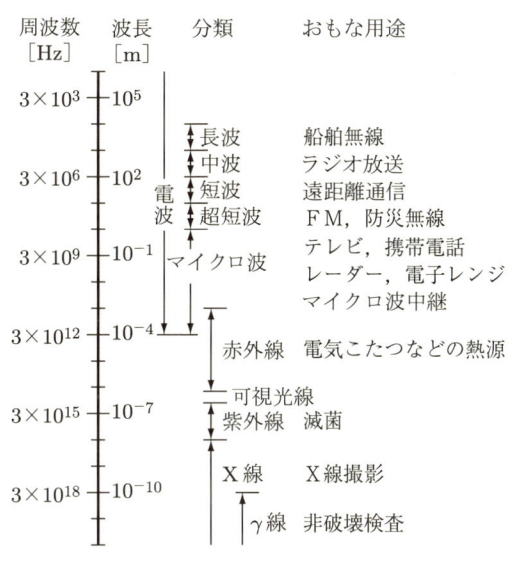

らに波長が短い.

問 4.54 インダクタンスが 225 μH のコイルと可変コンデンサーを用いた共振回路を，570 kHz から 1500 kHz までの電波に共振させるには，コンデンサーの電気容量をどのような範囲で変化させればよいか．

問題 4.4

1. 一様な磁界の中で，閉じた回路を平行移動させたとき，回路に誘導電流は流れるか．
2. 図 4.86 のような導線の輪の中を，その中心を通るように棒磁石が落下する．輪に生じる誘導起電力の向きと大きさは，どのように変わるか．定性的に説明せよ．
3. 地球磁界の鉛直成分が下向きで 24 A/m の空中を，翼長 40 m のジェット機が時速 1200 km で水平に飛んでいる．翼端間に現れる電位差はいくらか．また，左右どちらの翼端の電位が高くなるか．
4. 図 4.87 のように，鉛直上向きの一様な磁束密度 B の磁界の中で，l の間隔で水平に置かれた 2 本のレールの上を，電気的接触を保ちながら転がる導体の車 W がある．レールの右端を起電力 V_0 の電池につなぐと，静止していた車 W はどの

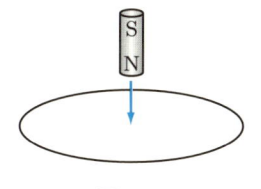

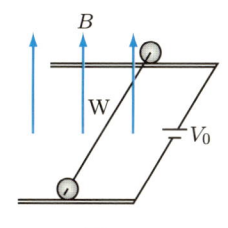

ような運動をするか，定性的に説明せよ．また，十分に時間が経過したのちの車Wの速さはいくらか．ただし，レールの電気抵抗，およびレールと車の間の摩擦はないとする．

5. 図4.88で，電磁石ABとその軸が一致するように金属の輪Cがつるされている．スイッチを入れた瞬間に，Cはどのような運動をするか．

6. 図4.89（a）のコイル1とコイル2の相互インダクタンスは20mHである．コイル1に同図（b）のように変化する電流を流したとき，コイル2に誘起される起電力の時間変化をグラフで示せ．

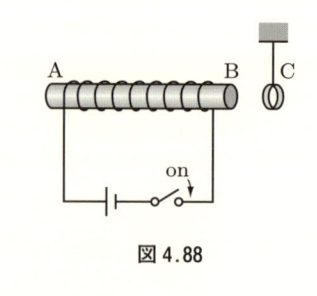

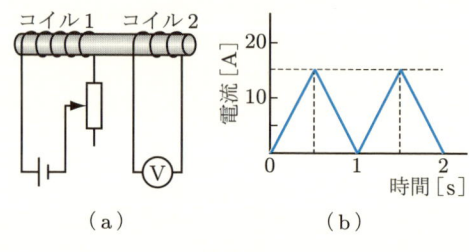

図4.88

図4.89

7. あるコイルを実効値100V，50Hzの交流電源に接続したとき，実効値2.69Aの電流が流れた．次に，このコイルを50Vの直流電源に接続したところ，電流は2.5Aであった．コイルの抵抗およびインダクタンスはいくらか．

8. 200V，60.0Hzの交流電圧を加えたとき，10.0Aの電流が流れるようなコンデンサーの電気容量はいくらか．

9. インダクタンスが16mHのコイルと，電気容量が0.10μFのコンデンサーを直列に接続した回路の固有周波数はいくらか．

練習問題4 　　　　　　　　　　　　　　　（解答は巻末参照）

4.1　図4.90のように，$E = 1.0 \times 10^3$ V/mの一様な電界中の3点P，Q，Rについて，
　（a）　点Pと点Qの間の電位差は何Vか．またどちらの電位が高いか．
　（b）　1.0×1.0^{-10} Cの負電荷をもった粒子を，点Pから点Qへ運ぶのに必要な仕事は何Jか．
　（c）　この粒子を点Qに置いたところ，加速しながら点Rに達した．このときの速さはいくらか．ただし，この粒子の質量を2.4×10^{-8} kgとし，極板の間は真空であり，重力の影響はないものとする．

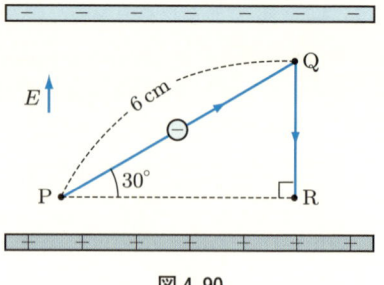

図4.90

4.2 図 4.91 に示す回路でスイッチを閉じた.
(a) スイッチを閉じた瞬間に点 A を流れる電流はいくらか. また，十分に時間がたったのちに点 A を流れる電流はいくらか.
(b) 十分に時間が経ったのち，コンデンサーに蓄えられている電荷はいくらか.
(c) その後スイッチを開いた. スイッチを開いたのち，300 kΩ の抵抗に発生するジュール熱は全部で何 J か.

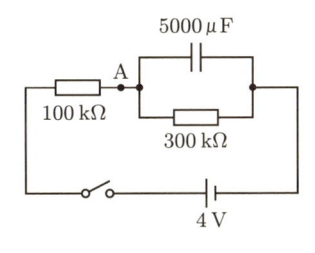

4.3 図 4.92 のように，1 cm あたりの抵抗が 1.0 Ω の一様な針金からできている三角形 ABC がある. 点 P をどこに選べば AP 間の抵抗は最大になるか. また，抵抗の最大値はいくらか.

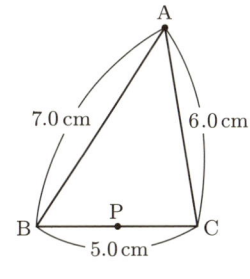

4.4 400 Ω と 600 Ω の抵抗を直列につなぎ，両端を 90 V の電源につないだ. 600 Ω の抵抗の両端に電圧計をつなぐと，45 V を示した. 次の問いに答えよ.
(a) 電圧計の内部抵抗は何 Ω か.
(b) 400 Ω の抵抗の両端に電圧計をつなぐと，何 V を示すか.

4.5 図 4.93 の AB 間に，起電力 27 V，内部抵抗 0 の電池を A を正極にして接続した. 各抵抗および電池を流れる電流の向きと大きさを求めよ. また，この結果から AB 間の合成抵抗を求めよ.

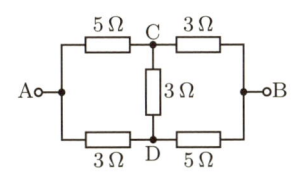

4.6 図 4.94（a）の回路で，R_1 は 2.0 kΩ のふつうの抵抗器である. R_2 は半導体の抵抗器で，その電圧-電流特性は同図（b）のようになっている. V_e は起電力 25 V で内部抵抗が無視できる電池である. この回路を流れる電流と，R_2 の両端の電圧をグラフから求めよ（ヒント：電流を I，R_2 の両端の電圧を V とすると，$V = 25 - 2000I$ である. この式のグラフを図（b）に書いてみよ）.

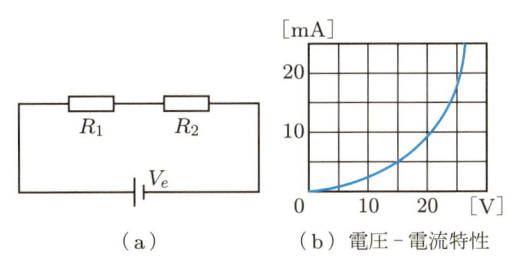

4.7 1.5×10^8 W の電力を 170 km 離れたところへ送電したい. 断面積 9.0 cm^2，抵抗率 2.7×10^{-8} Ωm の電線 2 本を用い，電圧 124 kV の直流で送電するとき，次の問いに答えよ.
(a) 送電線の抵抗は何 Ω か.

(b) 送電線による電圧降下はいくらか.
(c) 送電線で失われる電力はいくらか.
(d) 送電線に発生するジュール熱は1分間につき何Jか.
(e) 同じ電力を電圧250kVで送電すれば，送電線で失われる電力は（c）の場合に比べてどうなるか.

4.8 磁荷m，磁極間の距離がlの棒磁石の軸の垂直二等分線上で，軸から$l/2$離れた点の磁界の向きと強さを求めよ.

4.9 図4.95のように，半径25 cmの円形コイルをその面が鉛直で南北を向くように置き，円の中心に小磁針を水平面内で自由に回転できるように支えた.
(a) 図の向きに電流を流すと，磁針のN極はどちらの向きに振れるか.
(b) 電流が10 Aのとき，磁針が45°振れたとすれば，地磁気の大きさ（の水平成分）は何A/mか，また，その磁束密度は何Tか.
(c) 次に，電流を減らしたところ，磁針の振れが30°になった．このとき，電流は何Aか.

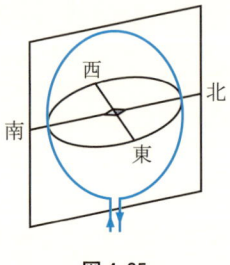

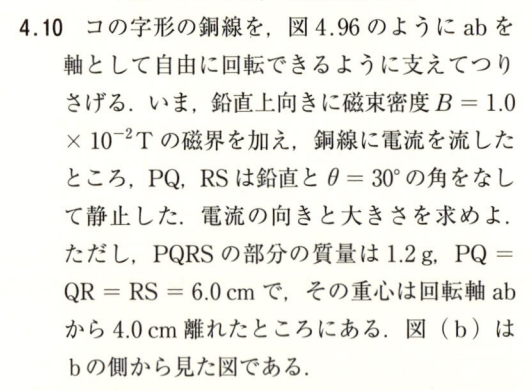

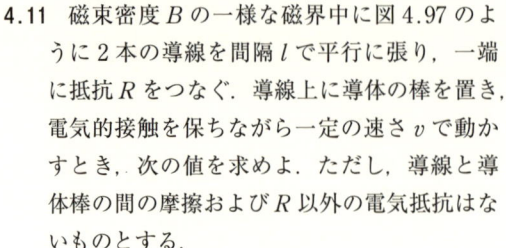

4.10 コの字形の銅線を，図4.96のようにabを軸として自由に回転できるように支えてつりさげる．いま，鉛直上向きに磁束密度$B=1.0\times10^{-2}$Tの磁界を加え，銅線に電流を流したところ，PQ，RSは鉛直と$\theta=30°$の角をなして静止した．電流の向きと大きさを求めよ．ただし，PQRSの部分の質量は1.2 g，PQ = QR = RS = 6.0 cmで，その重心は回転軸abから4.0 cm離れたところにある．図（b）はbの側から見た図である．

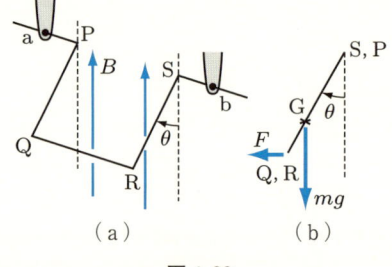

4.11 磁束密度Bの一様な磁界中に図4.97のように2本の導線を間隔lで平行に張り，一端に抵抗Rをつなぐ．導線上に導体の棒を置き，電気的接触を保ちながら一定の速さvで動かすとき，次の値を求めよ．ただし，導線と導体棒の間の摩擦およびR以外の電気抵抗はないものとする．
(a) Rに流れる誘導電流I.
(b) 導体棒にはたらく磁界からの力F.
(c) 外力F'がする仕事の仕事率.

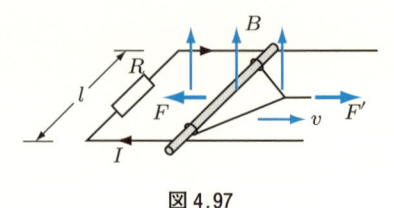

（d） 抵抗 R で消費される電力．

また（c），（d）の結果から，どのようなことがわかるか．

4.12 図 4.98（a）に示すように，5000 μF のコンデンサーと自己インダクタンス 10 H のコイルが直列につながれている．いま，電流 i が同図（b）に示すように変化したとき，

（a） コンデンサーに蓄えられる電荷を時間 t の関数として表せ．

（b） AB 間および BC 間の電圧をグラフに示せ．ただし，コンデンサーの場合は点 A，コイルの場合は点 B の電位が高い場合を正とせよ．ここで，コイルの抵抗は十分小さいとし，また，コンデンサーにははじめ電荷は蓄えられていなかったとする．

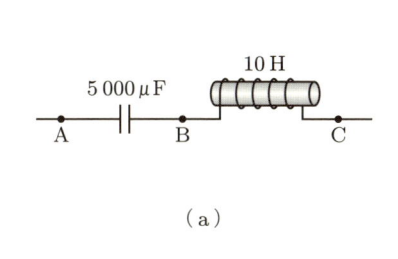

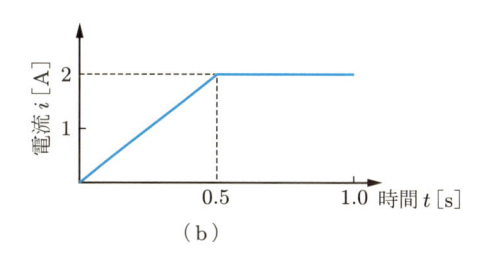

図 4.98

第5章
原子の世界

5.1 電子と光

　光は波動であることを学んだが，電子とのかかわりでは，光は粒子としての性質をもつ．一方，電子も場合によっては波のようにふるまう．
　ここでは，電子や光の粒子性・波動性について学んでいこう．

5.1.1 電子の電荷と質量

(a) 陰極線

　電極を両端に封入したガラス管（放電管）に気体を入れて，両極間に高電圧をかける．次に，管内の気体を真空ポンプで抜いて圧力を下げていくと放電が起こり，管内が光りはじめる（真空放電）．光の模様はしだいに変化していき，管内の圧力が 1 mmHg 程度になると，管内全体が封じ込んだ気体特有の色で美しく輝く．さらに管内の圧力を下げて 10^{-2} mmHg 以下になると，気体の種類に関係なく光は出なくなり，陰極と反対側の管壁が黄緑色の蛍光を発するようになる．これは，陰極から何かがとび出して管壁にぶつかるためと考えられ，この陰極から出ているものを陰極線と名づけた（口絵1参照）．
　いろいろな実験の結果，陰極線の性質について，次のことがわかった．
① 障害物を置くと，その影ができる．
② 軽い羽根車を回転させる．
③ 電界によって，電界と逆向きに曲げられる．
④ 磁界によって曲げられる．
　これらのことから，陰極線は物質に共通に含まれている負の電荷をもった粒子の流れであると考えられる．

(b) トムソンの実験

　陰極線が負電荷をもった粒子であることを確かめるために，トムソン（イギリス）は陰極線が一様な電界や磁界で曲げられるようすを詳しく調べた（1897年）．
　電界に垂直に入射した粒子の運動を調べよう．図5.1のように，長さ l，間隔 d の

2枚の向き合った金属板（偏向板）の間に電位差 V を加え，$-y$ 方向に一様な電界 $E = V/d$ をつくる（4.1.3（ｂ）項，式（4.14）参照）．そこへ，負電荷 e をもつ質量 m の陰極線粒子が速さ v_0 で x 方向へ入射したとする．

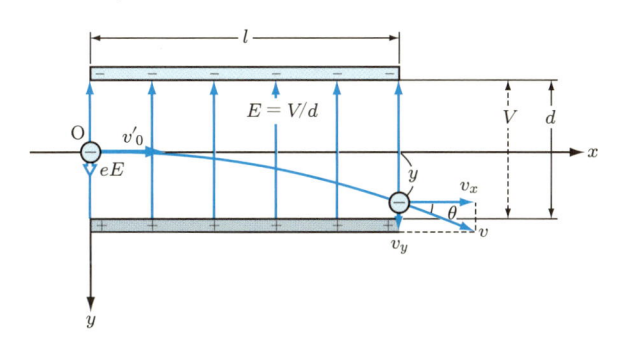

図5.1 電界中の陰極線粒子の運動

陰極線粒子は，電界と反対向き（y 方向）に大きさ，

$$eE = \frac{eV}{d}$$

の一定の静電気力を受けるため加速度を生じる．加速度の大きさを a とすると，運動方程式は，

$$ma = \frac{eV}{d}$$

となる．この電界中では，電子は放物運動をする．これは，重力を受けた物体を水平方向に投げたときと同じ運動であり，y 方向の加速度が g の代わりに，

$$a = \frac{eV}{md}$$

で与えられる．速さ v_0 の粒子が電界に入射してから時間 $t = l/v_0$ ののちに電界を出るときの速度の x 成分（v_x）と y 成分（v_y）を求めてみよう．

x 方向には力がはたらいていないから $v_x = v_0$ となり，大きさは変わらない．y 方向の初速はゼロであり，偏向板を通りぬける時間 t の間，y 方向の一定の加速度 eV/md で運動するから，

$$v_y = \frac{eV}{md}t = \frac{eVl}{mdv_0}$$

となる．粒子は偏向板の間を出てから，はじめの方向と角度 θ だけ異なる方向へ等速直線運動をする．その角度 θ は次の式で与えられる．

$$\tan\theta = \frac{v_y}{v_x} = \frac{eVl}{mdv_0^2}$$

したがって，

$$\frac{e}{m} = \frac{dv_0^2}{Vl} \tan\theta \tag{5.1}$$

となる．粒子の速さ v_0 がわかると，与えられた l, d, V のもとで θ を測定すれば e/m を求めることができる．e/m を陰極線粒子の比電荷という．

トムソンは，磁界を用いて粒子の速さ v_0 を測定し，比電荷を求めた．その結果，陰極線粒子の比電荷は，電極に用いる金属や管内の気体の種類によらず，つねにほぼ一定の値となった．これによって，異なる物質の中に負電荷をもった同じ種類の粒子が含まれていることがわかり，その粒子を電子と名づけた．

精密な測定によると，電子の比電荷は次の値である．

$$\frac{e}{m} = 1.7588 \times 10^{11}\,\mathrm{C/kg} \tag{5.2}$$

問 5.1 図 5.1 で，電子が電界を通りぬけるまでに電界方向に変化した距離 y と，電界を通りぬけたときの電子の速さ v を求めよ．
（解答は巻末参照）

問 5.2 電子の比電荷を求める実験をした．長さ $l = 6.0 \times 10^{-2}\,\mathrm{m}$，極板間隔 $d = 10^{-2}\,\mathrm{m}$ の偏向板の間に 400 V の電圧を加えた．この電界に垂直に，速さ $v_0 = 6.0 \times 10^7\,\mathrm{m/s}$ の電子を入射させたところ，偏向板を出たときの電子の方向は，ずれの角度 $\theta = 7.0°$ であった．この結果から比電荷を求めよ．

（c）ミリカンの実験

自然界で電気量に最小の単位があることは，電気分解の実験から推定されていた．しかし，それは間接的なものであって，個々のイオンについての直接の証拠ではなかった．電気量の最小単位の直接の測定は，ミリカン（アメリカ）によってはじめて精密に行われた．

物体が一定の力を受けて空気中を落下する場合について考えてみよう．質量 m の物体が重力のはたらきで落下する場合，空気中を運動する速度が大きくなるほど物体は空気から大きな抵抗力を受ける．この抵抗力 R は物体の速度 v に比例し，その比例定数を c とすると，

$$R = cv \tag{5.3}$$

である．物体の落下の加速度を a とすると，その運動方程式は，

$$ma = mg - cv$$

となり，v が大きくなるにつれて a は小さくなる．ついに，$mg - cv_\infty = 0$，つまり，$v_\infty = mg/c$ になると $a = 0$ となるから等速度運動となり一定の速度 v_∞ で落下する．この v_∞ を終速度という．物体の質量が小さいほど短時間で終速度に達する．

ミリカンは，図 5.2（a）のように，霧吹きから油滴を吹き込み，平行な 2 枚の極板の間を落下する油滴を顕微鏡で観測した．

図 5.2 ミリカンの油滴の実験

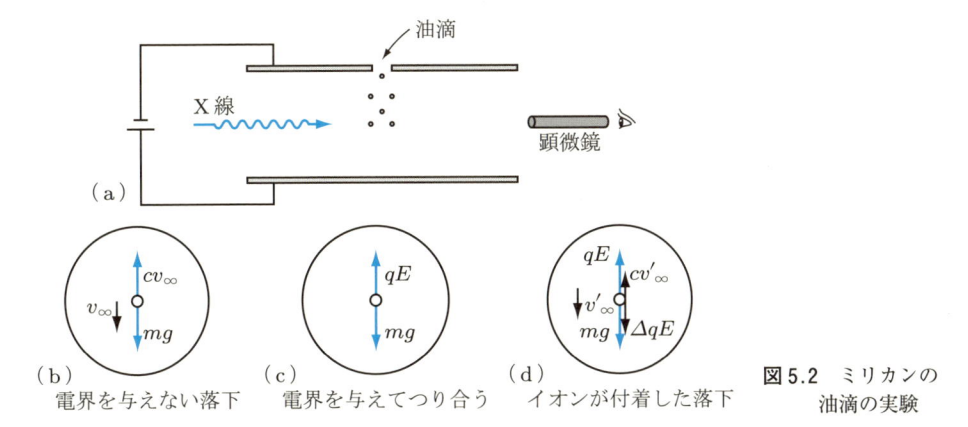

(a)
(b) 電界を与えない落下
(c) 電界を与えてつり合う
(d) イオンが付着した落下

油滴は，空気の抵抗力と重力がつり合うようになると，終速度となり等速度で落下する．顕微鏡の視野の目盛から終速度 v_∞ が測定できるので，油滴の質量 m がわかると，$v_\infty = mg/c$ から，比例定数 c がわかる（同図（b）参照）．

次に，電極間に電界 E を与え，そこへたくさんの油滴を入れると，それにはたらく重力と電気力がつり合っている油滴は静止する．つまり，この油滴は $mg + qE = 0$ を満たす電荷[1] q をもつ（同図（c）参照）．

一方，電極間にX線をあてると空気中の分子が電離してイオンをつくる．このイオンが付着すると油滴の電荷が変化して油滴は動き出し，やがて終速度 v'_∞ に達する（同図（d）参照）．電荷の変化を Δq とすると油滴にはたらく力は ΔqE であるから $v'_\infty = \Delta qE/c$ である．したがって，v'_∞ を各油滴について測定すれば，次の式から，各油滴の電荷の変化 Δq が求められる．

$$\Delta q = \frac{cv'_\infty}{E} \tag{5.4}$$

油滴の電荷はイオンが付着するごとに変わり，終速度もいろいろに変化するが，電荷の変化 Δq の値は，つねにある最小の電荷 e の整数倍になることがわかった．この量 e が電気量の最小単位，すなわち電気素量である．精密な測定によって，電気素量は次の値であることがわかっている．

$$e = 1.6022 \times 10^{-19} \text{ C} \tag{5.5}$$

e の値を式（5.2）に代入して電子の質量 m を求めると，次の値となる．

$$m = 9.1095 \times 10^{-31} \text{ kg} \tag{5.6}$$

問 5.3 ミリカンの実験で，いろいろな油滴の電荷の変化 Δq を測定したところ，9.67，8.06，4.84，3.22（単位は $\times 10^{-19}$ C）を得た．Δq は電気素量 e の整数倍であると仮定して e の値を求めよ．

---

1) 霧吹きからでたときに摩擦によって帯電する．

(d) 電子の放射

真空放電における陰極線が電子の流れ（電子線）であることがわかった．このほかに，どのようにして電子の流れを発生させることができるだろうか．

金属内の一部の電子は，自由電子となって金属内を自由に動くことができるが，陽イオンからの引力を受けているため，金属の外に出ていくことはできない．したがって，電子を金属の外に取り出すには，この引力に逆らってする仕事に相当するエネルギーを与える必要がある．このエネルギーは金属の種類によって決まり，仕事関数といわれる．

金属を加熱すると，熱エネルギーを得た電子は金属の外にとび出す．加熱によって外に出た電子を熱電子という．また，金属に紫外線や光をあてて，電子を外にとび出させることもある．このときの電子を光電子[1]という．熱電子も光電子も電子の本質には変わりはなく，取り出す手段が異なるだけである．

電子を有効に利用するためには，電子を取り出すだけでなく，それを加速する必要がある．図5.3に示すように，真空のガラス管に陰極と陽極を封入し，陰極をヒーターで加熱すると熱電子が出る．両極間に高い電圧をかけると電子は陽極に向かって加速される．

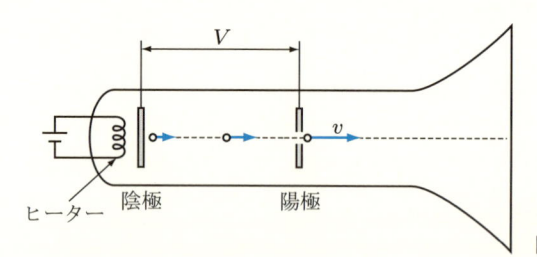

図5.3 電子線

負電荷 $-e$ をもつ質量 m の電子が陽極に達したときの速さを v とする．陰極を出たときの電子の初速度が小さく両極間の電位差 V が十分高いとすれば，陰極では電子の運動エネルギーはゼロで静電気力による位置エネルギーが eV，陽極では位置エネルギーがゼロで運動エネルギーが $mv^2/2$ となり，式（4.12）（4.1.3（a）項参照）により次式が成り立つ．

$$eV = \frac{1}{2}mv^2 \quad \therefore \quad v = \sqrt{\frac{2eV}{m}} \tag{5.7}$$

電子は両極間の電位差（加速電圧）を高くするとその速度を増す．陽極に小さい穴をあけておくと，同じ速度をもつ細い電子の流れ（電子ビーム）をつくることができる．電位差1Vで電子が加速されるときのエネルギーを1電子ボルト [eV] という．

---

1) 光電子については5.1.2（a）項で説明する．

$1\,\text{eV} = 1.6 \times 10^{-19}\,\text{J}$ である.

問 5.4 真空中において，初速 0 の電子が電位差 200 V の一様な電界で加速されている．陰極から出発して陽極に達したときの運動エネルギーと速さを求めよ．ただし，電子の質量を $9.1 \times 10^{-31}\,\text{kg}$，電荷を $-1.6 \times 10^{-19}\,\text{C}$ とする．

例題 5.1 250 V の電圧で加速した電子に，磁束密度 $10.1 \times 10^{-4}\,\text{T}$ の磁界を電子の流れに垂直に作用させたところ，円軌道の直径は $10 \times 10^{-2}\,\text{m}$ であった．電子の比電荷 e/m はいくらか（例題 4.4 参照）．

解 電子の電荷を $-e$，質量を m，加速電圧を V とすれば，式 (5.7) より，

$$v = \sqrt{\frac{2eV}{m}} \tag{5.8}$$

電子の流れに垂直に磁束密度 B の磁界を作用させると，電子は等速円運動をする．円の半径を r とすれば（図 5.4 参照），ローレンツ力 evB が円運動の向心力 mv^2/r になるので（例題 4.4 参照），

$$evB = \frac{mv^2}{r} \tag{5.9}$$

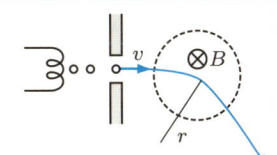

図 5.4

式 (5.8)，(5.9) より，

$$\frac{e}{m} = \frac{2V}{r^2 B^2}$$

上式に数値を代入して，

$$\frac{e}{m} = \frac{2 \times 250}{(5 \times 10^{-2})^2 \times (10.1 \times 10^{-4})^2} = 2.0 \times 10^{11}\,\text{C/kg}$$

問 5.5 電子線に，図 5.1 のような強さ $E = 4 \times 10^4\,\text{V/m}$ の電界と図 4.50 のような磁束密度 $B = 2 \times 10^{-2}\,\text{T}$ の磁界を同時に加えたところ，電子線はどちらにも曲がらず直進した．このときの電子線の速さ v を求めよ．

問 5.6 図 5.5 に示すように，1.0 cm 離れた 2 枚の平行板に 30 V の電圧をかけ，$2.0 \times 10^7\,\text{m/s}$ の速さで電子を電界に垂直に入射させた．平行板の長さを 5.0 cm，電子の質量を $9.1 \times 10^{-31}\,\text{kg}$，電荷を $-1.6 \times 10^{-19}\,\text{C}$ として，次の問いに答えよ．

(a) 電子が受ける力はいくらか．また，電子の加速度の方向とその大きさはいくらか．

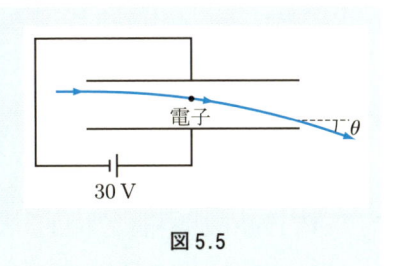

図 5.5

(b) 平行板を通りぬけるのに要する時間はいくらか．
(c) 平行板から出るときの速度は，入射方向から何度ずれるか．$\tan\theta$ で答えよ．
(d) 適当な大きさの磁界をこの電圧と同時にかけると，電子は平行板中を真っ直ぐに進む．この磁界の方向と磁束密度の大きさはいくらか．

5.1.2 粒子性と波動性

(a) 光の粒子性

金属に光や紫外線をあてると光電子がとび出す．この現象を光電効果という．光電効果で，光が金属中の電子1個に与えるエネルギーを E，金属からとび出した電子の運動エネルギーの最大値を K とすると，次の式が成り立つ．

$$E = W + K \tag{5.10}$$

ここで，W は仕事関数であり，電子が金属から外へとび出すために必要なエネルギーである．

図5.6のような光電管で陽極に正の電圧をかけると，光があたって陰極から出た電子は陽極に集められる．この装置を用いた実験から，次のようなことがわかる．

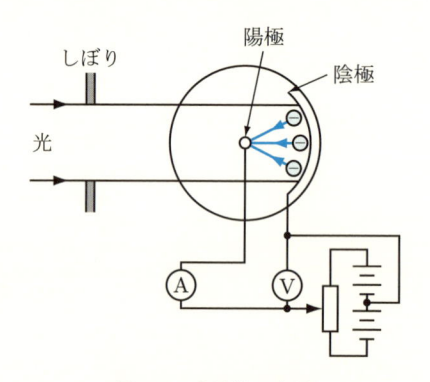

図5.6 光電管の実験

① 陽極に正の電圧を加え，あてる光の波長を一定にしたとき，電流は光の強さに比例する．つまり，光電子の数は光の強さに比例する．
② 陽極に負の電圧 $-V_0$ を加えると，陰極から速さ v でとび出した電子（質量 m，電荷 $-e$）には逆向きの力がはたらくので，電子の運動エネルギーは陽極に近づくにつれて減少する．電子がちょうど陽極に届くとき，陽極に達するまでの仕事 eV_0 は電子が陰極をとび出したときの運動エネルギー $mv^2/2$ に等しい．したがって，次の式が成り立つ．

$$\frac{1}{2}mv^2 = eV_0 \tag{5.11}$$

そこで，陽極の電位をゼロからしだいに減少（絶対値は増加）させていくと，やがて電流がゼロになる．つまり，運動エネルギー最大の電子も陽極に達しない．このときの V_0 を測定すれば，電子の運動エネルギーの最大値 K が求められる．

③ 陽極に負の電圧を与え，あてる光の強さと波長を変えて実験すると，電子の運動エネルギーの最大値 K は光の強さに関係なく光の振動数が高いほど大きくなることがわかる．

光の振動数 ν と電子の運動エネルギーの最大値 K の関係は，図 5.7 のようになる．ν_0 は，その金属で電子をとび出させることができる限界の振動数である．したがって，

$$\lambda_0 = \frac{h}{\nu_0} \quad (c \text{ は光速度})$$

の関係から限界の波長 λ_0 がわかる．限界の波長 λ_0 よりも長い波長の光をあてても電子はとび出さない．

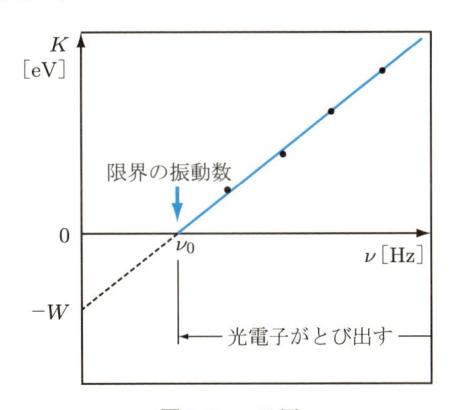

図 5.7 ν-K 図

光電効果に関するこの結果は，光を空間に連続的に分布した波と考えたのでは理解できない．そのような立場にたつと，どのような波長の光でも強い光をあてれば光波による電界が強くなり，電子が受ける力が大きくなって大きな運動エネルギーをもってとび出すはずである．また，光が弱い場合，陰極にあたった光のエネルギーが蓄積されてから電子がとび出すため，電子がとび出すまでに時間がかかるはずである．

しかし，実際には限界の波長よりも長い波長の光ではどのように強い光でも，金属から電子はとび出さないし，限界の波長より短い波長の光ならば弱い光でも，ただちに電子がとび出す場合がある．

アインシュタイン（ドイツ）は，この光電効果を説明するため，振動数 ν の光（電磁波）は h を定数として，$h\nu$ のエネルギーをもった粒子（光子という）の流れであると考えた．そして，光が金属にあたったとき，一つの電子が一つの光子のエネルギーを全部受けとって外にとび出すのが光電効果であると考える．振動数が変わらない限り光子のエネルギーは変わらない．つまり，光子は分割できない最小の単位である．この光子の仮説を用いると，$E = h\nu$ であるから，式 (5.10) は，

$$h\nu = W + K \tag{5.12}$$

となる．限界の振動数 ν_0 では光子はとび出さない（$K = 0$）ので，仕事関数 W は，

$$W = h\nu_0 = h\frac{c}{\lambda_0} \tag{5.13}$$

となる．式 (5.12) に式 (5.13) を代入すれば，

$$K = h\nu - h\nu_0 \tag{5.14}$$

となり，実験結果（図 5.7 参照）とよく一致する．このグラフの傾きに相当する定数 h はプランク定数といわれ，金属の種類に関係なく一定で，次の値をもつ．

$$h = 6.626 \times 10^{-34} \, \text{J·s} \tag{5.15}$$

プランク定数は，原子や原子核の世界では，きわめて重要な定数である．

問 5.7 ナトリウムの黄色の光の波長は 5.9×10^{-7} m である．ナトリウムの光子 1 個のエネルギーは何 J か．また何 eV か．

問 5.8 セシウム（Cs）は単体金属の中では最も仕事関数が小さく $W = 1.9$ eV である．光電効果が起こる限界波長を求めよ．

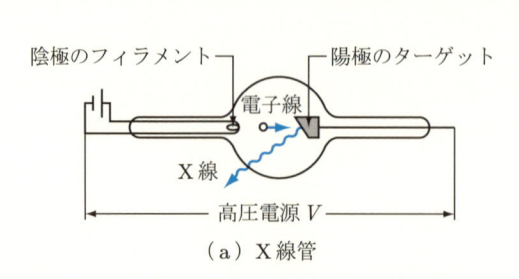

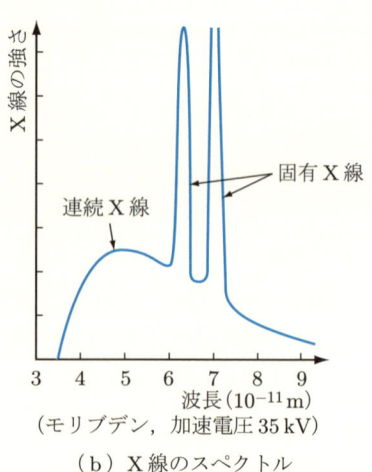

(a) X 線管

(b) X 線のスペクトル

図 5.8　X 線

問 5.9 限界の波長 8.00×10^{-7} m の光電管に,波長 6.33×10^{-7} m の光をあてるとき,とび出す電子の最大の速さを求めよ.

(b) X 線

図 5.8(a)のように,真空のガラス管に封入した二つの電極間に高電圧を加えると,陰極から出た熱電子が加速されて,陽極のターゲットに高速で衝突して急に止められる.このときに出る電磁波が X 線 である.

発生した X 線の強さと波長の関係(これを X 線スペクトル という)は同図(b)のようになる.これをみると,陽極電圧 V によって決まる最短波長より長い波長が連続的に含まれる部分(連続 X 線)と,ターゲットの物質特有の波長をもつきわめて強い部分(固有 X 線)からできている.連続 X 線は,高速の電子がターゲットの物質で急に止められるとき,電子のもつ運動エネルギーの一部または全部が X 線を発生するのに使われ,残りはターゲットの原子の熱振動に使われる.

最短波長の X 線は,電子の運動エネルギーが全部,X 線の光子に変わった場合である.X 線の最短波長を λ_0,そのときの振動数を ν_0 とすると,光子のエネルギー $h\nu_0$ は電子の運動エネルギー eV に等しいので,次の式が得られる.

$$eV = h\nu_0 = h\frac{c}{\lambda_0} \quad \therefore \quad \lambda_0 = \frac{hc}{eV} \tag{5.16}$$

X 線は,蛍光板を光らせ,写真乾板を感光させるだけでなく透過力がある.透過力の強いものを 硬い X 線,弱いものを 軟らかい X 線 といい,加速電圧が高いほど硬い X 線が発生する.また,X 線はその進行方向が電界や磁界で曲げられることはなく,速度も光速に等しいので電磁波である.なお,次に述べるように,X 線は光と同じように回折や干渉をするので,X 線が波動性をもつことも明らかである.

問 5.10 加速電圧 30 kV で発生させた X 線の最短波長を求めよ.

(c) X 線回折

食塩やダイヤモンドの結晶では,それを構成している原子や原子イオンが,空間に規則正しく配列している.これを 空間格子 という.空間格子の最小の繰り返しの単位となるものを 単位格子 という.空間格子のうち,互いに直交する空間内の 3 方向に等間隔で原子が配列されているものを 立方格子 といい,その代表的なものとして図 5.9 に示す三つがある.

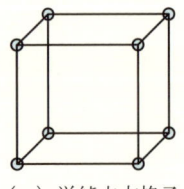

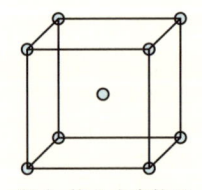

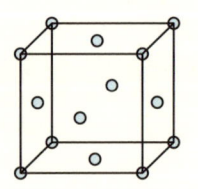

(a) 単純立方格子　　(b) 体心立方格子　　(c) 面心立方格子

図 5.9　結晶構造

空間格子では規則正しく並んだ原子を含む平行平面（格子面）を幾組も考えることができる（図 5.10（a）参照）．

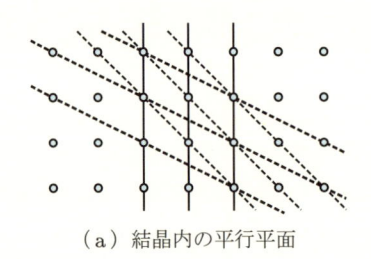

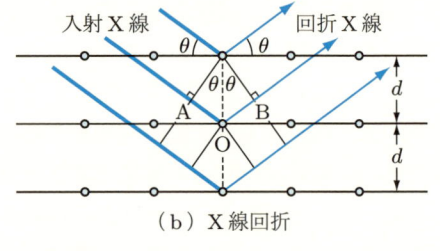

(a) 結晶内の平行平面　　(b) X線回折

図 5.10　X線回折

波長 λ の平行な X 線が，ある方向の格子面に対して θ の角度で入射している場合を考えよう．

ブラッグ父子（イギリス）は，結晶による X 線の回折が，この格子面の散乱 X 線の重ね合わせとして表せることを示した．つまり，各格子面によって反射する X 線の道筋の長さの差（光路差）は，同図（b）の AOB の距離 $2d\sin\theta$ に等しい．これが X 線の波長 λ の整数倍に等しいとき，すなわち，波長 λ の入射 X 線が，

$$2d\sin\theta = n\lambda \quad (n = 1, 2, 3, \cdots) \tag{5.17}$$

を満たすような角度 θ で入射したとき，各格子面からの反射 X 線は同位相となって強めあうから，その方向で X 線が観測される（回折線が生じる）．それ以外の θ では，反射波は干渉して完全に弱めあい，回折が起こらない（反射 X 線は，位相がずれた多数の波の重ね合わせである）．式 (5.17) を**ブラッグの条件**という．

ブラッグの条件から，格子面間距離 d がわかっていると X 線の波長 λ を定めることができる．また，波長 λ がわかっている X 線を用いて格子面間距離 d を測定できる．

問 5.11　波長 $\lambda = 1.54 \times 10^{-10}$ m の X 線を岩塩の結晶にあてると，いろいろな角度 θ で強い回折 X 線（式 (5.17) で $n = 1$ に相当する）が観測されるが，その中で最も小さい角度 θ は 16° であることがわかった．格子面間距離はいくらか．

例題 5.2 岩塩の結晶は，一辺 d の単純立方格子（図 5.9（a）参照）の格子点に Na^+ と Cl^- が交互に並んでいる．岩塩の密度を $2.16\,g/cm^3$，Na の原子量を 23.0，Cl の原子量を 35.5，アボガドロ定数を $6.02 \times 10^{23}/mol$ として d を求めよ．

解 岩塩の単位格子の各格子点に Na^+，Cl^- が 1/8 個ずつ，それぞれ 4 個ある．したがって，単位格子の体積 d^3 の中に Na^+，Cl^- が 1/2 個ずつ存在する．その結果，単位格子が $6.02 \times 10^{23} \times 2$ 個集まった体積が，NaCl の 1 mol の体積である．一方，岩塩 $1\,cm^3$ が 2.16 g であるから，

$$\frac{23.0 + 35.5}{d^3 \times 6.02 \times 10^{23} \times 2} = \frac{2.16}{1} \quad \therefore \quad d = 2.82 \times 10^{-8}\,cm$$

問 5.12 銀の結晶は面心立方格子（図 5.9（c）参照）である．X 線で測定したところ，一辺が $4.09 \times 10^{-8}\,cm$ であった．
（a） 単位格子の中に銀の原子が何個あるか．
（b） 銀原子 1 個の占める体積を求めよ．

（d） コンプトン効果

コンプトン（アメリカ）は，図 5.11 のように X 線を物質にあてたときに散乱される X 線の中に，入射 X 線と同じ波長 λ の X 線のほかに，それより長い波長 λ' の X 線が含まれ，その波長の変化 $(\lambda' - \lambda)$ は散乱角 θ に関係があることを発見した．これを**コンプトン効果**という．

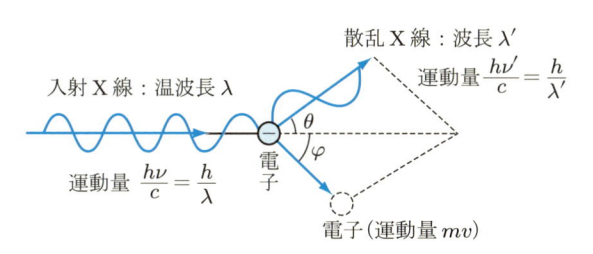

図 5.11 コンプトン効果

この現象は，X 線を空間に連続的に分布した波と考えたのでは説明できない．アインシュタインは，電磁波はエネルギー $h\nu$ をもつと同時に，運動量 $h\nu/c(= h/\lambda)$ をもつ粒子であると考えていた．コンプトンはこの考えを用いて，入射 X 線の光子が電子に衝突したとき，エネルギー保存の法則と運動量保存の法則が成り立つとして計算し，実験結果とよく一致することを示した．つまり，結合の弱い電子は光子の衝突によってはねとばされるが，図 5.11 のように運動量が保存される．そのとき，X 線の波長が変わるとともに，光子のエネルギーも変わり，電子が運動エネルギーを受けとる．

このように，コンプトン効果によっても電磁波が粒子性をもつことが確かめられる．

(e) **電子の波動性**

光は，波動性（回折・干渉のような現象を示す）と粒子性（最小の単位をもつ）の両方の性質をもつ．これを光の二重性という．

ド・ブロイ（フランス）は，光の二重性に対応して電子などの物質粒子も，粒子性と同時に波動性をもつのではないかと考えた．このような物質粒子の波を物質波という．

物質粒子における粒子性と波動性の関係が光と同様であると考えると，振動数 ν の光子の運動量は $p = h/\lambda$ であるから，物質波の波長 λ と運動量 p の関係も，次の式で表されることになる．

$$\lambda = \frac{h}{p} \tag{5.18}$$

物質粒子の質量を m，速度を v とすると，その運動量は $p = mv$ であるから，物質波の波長 λ は，次の式で表される．

$$\lambda = \frac{h}{mv} \tag{5.19}$$

デーヴィソン（アメリカ）らは，電子線を結晶にあてたとき，X線と同様に回折現象が生じ，電子の波長と速度の関係が式 (5.19) で表されることを確かめた（図5.12参照）．

物質中を通ってきた電子線を，電界や磁界で屈折させて1点に集め，蛍光面などに

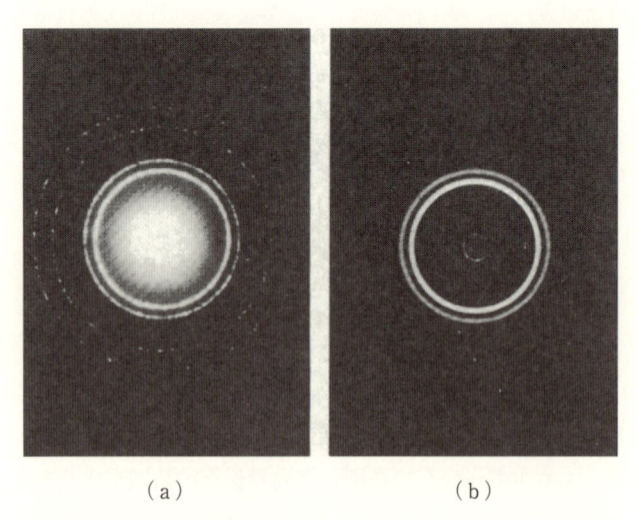

(a)　　　　　　　　　　(b)

図5.12 600 eV の電子をアルミニウムはくにあてたときの回折像（a）と，波長 0.071 nm のX線をアルミニウムはくにあてたときの回折像（b）の類似性を示す．この類似性から電子の波動性が証明される．
（三輪光雄監修「基礎現代物理学1」，森北出版，p.95 より）

像を結ばせると，物質の微細な構造がわかる．これが電子顕微鏡である．加速電圧を高くして電子の運動量を大きくすると，電子線の波長は短くなり，回折による像のぼけが小さくなる．したがって，光学顕微鏡よりも，はるかに高い倍率が得られる．

問 5.13 次の場合の物質波の波長はいくらか．
（a） 150 V の電圧で加速した電子
（b） 速さ 30 m/s で飛んでいる質量 0.20 kg のボール

（f） 粒子と波動の二重性

光も電子も，波動性と粒子性をあわせもち，また，波長と運動量の関係がまったく同じであることがわかった．

光（電磁波）の場合，可視光よりも X 線，さらに γ 線のほうが波長 λ が短く，その光子エネルギー hc/λ や運動量 h/λ が大きく，粒子性が現れることが多い．それに対して，電波は可視光より波長がかなり長いので，粒子性が直接現れることが少なく，おもに波動性を示す（4.4.3（c）項，図 4.85 参照）．

物質粒子についても同様に，波動性が重要になるのは波長が長い場合，つまり，粒子の運動量が小さい場合である．たとえば，質量 10^{-5} kg の粒子が速さ 10^{-3} m/s で運動している場合の波長は約 10^{-25} m と短く，波動性が測定に影響することはない．まして，日常見ることのできる物質粒子の運動で波動性が現れることはない．

いままで学んできた，光子や物質波の関係式にはいずれもプランク定数 h が現れている．したがって，二重性が現れるのはプランク定数が問題になる極微な世界である．

問題 5.1 （解答は巻末参照）

1. 質量 4.0×10^{-15} kg の油滴が空気中を落下する速度（終速度）を測定したところ，1.2×10^{-4} m/s であった．このような油滴を金属板の間（上向きの電界 E が与えられている）に入れたところ，いくつかの油滴は静止した．次に，X 線によって油滴の電荷を変化させ，いくつかの油滴の終速度を測定したところ，終速度はすべて 1.5×10^{-5} m/s の整数倍であった．
   （a） 静止した油滴にはたらく電気力（向きと大きさ）を求めよ．
   （b） 電気力は 1 電気素量あたりどれだけか．
   （c） 2 枚の金属板の間隔は 3.0×10^{-3} m で，金属板は 90 V の電池に接続されていた．
       1 C あたりの電気力を求め，1 電気素量が何 C であるかを導け．
   （d） 静止した油滴がはじめにもっていた電荷は何電気素量か．
2. 図 5.3 の装置で荷電粒子を電位差 V で加速し，陽極の小穴から出た荷電粒子ビームを互いに垂直な電界（紙面で上向き）と磁界（紙面の裏から表向き）に入射させる．

（a）電界 E が 1.3×10^3 V/m，磁束密度 B が 9.7×10^{-3} T のとき，荷電粒子は直進した．この粒子の速度を求めよ．

（b）加速するための電位差 V は 94 V であった．この粒子の比電荷 q/m を求めよ．

3．はじめ静止していた陽イオン（電荷 $+e$，質量 m）を水平面内で電位差 V により加速し，これを鉛直方向の磁束密度 B の一様な磁界の中に入れる．イオンの等速円運動の半径および円運動の周期を求めよ．ただし，運動は真空中であって重力は無視する．

4．図5.13のように，真空中で電極Aと電極Cの間に100Vの電圧をかけて，Cから出た電子を加速する．Aの小穴から出た電子に，図のように紙面に垂直に磁束密度 3.4×10^{-3} T の磁界を加えたところ，電子の軌道は半径 1.0 cm の円弧となった．

（a）小穴からでた電子の速さはいくらか．

（b）電子の比電荷（電荷/質量）を求めよ．ただし，電子の電荷および質量の値はわかっていない．

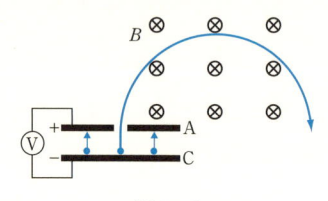

図 5.13

5．電子が一様な磁界内で等速円運動をするとき（真空中），電子のエネルギーが2倍になると円の半径は何倍になるか．円運動の周期は変化するか．

6．振動数 1.0×10^{16} Hz の紫外線について，

（a）光子の運動量を求めよ．

（b）光子のエネルギーを求めよ．

（c）1.0×10^{-3} MeV/s の感度の検出器で検出するには，毎秒何個以上の割合で光子が入射することが必要か．ただし，$1\,\mathrm{eV} = 1.6 \times 10^{-19}$ J．

7．運動エネルギー 1.0×10^2 eV の電子線について，

（a）運動量を求めよ．

（b）この電子に付随する波（物質波）の波長を求めよ．

（c）この電子線は，結晶による電子回折の実験に適しているか．

5.2 原子と原子核

原子は，原子核と電子からなり，原子核は陽子と中性子から構成されている．原子核の崩壊によって生じるエネルギーや放射性についても学んでいこう．

5.2.1 原子の構造

（a）原子模型

真空放電の研究で，すべての原子に共通に電子が含まれていることが発見されたが，次の問題はその原子の構造である．

原子全体としては電気的に中性であるから，負の電荷をもつ電子と正の電荷をもっ

た部分から成り立っている．一方，電子の質量は原子全体の質量に比べて非常に小さいので，正電荷が原子の質量の大部分をもつと考えられる．

はじめにトムソンが，原子の大きさ全体に正の電荷と質量の大部分が分布していて，その中に電子が振動しているという模型を示した（1904年）．

また，長岡半太郎は，質量の大きい正の電荷が原子の中心にあり，そのまわりを惑星のように電子がまわっているという模型を提案した（1904年）．

原子の構造を検討する試みは，ラザフォード（イギリス）を中心にして行われた．

図5.14のように，薄い金ぱくに放射性元素から出るα粒子[1]（電荷$+2e$）のビームをあて，それを通りぬけて出てくるα粒子の曲がり方を調べた．その結果，大部分のα粒子は素通りをする（平均$2\sim3°$の角度変化）が，非常に少数のα粒子が90°以上曲げられることを発見した（図5.15参照）．

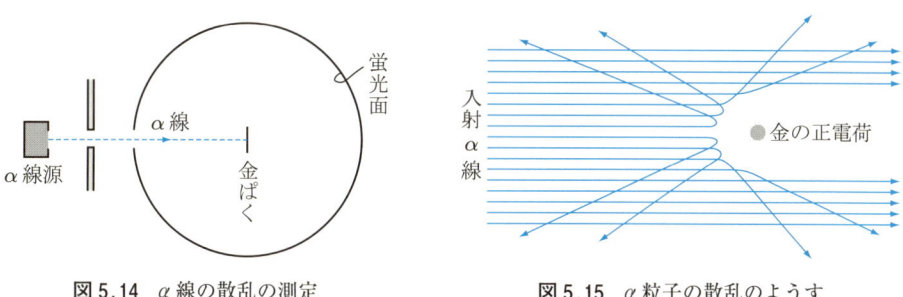

図5.14 α線の散乱の測定　　**図5.15** α粒子の散乱のようす

ラザフォードは，α粒子が曲げられるのは原子内の正電荷による反発力のためであり，非常に大きく曲げられるのは，正電荷がかなり小さい部分に集中しているためと考えた．

これにもとづいて，原子にはきわめて狭い範囲に正電荷が集中している部分があることが確かめられた（これを原子核という）．

ラザフォードは，原子番号Zの原子は，$+Ze$の正電荷をもつ原子核のまわりをZ個の電子がまわっているという原子模型を提唱した（1911年）．

(b) 水素原子のスペクトル

気体原子を高温に熱すると，その元素に固有の波長分布を示す（輝線スペクトル）光が放射される（口絵1参照）．最も簡単な構造をもつ水素原子のスペクトル研究が原子構造を知る手がかりとなった．

図5.16は水素原子のスペクトルであるが，これらの波長λ[m]は，

$$\frac{1}{\lambda} = R\left(\frac{1}{m^2} - \frac{1}{n^2}\right) \quad \begin{pmatrix} m = 1, 2, 3, \cdots \\ n = m+1, m+2, \cdots \end{pmatrix} \tag{5.20}$$

---

[1] ヘリウム原子核．5.2.3（a）項で学ぶ．

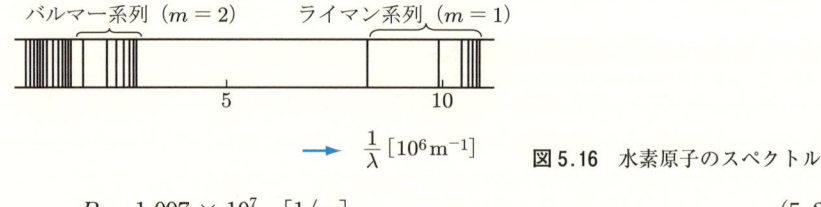

バルマー系列 ($m=2$)　　　　ライマン系列 ($m=1$)

$\dfrac{1}{\lambda}[10^6\,\mathrm{m}^{-1}]$

図 5.16 水素原子のスペクトル

$$R = 1.097 \times 10^7 \quad [1/\mathrm{m}] \tag{5.21}$$

の関係を満たすことをバルマー（スイス）が発見した（1885年）．R をリュードベリ定数という．式 (5.20) で $m=2$ とおくと，可視光線の領域のスペクトル系列が表され，これをバルマー系列という．また，続いて $m=1$ のライマン系列が紫外線領域に，$m=3$ のパッシェン系列が赤外線領域に発見された．

（c）水素原子の定常状態

ラザフォードの原子模型では，なぜ原子が決まった大きさを保つかを説明できなかった．それは，電子が原子の中で回転運動をすると，電子は電磁波を放射してエネルギーを失い，電子の軌道半径がしだいに小さくなり，やがて原子核に落ち込んでしまうからである．

この問題を解決したのがボーア（デンマーク）である（1913年）．ボーアは，水素原子の輝線スペクトルが，簡単な関係を示すことに着目し，次の二つの仮説を提唱した．

ⅰ）振動数条件

式 (5.20) の両辺に hc を掛けて整理すると，

$$h\nu = hcR\left(\dfrac{1}{m^2} - \dfrac{1}{n^2}\right) \tag{5.22}$$

となる．左辺は放射される光のエネルギー，右辺は二つの項の差となっている．

したがって，原子の中の電子のエネルギーの差が，光のエネルギーとして放出され，その結果が輝線スペクトルであると考えることができる．n が無限大の状態でのエネルギーを原点として，m, n 番目の軌道の電子のエネルギーをそれぞれ E_m, E_n とすると，

$$E_m = -hcR\dfrac{1}{m^2}, \quad E_n = -hcR\dfrac{1}{n^2} \tag{5.23}$$

となり，式 (5.22) は次式となる．

$$h\nu = E_n - E_m \tag{5.24}$$

これを振動数条件という．原子の中の電子のエネルギーは，ある決まったとびとびの値（E_1, E_2, E_3, …）しかもたない．このとびとびのエネルギーの状態を原子の定常状態とよび，定常状態のエネルギーをエネルギー準位という．

原子が，エネルギー準位 E_n の定常状態から低い E_m の定常状態に移るとき，その差

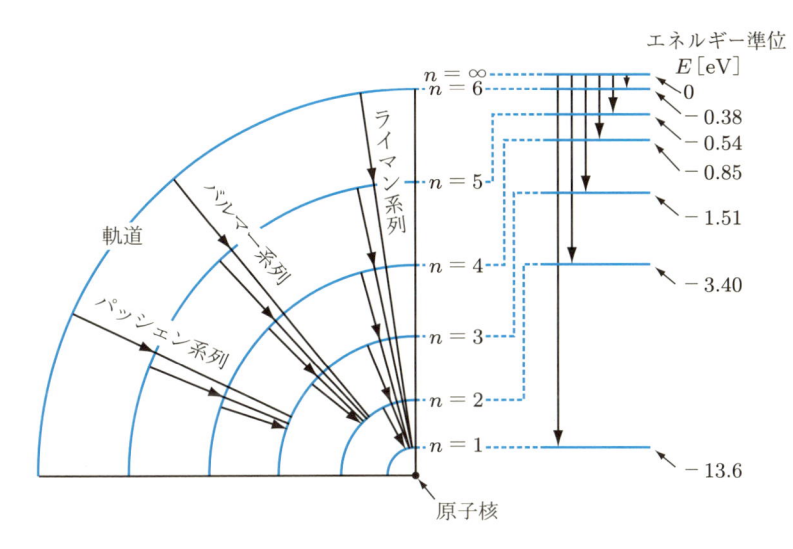

図 5.17 水素原子の電子の軌道とエネルギー準位

に等しいエネルギー $h\nu$ をもつ光子を放射する．また，逆に原子は，振動数 $\dfrac{E_n - E_m}{h}$ の光子を吸収して，E_m の定常状態から E_n の定常状態に移る（図 5.17 参照）．

ⅱ) 量子条件

原子にはいくつかの定常状態があるが，電子が波動性をもつことから，一定の条件を満たすことが必要である．電子（質量 m）が半径 r の円周上を速さ v で運動するとき，円周の長さ $2\pi r$ が電子波の波長 h/mv（式 (5.19) より）の整数倍となる場合，すなわち，

$$2\pi r = n\frac{h}{mv} \qquad (n = 1,\ 2,\ 3,\ \cdots) \tag{5.25}$$

を満たすときだけ可能である．これは，電子波が強めあって定常波となる軌道だけが許されることを意味する．そして，定常状態では原子は電磁波を出さない．式 (5.25) を**量子条件**，n を**量子数**という．量子条件は電子の波動性によるものである（図 5.18 参照）．

(d) ボーアの理論

ボーアは，以上の二つの仮説をもとにして水素原子の理論を示した．

水素原子の原子核（電荷 $+e$ [C]）を中心として電子（電荷 $-e$ [C]，質量 m [kg]）が，半径 r [m] の円周上を静電気力を受けて速さ v [m/s] で運動しているとき，

$$\frac{e^2}{(4\pi\varepsilon_0)r^2} = m\frac{v^2}{r} \tag{5.26}$$

が成り立つ．定常状態では式 (5.25) が満たされるから，許される軌道半径 r_n は，

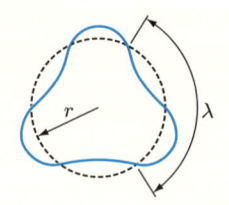

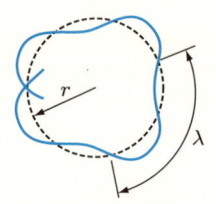

（a）$2\pi r = n\lambda$（図は $n = 3$ のとき）　（b）$2\pi r \neq n\lambda$ の例（図には1周分しか描かれていない）

図 5.18　軌道と波動性．電子波を軌道の関数として表したグラフ

$$r_n = \frac{\varepsilon_0 h^2}{\pi m e^2} n^2 \tag{5.27}$$

となる．係数に数値を代入して，$n = 1$ の場合の半径は $r_1 = 5.29 \times 10^{-11}$ m となる．これを**ボーア半径**という．

電子のエネルギー E [J] は，運動エネルギーと静電気力による位置エネルギーの和であるから，式 (5.26) により，

$$E = \frac{1}{2}mv^2 + \left(-\frac{e^2}{(4\pi\varepsilon_0)r}\right) = -\frac{e^2}{2(4\pi\varepsilon_0)r} \tag{5.28}$$

となる．式 (5.28) に式 (5.27) を代入し，E を E_n [eV] で表すと，

$$E_n = -\frac{2\pi^2 m e^4}{(4\pi\varepsilon_0)^2 ch^2} \frac{1}{n^2} = -\frac{13.6}{n^2} \quad (n = 1, 2, 3, \cdots) \tag{5.29}$$

が得られる．$n = 1$ のときのエネルギーが最小で，この状態を水素原子の**基底状態**という．$n = 2, 3, \cdots$ となるにつれて電子のエネルギーは大きくなる．この状態を**励起状態**という．

電子がエネルギー準位 E_n の定常状態から，低いエネルギー準位 E_m に移るときの光のエネルギー $h\nu$ は次の式で求められる．

$$h\nu = E_n - E_m = \frac{2\pi^2 m e^4}{(4\pi\varepsilon_0)^2 h^2}\left(\frac{1}{m^2} - \frac{1}{n^2}\right) \tag{5.30}$$

このときの光の波長 λ は，$h\nu = hc/\lambda$ の関係より，

$$\frac{1}{\lambda} = \frac{2\pi^2 m e^4}{(4\pi\varepsilon_0)^2 ch^3}\left(\frac{1}{m^2} - \frac{1}{n^2}\right) \tag{5.31}$$

となる．式 (5.20) と比較して，リュードベリ定数 R は，

$$R = \frac{2\pi^2 m e^4}{(4\pi\varepsilon_0)^2 ch^3} \tag{5.32}$$

となり，この式で数値を計算すると $R = 1.097 \times 10^7$ [1/m] となる．

このようにして，ボーアは水素原子の輝線スペクトルの結果をもとにして，水素原子のエネルギー準位を理論的に説明した．

問 5.14 基底状態（式 (5.23) で $n=1$ に相当する順位）にある水素原子をイオン化するには何 nm 以下の波長の電磁波が必要か（$1\,\mathrm{nm}=10^{-9}\,\mathrm{m}$）.

参考 5.1　フランクとヘルツの実験　原子がとびとびの定常状態しかとりえないことは，図 5.19 のような装置を用いて，フランク（ドイツ）とヘルツによって実証された．

電界で加速された熱電子は，水銀原子と何度か衝突してグリッドまたはプレートに達する．検流計 G を流れる電流 I からプレートに達した電子の数がわかる．小さい正の電位をもつグリッドは，衝突によってほとんど運動エネルギーを失った電子をとらえる．この実験の結果，加速電圧 V をゼロから増していくと電流 I は増加する．ところが，V がある値 V_0 になると電流 I は急激に減少する．

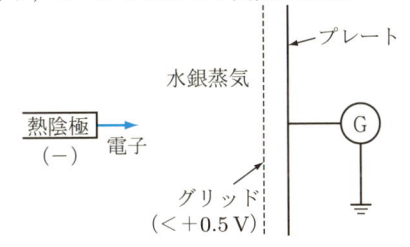

図 5.19　フランクとヘルツの実験

この結果は次のように説明できる．はじめ，V の増加とともに I が増加するのは，原子との衝突が弾性衝突であり，電子と原子もそのエネルギーをほとんど変えないためである．一方，電圧 V_0 で電流が急減するのは，非弾性衝突が起こったことを示す．つまり，原子の中の電子は，この照射電子のもっていた特定の大きさの運動エネルギーを吸収し，ほかの定常状態へ移った．これより小さいエネルギーを吸収しなかったのは，それに相当する定常状態がなかったためである．

5.2.2　原子核

（a）　原子核の構成粒子

原子核の構成粒子（図 5.20 参照）は，**陽子**（プロトン）と**中性子**（ニュートロン）である．陽子は，電子の電気量と絶対値が等しい正の電荷（$+e$）をもち，水素の原子核と同じである．中性子は，陽子よりわずかに質量が大きく電荷はもたない．陽子と中性子をあわせて**核子**という．

原子核の中にある陽子の数は，それぞれの元素で決まっていて，その元素の**原子番号**という．原子番号 Z の原子で，原子核に含まれる中性子の数を N とすると，原子核の核子の総数 A は，

$$A = Z + N$$

となる．A を**質量数**という．

原子番号が等しく，質量数の異なる原子を**同位体**という．たとえば，水素の同位体として**重水素**があるが，その原子核は陽子 1 個と中性子 1 個をもち，**重陽子**といわれ

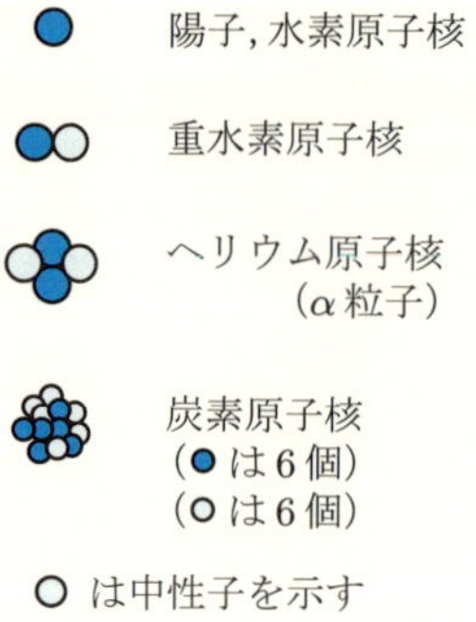

● 陽子, 水素原子核
◐● 重水素原子核
🟦🟦 ヘリウム原子核
　　　（α 粒子）
🟦🟦🟦🟦 炭素原子核
　　　（● は 6 個）
　　　（○ は 6 個）
○ は中性子を示す

図 5.20 原子核の構成

表 5.1 天然における安定な同位体の例

元　素	原子量	存在比 %
^{1}H	1.0078	99.985
^{2}H	2.0141	0.015
^{3}He	3.0160	1.3×10^{-4}
^{4}He	4.0026	100
^{12}C	12.0000	98.892
^{13}C	13.0034	1.108
^{16}O	15.9949	99.759
^{17}O	16.9991	0.037
^{18}O	17.9992	0.204

る．天然に存在する完全な同位体の例を表 5.1 に示す．

原子核は，その原子の元素記号の左下に原子番号 Z，左上に質量数 A をつけて表す．たとえば，炭素の原子核は $^{12}_{6}$C である．また，中性子は電荷が 0 であり，$^1_0$n で表される．

元素の**原子量**は，質量数 12 の炭素原子（$^{12}_{6}$C）1 個の質量を 12 とし，これを基準としたほかの原子の質量の比をいう．

原子核の質量はきわめて小さいが，その質量の実用単位として，$^{12}_{6}$C の炭素原子の質量の 1/12 を **1 統一原子質量単位**（記号 u）として用いる．

$^{12}_{6}$C 原子 1 mol の質量は 12 g で，その中に，アボガドロ定数（2.4.3 項参照）の原子が含まれるから，1 u は次の値となる．

$$1\,\mathrm{u} = \frac{12}{6.022136 \times 10^{23}} \times \frac{1}{12}\,\mathrm{g} = 1.66054 \times 10^{-27}\,\mathrm{kg} \tag{5.33}$$

陽子，中性子，電子は原子質量単位で，それぞれ 1.007276 u，1.00867 u，0.0005486 u である．

5.2.3 放射能

(a) 放射線

レントゲン（ドイツ）による X 線の発見（1895 年）に刺激されて，ベクレル（フランス）はウランが放射線を出すことを発見した（1896 年）．さらに，キュリー夫妻（フランス）はウランより強い放射線を出すラジウムを発見した（1898 年）．その後も放射線を出す元素が発見され，原子核の構造を知るための手がかりが得られた．

ビスマス（$^{209}_{83}$Bi）より重い原子核には不安定なものがあり，放射線を出して自然に壊れ，軽い原子核に変わっていく．この現象を**放射性崩壊**といい，放射線を出す性質を**放射能**という．また，放射能をもつ原子核を**放射性同位体**（ラジオアイソトープ）

という.

放射性同位体から出る放射線が，磁界の中を通過するときの変化から，放射線には α線，β線，γ線の3種類があることがわかった（図5.21参照）.

α線は，高速のヘリウム原子核（$^4_2$He）の流れである．α線を放出した原子核は質量数が4だけ減り，原子番号が2だけ減った原子核に変わる．たとえば，

$$^{226}_{88}\text{Ra} \longrightarrow {}^{222}_{86}\text{Rn} + {}^4_2\text{He} \tag{5.34}$$

となる．これを α崩壊 という．

β線は，高速の電子の流れである．β線は原子核内の中性子が陽子に変わったときに電子がとび出す．その結果，質量数は変わらないが，原子番号が1だけ増した原子核に変わる．たとえば，

$$^{137}_{55}\text{Cs} \longrightarrow {}^{137}_{56}\text{Ba} + e \ (\beta線) \tag{5.35}$$

となる．これを β崩壊 という．

γ線は，X線よりも波長（10^{-10} m 以下）の短い電磁波である．α崩線やβ崩壊によって励起状態にある原子核が，エネルギーの低い安定な基底状態に移るときに，エネルギーの差を電磁波として放射するのがγ線である．いわば，熱い原子核がγ線を放出して，冷たい原子核になると考えてよい．γ線が放射されても，温度が下がるだけで原子核の質量数や原子番号は変化しない．

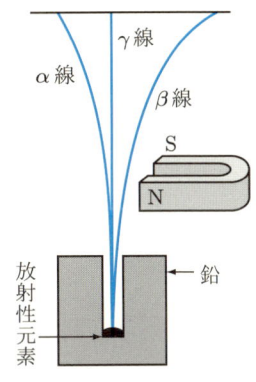

図5.21 磁界による放射線の曲がり方

（b） 放射性崩壊

放射性崩壊によって新しくできた原子核が不安定ならば，再び崩壊を繰り返して安定な原子核になるまで崩壊が続く．この自然に崩壊する原子核の系列を 放射性系列 という．以下に，代表的な3種類の系列を示す．

- ウラン系列：$^{238}_{92}$U が崩壊し，$^{226}_{88}$Ra を経て，安定な $^{206}_{82}$Pb に至る系列.
- アクチニウム系列：$^{235}_{92}$U が崩壊して安定な $^{207}_{82}$Pb に至る系列.
- トリウム系列：$^{232}_{90}$Th が崩壊して安定な $^{208}_{82}$Pb に至る系列.

放射性同位体の数は崩壊によって減少していくが，崩壊は速い元素もあれば遅い元素もある．$^{226}_{88}$Ra は α崩壊をして $^{222}_{86}$Rn に変わるが，Ra はしだいに減少して約1600年でその量は半分になる．このように，放射性同位体の数が崩壊によって半分になるまでの時間は，放射性同位体に固有な時間で，放射性同位体の 半減期 という（図5.22参照）．おもな放射性同位体の半減期を表5.2に示す．

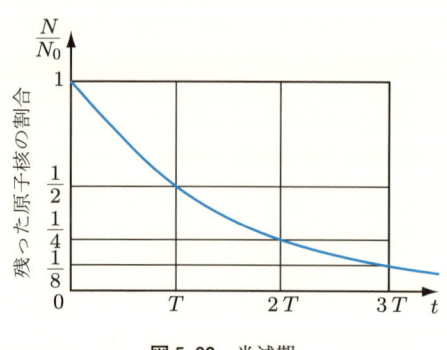

図 5.22 半減期

表 5.2 放射性同位体の半減期

原子核	崩壊の型	半減期
$^{14}_{6}\mathrm{C}$	β	5.73×10^3 年
$^{226}_{88}\mathrm{Ra}$	α	1.6×10^3 年
$^{238}_{92}\mathrm{U}$	α	4.5×10^9 年
$^{32}_{15}\mathrm{P}$	β	14.28 日
$^{60}_{27}\mathrm{Co}$	β	5.263 年
$^{90}_{38}\mathrm{Sr}$	β	28.8 年

半減期を T とし,N_0 個の原子核が,時間 t のあとに残っている数 N は次式で示される.

$$N = N_0 \left(\frac{1}{2}\right)^{\frac{t}{T}} \tag{5.36}$$

問 5.15 $^{232}_{90}\mathrm{Th}$ が安定な $^{208}_{82}\mathrm{Pb}$ になるまでに,α 崩壊,β 崩壊をそれぞれ何回ずつ行うか.

問 5.16 ある放射性同位体の数が 16 時間後に 1/4 になった.半減期はいくらか.

(c) 放射線の性質と単位

放射線は物質を透過するとき,物質中の原子から電子をたたき出してイオンにするはたらき,すなわち電離作用をもつ.そのため,写真フィルムを感光させ,物質に化学変化を起こさせ,生物の細胞に傷害を与えたりする.

電離作用は,α 線が最も強く,次に β 線で,γ 線は最も弱い.また,物質の透過力は γ 線が最も強く,次に β 線,α 線の順である.γ 線は透過力があるので,金属内部の損傷や欠陥などを調べるのに用いられる.また,放射線をがん細胞に照射し,これを殺す治療法,植物に照射して発芽を抑制する方法などがある.さらに,放射性同位体を添加した物質(トレーサー)を用いて,複雑な生物体内での物質の移動経路を調べることが医学や農学などで用いられている.

放射線は有効に利用できる反面,生物の細胞に傷害を与えるなど有害な面もあり,人工的な放射線を受ける機会は必要最小限にとどめるべきである.

放射能,放射線の吸収線量の単位として,次の単位が使われている.

i) 放射能

物質中の原子核が毎秒 1 個の割合で崩壊するとき,その物質の放射能を **1 ベクレル** [Bq] とする.ラジウム 1 g の放射能は 3.7×10^{10} Bq である.これを **1 キュリー** [Ci] という.1 Ci = 3.7×10^{10} Bq である.

ⅱ）**吸収線量**

放射能が同じでも，放射線の種類やエネルギーはそれぞれ異なるため，物質に対する影響が異なる．物質 1 kg あたり 1 J のエネルギー吸収があったとき，吸収線量の単位として **1 グレイ**［Gy］を用いる．

ⅲ）**線量当量**

吸収線量が同じでも，人体の影響は放射線の種類により異なる．そのため，放射線の種類による線質係数（X 線・β 線・γ 線で約 1，中性子で約 10，α 線で約 20）を吸収線量にかけた線量当量が使われる．単位は**シーベルト**［Sv］である．線質係数 1 の場合は 1 Sv = 1 Gy となる．

胸部の X 線写真を撮影するときの線量当量は，およそ 0.1 mSv である．また，場所によって違うが，大地からは年平均 0.5 mSv くらいの自然放射線が放出されている．

5.2.4 核エネルギー

（a）原子核の人工変換

原子核を構成する陽子や中性子の間には，電気力とは別の非常に強い引力（核力）がはたらいて，安定を保っている．

ラザフォードは，高速の α 粒子（^4_2He）を窒素の原子核（$^{14}_7\text{N}$）に衝突させると，高速の陽子（^1_1H）がとび出すことから，

$$^{14}_7\text{N} + ^4_2\text{He} \longrightarrow ^{17}_8\text{O} + ^1_1\text{H} \tag{5.37}$$

の反応が起こったことをつきとめ，原子核を人工的に変換させることに成功した．このように，原子核の核子が組み換えられる反応を**原子核反応**という．原子核反応は，原子核に大きなエネルギーをもった粒子を衝突させて起こるが，粒子にエネルギーを与えるために加速装置が用いられる．

コッククロフト（イギリス）らは，図 5.23 に示すように天然の粒子の代わりに陽子（^1_1H）を加速して，次の原子核反応に成功した（1932 年）．

$$^7_3\text{Li} + ^1_1\text{H} \longrightarrow ^4_2\text{He} + ^4_2\text{He} \tag{5.38}$$

原子核反応では，核の衝突により陽子と中性子の組み換えが起こるが，その反応の前後で質量数の和と電荷の和は一定に保たれる．

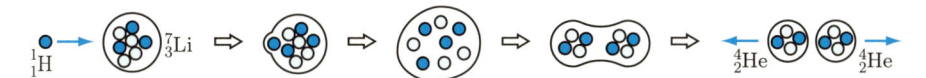

図 5.23 $^7_3\text{Li} + ^1_1\text{H} \longrightarrow ^4_2\text{He} + ^4_2\text{He}$ の図解

（b） 原子核の結合エネルギー

Z 個の陽子と，N 個の中性子からなる原子核の質量 m は，それを構成する核子が単独に存在するときの質量の和，$Zm_p + Nm_n$（m_p は陽子の質量，m_n は中性子の質量）よりもわずかに小さい．この差を**質量欠損**という．質量欠損を Δm とすれば，

$$\Delta m = (Zm_p + Nm_n) - m \tag{5.39}$$

となる．

アインシュタインの相対性理論によると，質量とエネルギーは同等な量であって，質量 m [kg] に対応するエネルギー E [J] の間には，次の関係がある．

$$E = mc^2 \quad (c は真空中の光の速さ) \tag{5.40}$$

陽子や中性子が単独に存在するときより，安定な原子核を構成しているほうが Δmc^2 だけエネルギーが小さい．したがって，安定な原子核を壊して単独の核子にするためには，Δmc^2 のエネルギーを与える必要がある．このエネルギーを**原子核の結合エネルギー**という．単独の核子が集まって原子核を構成するときは，結合エネルギーに等しいエネルギーを外部に放出する．核子1個あたりの結合エネルギーは $\Delta mc^2/(Z+N)$ となる．

図 5.24 は，核子1個あたりの結合エネルギーと質量数の関係を表すグラフである．ごく軽い核を除き，結合エネルギーはおよそ 8 MeV で，質量数 60 付近が最も大きくなる．そのため，質量数が 54 から 58 の鉄や 59 のコバルト，58 から 64 までのニッケルなどは安定した元素である．$^{235}_{92}$U のような大きな質量数の原子核が二つに分裂すると，1核子あたりの結合エネルギーは大きくなり，その差に相当する分だけエネルギーが外部に放出される．

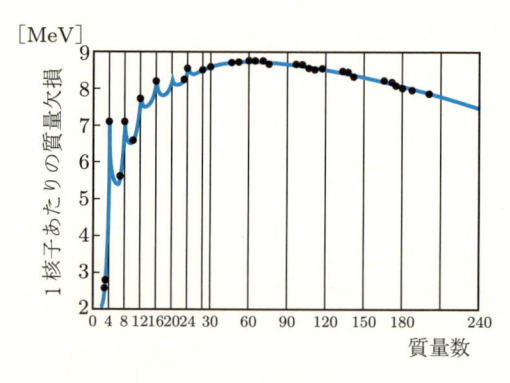

図 5.24 核子1個あたりの結合エネルギー

例題 5.3 $^4_2$He の原子核の質量は，4.0015 u である．陽子，中性子の質量をそれぞれ 1.0073 u，1.0087 u とし，ヘリウム原子核の結合エネルギーと核子1個あたりの結合エネルギーを求めよ．

解 原子核の質量欠損は，

$$\Delta m = (1.0073 \times 2 + 1.0087 \times 2) - 4.0015 = 0.0305 \text{ u}$$

質量欠損をエネルギーに換算すると，

$$E = \Delta mc^2 = 0.0305 \times 1.6605 \times 10^{-27}\,\text{kg} \times (3 \times 10^8\,\text{m/s})^2$$
$$= 4.570 \times 10^{-12}\,\text{J}$$
$$= 28.5\,\text{MeV} \quad 答$$
$$28.5/(2+2) = 7.1\,\text{MeV} \quad 答$$

（c） 核分裂

ハーンとシュトラスマン（ともにドイツ）らは，$^{235}_{92}\text{U}$ に中性子をあてると原子核がほぼ半分の質量をもつ原子核に分裂することを発見した（1938年）．これを**核分裂**という．

$^{235}_{92}\text{U}$ の核分裂では，1個の原子核について約 200 MeV のエネルギーが発生する．これは，1 kg のウランについては 2500 万 kWh という莫大なエネルギーに相当する．

遅い中性子による $^{235}_{92}\text{U}$ の核分裂で2〜3個の速い中性子が放出される．速い中性子を減速材（重水・黒鉛など）で減速すると，次の $^{235}_{92}\text{U}$ に吸収され，分裂させ，次々に分裂が進行する．このような反応を**連鎖反応**という．そして，連鎖反応を，その速さを制御しながらゆるやかに進行させるのが**原子炉**である．

ウラン塊が小さいと，中性子は次の核分裂を起こさずに外にとび出してしまうから，一定の大きさが必要である．連鎖反応を続けるのに必要な最小限のウランの質量を**臨界量**という．

原子炉は，発生する熱エネルギーを電力に変えて利用（原子力発電，図 5.25 参照）するだけでなく，そこにいろいろな元素を入れて，人工的に放射性同位体をつくることができる．しかし，原子炉内では核分裂でできた大量の放射性物質が生じる．これは強い放射能をもち，人体にはきわめて危険である．地震や津波などに対する原子炉の安全性の確保はもちろん，放射性廃棄物の安全処理にも万全を期さなければならない．

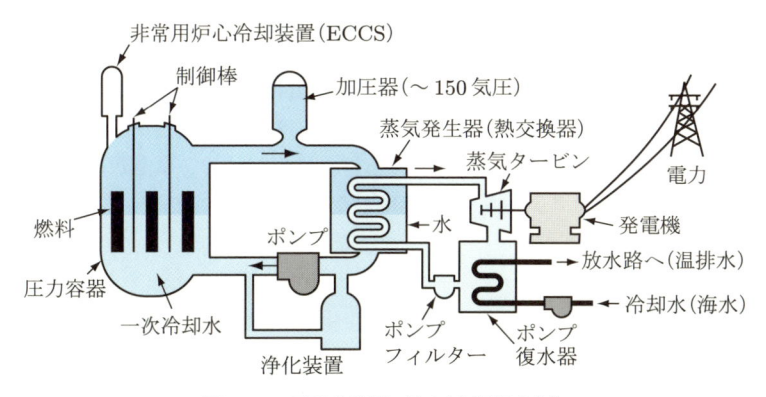

図 5.25 原子力発電（加圧水型軽水炉）

(d) 熱核融合反応

陽子1個と中性子1個からなる ^2_1H から ^4_2He の原子核をつくる反応,

$$^2_1\text{H} + ^2_1\text{H} \longrightarrow ^4_2\text{He} \tag{5.41}$$

のように,軽い原子核をいくつか結合して,それより重い原子核をつくる反応を **核融合反応** という.図 5.24 を用いて計算すると,この場合,外部に放出されるエネルギーは He 原子核 1 個あたり 2.4×10^7 eV にのぼる.ただし,このような反応は ^2_1H 原子核相互の間にはたらく電気的斥力に打ち勝って反応しなければならないので,融合反応による連鎖反応を起こすには,1000 万℃ 以上の高温をある時間(10 s 程度)以上持続させることが必要である.超高温による核融合の連鎖反応つまり **熱核融合反応** は,核分裂の場合のように,有害な生成物を生じることなく大きなエネルギーを得ることができ,燃料になる水素や重水素も手軽に得ることができるので,未来のエネルギー源として重要である.

太陽や星の中心部では,その圧力と温度が非常に高く,そこで各種の熱核融合反応が起こっており,それが星のエネルギー源となると同時に,また超高温状態を維持するのに役立っている.

問題 5.2

1. $^{238}_{92}\text{U}$ は何回かの崩壊ののち,最後は安定な $^{206}_{82}\text{Pb}$ になる.この間に起こる α 崩壊と β 崩壊の回数を求めよ.
2. 放射性元素のはじめに存在する原子数を N_0,t 時間後に残っている原子数を N,その半減期を T とすると,$N = N_0(1/2)^{t/T}$ の関係があることを示せ.この関係を用いて,800 年後にはラジウムの量は現在の何分の1になるか.また,1/10 に減るのは何年後か.ただし,ラジウムについては,$T = 1600$ 年である.
3. ^8_4Be は自然に崩壊して 2 個の ^4_2He がとび出す.とび出した ^4_2He の原子核の速さを計算せよ.ただし,中性原子の質量は,^8_4Be は 8.0053 u,^4_2He は 4.0026 u である.
4. ^{235}U が真二つに核分裂すれば,およそ 2×10^8 eV のエネルギーが外部に放出されることを調べよ(1 核子あたりの結合エネルギーは,図 5.24 より,質量数が 235 と 120 の原子核に対して,それぞれ 7.6 MeV と 8.5 MeV である).

5.3 素粒子

5.3.1 素粒子

陽子と中性子が集まって原子核を構成するのに重要な役割を果たしている核力は,

どうして生じるのであろうか．

1935年，湯川秀樹は，電子の200〜300倍の質量をもった，中間子という新しい種類の粒子が，核力の仲立ちをするという理論を提唱した．1個の陽子と1個の中性子とを考えれば，まず陽子が中間子を放出するとただちに中性子が中間子を吸収し，次にはこの中性子が中間子を放出して陽子を吸収するということを繰り返すと，これらの陽子と中性子の間に核力を生じるというのである．その後，湯川の予言した中間子（π中間子，またはπメソン）が発見され，理論の正しさが証明された．中間子は，それまでに知られていた核子や電子，光子などとともに，それ以上分解できず，内部構造をもたない粒子と考えられ，素粒子とよばれるようになった．

その後，宇宙線[1]の研究やシンクロトロンなどの粒子加速器の進歩にともない，多くの素粒子が発見された．素粒子の多くは不安定で，きわめて短い時間で自然に崩壊して，より軽い2個以上の素粒子に生まれ変わる．いろいろな研究からすべての素粒子には反粒子が存在することがわかっている．反粒子と粒子はまったく同じ質量と半減期をもち，電荷は大きさが等しく，符号が異なる[2]．

安定な素粒子と考えられているのは，光子・ニュートリノ・電子・陽電子（電子の反粒子）・陽子・反陽子[3]だけである．素粒子の数が増えてくると，原子が陽子，中性子，電子からできているように，素粒子もより基本的な粒子からできていると考えられるようになった．

5.3.2 クォーク模型

素粒子を分類した結果，陽子や中性子などの重粒子はバリオン，π中間子などの中間の質量をもつ粒子はメソン，電子などの軽粒子はレプトンとよばれている．

レプトンは内部構造をもたない基本粒子で，6種類の粒子（それぞれに対応する反粒子）がある．これに対して，バリオンやメソンは内部構造をもち，いずれもクォークとよばれる基本粒子からできていると考えられている（表5.3参照）．現在の理論では，クォークは6種類（と，そのそれぞれの反クォーク）が存在している．バリオンはそれらのうちの3種類のクォークが，メソンは一つのクォークと一つの反クォークが結合してできていると考えられている．

---

1) 地球に飛来する陽子やα粒子などを主体とする高エネルギーの放射線である．地球大気の原子に衝突し，多くの素粒子をつくる．地上で実現できない高エネルギーの放射線も多い．
2) 粒子と反粒子が衝突すると，両者とも消滅してほかの素粒子にかわる．このような反応を対消滅という．逆の場合を，対生成という．
3) 現在の素粒子論では，陽子と反陽子の寿命は非常に長いが，有限という考えが有力である．しかし，まだ実験的に確かめられてはいない．

表 5.3 レプトンとクォーク

	基本粒子		電荷
レプトン	e^-	電子	-1
	ν_e	電子ニュートリノ	0
	μ^-	ミューオン	-1
	ν_μ	μニュートリノ	0
	τ^-	τ粒子	-1
	ν_τ	τニュートリノ	0
クォーク	u	アップクォーク	$2/3$
	d	ダウンクォーク	$-1/3$
	c	チャームクォーク	$2/3$
	s	ストレンジクォーク	$-1/3$
	t	トップクォーク	$2/3$
	b	ボトムクォーク	$-1/3$

問 5.17 陽子は，u, u, d, 中性子は u, d, d のクォークの組み合わせでできている．このことをクォークの電荷によって確かめよ．

5.3.3 自然の階層性

表 5.4 に示すように，自然には階層性が存在する．私たちの日常の世界は，長さでは 1 m, 時間では 1 秒, 質量では 1 kg 程度を尺度としている．これに対して原子の世界は，長さではそれより 9 けたも小さい $10^{-9} \sim 10^{-10}$ m, 時間や質量でもそれぞれ 10^{-16} 秒, 10^{-27} kg と日常の世界とは別の階層となっている．素粒子の世界はさらにミクロな別の階層であり，一方，宇宙のスケールは日常の世界とは比較にならないほど巨大なスケールをもっている．

表 5.4 いろいろな世界でのスケール

	素粒子	原子	日常の世界	宇宙
長さ	$\sim 10^{-15}$ m （陽子の半径）	$10^{-9} \sim 10^{-10}$ m （原子の半径）	1 m	$\sim 5 \times 10^{20}$ m （銀河系の半径）
時間	$\sim 2 \times 10^{-23}$ s （素粒子間の衝突の起こる時間）	$\sim 10^{-16}$ s （水素原子中の電子の運動の周期）	1 s	$\sim 1.5 \times 10^{12}$ s （銀河系を光が横ぎる時間）
質量	$\sim 2 \times 10^{-27}$ kg （陽子の質量）	$\sim 2 \times 10^{-27}$ kg （水素原子の質量）	1 kg	$\sim 10^{41}$ kg （銀河系の質量）

日常の世界がニュートンの運動法則で支配されているように，各階層にはそれぞれ独自の運動法則がある．原子のレベルの基本法則は量子力学である．素粒子レベルの統一した理論は未完成である．宇宙ではアインシュタインによって確立された一般相対性理論が重要な役割を担っている．しかもそれらの階層が互いに関連して自然を構成しているのである．

練習問題 5   (解答は巻末参照)

5.1 0.1 μm (= 10^{-7} m) の金ぱくでは，厚さ方向におよそ何個の原子が並んでいるか．原子が図 5.9（a）のように並んでいると仮定して求めよ．なお，金の原子量は 197，密度は 19 g/cm^3 である．

5.2 質量 2.34×10^{-26} kg で電荷 $+e$ の窒素イオン（N$^+$）が，10^6 V の電位差で加速されて，磁束密度 1 T の磁界に垂直に入射した．軌道の曲率半径を求めよ．

5.3 波長 450 nm，強度 1.0×10^{-3} W/cm^2 の光がある金属にあたる．すべての光子が光電子効果に寄与しているとすれば，1 cm^2 あたり毎秒何個の電子が放出されるか．1 W = 1 J/s の関係をもとにして考えよ．

5.4 α 粒子が電子と 1 回正面衝突をすると，その運動エネルギーの損失ははじめの運動エネルギーに対してどのくらいの割合か．ただし，電子ははじめに静止していて，しかも自由な状態にあると仮定してよい．また，α 粒子の質量は電子の質量の約 7200 倍である．運動量の保存則と運動エネルギーの保存則を用いよ．

5.5 運動エネルギー 12.1 eV の電子で，基底状態（式 (5.23) で $n = 1$ に相当する準位）にある水素原子を衝撃したとき，放出される光の波長を求めよ（図 5.17 を参照）．

5.6 それぞれ 1 MeV (10^6 eV) の運動エネルギーをもった二つの $^2_1$H 原子核が正面衝突をして，

$$^2_1\text{H} + ^2_1\text{H} \longrightarrow ^3_2\text{He} + ^1_0\text{n}$$

の反応が起こったとする．衝突にあたって運動量保存の法則とエネルギー保存の法則（質量を含む）が成り立っていることから，放出される中性子の運動エネルギーを求めよ．ただし，原子核の質量は $^2_1$H，$^3_2$He，$^1_0$n の順に 2.0136，3.015，1.0087 u とする．

5.7 強さ H の一様な磁界の中で，磁界に垂直に送り出された荷電粒子は円を描いて運動し，初速度に無関係に，

$$\frac{T}{2} = \frac{\pi m}{e \mu_0 H}$$

という関係を満足する周期 T で 1 周することを示せ．ただし，e は粒子の電荷，m は質量とする（この関係は，サイクロトロンで利用されている）．

付　　　録

1. 基本物理定数表

名　　称	数　　値	単　位
万有引力定数	$G = 6.6726 \times 10^{-11}$	N·m²/kg²
重力加速度（標準）	$g = 9.80665$	m/s²
標準気圧	1.01325×10^5	Pa
氷点の絶対温度	$T_0 = 273.15$	K
気体定数	$R = 8.3145$	J/(mol·K)
理想の気体（0 ℃，1 気圧）のモル体積	$V_0 = 2.24141 \times 10^{-2}$	m³/mol
アボガドロ定数（モル分子数）	$N_A = 6.02214 \times 10^{23}$	1/mol
熱の仕事当量	$J = 4.1855$	J/cal
ボルツマン定数	$k = 1.38066 \times 10^{-23}$	J/K
シュテファン-ボルツマン定数	$\sigma = 5.6705 \times 10^{-8}$	W/(m²·K⁴)
真空中の光速	$c = 2.99792458 \times 10^8$	m/s
ファラデー定数	$F = 9.64853 \times 10^4$	C/mol
電子の電荷（電気素量）	$e = 1.602177 \times 10^{-19}$	C
電子の静止質量	$m_e = 9.10939 \times 10^{-31}$	kg
電子の比電荷	$e/m_e = 1.7588196 \times 10^{11}$	C/kg
陽子の質量	$m_p = 1.67262 \times 10^{-27}$	kg
中性子の質量	$m_n = 1.67493 \times 10^{-27}$	kg
水素原子の質量	$m_u = 1 \text{ u}\ \ 1.67372 \times 10^{-27}$	kg
真空の誘電率	$\varepsilon_0 = 8.854188 \times 10^{-12}$	F/m
真空の透磁率	$\mu_0 = 1.25663706 \times 10^{-6}\ (= 4\pi \times 10^{-7})$	H/m
プランク定数	$h = 6.6261 \times 10^{-34}$	J·s
統一原子質量単位	$1 \text{ u} = 1.66054 \times 10^{-27}$	kg
電子ボルト	$1 \text{ eV} = 1.60218 \times 10^{-19}$	J

2. 国際単位系（SI）

分類	量	名称	記号	分類	量	名称	記号	他のSI単位による表し方	SI基本単位による表し方
基本単位	長さ	メートル	m	固有の名称をもつ組立単位	周波数	ヘルツ	Hz		s^{-1}
	質量	キログラム	kg		力	ニュートン	N		$m \cdot kg \cdot s^{-2}$
	時間	秒	s		圧力, 応力	パスカル	Pa	N/m^2	$m^{-1} \cdot kg \cdot s^{-2}$
	電流	アンペア	A		エネルギー, 仕事, 熱量	ジュール	J	$N \cdot m$	$m^2 \cdot kg \cdot s^{-2}$
	熱力学温度	ケルビン	K		仕事率, 電力	ワット	W	J/s	$m^2 \cdot kg \cdot s^{-3}$
	物質量	モル	mol		電気量, 電荷	クーロン	C		$A \cdot s$
	光度	カンデラ	cd		電圧, 電位	ボルト	V	J/C	$m^2 \cdot kg \cdot s^{-3} \cdot A^{-1}$
補助単位	平面角	ラジアン	rad		静電容量	ファラド	F	C/V	$m^{-2} \cdot kg^{-1} \cdot s^4 \cdot A^2$
	立体角	ステラジアン	sr		電気抵抗	オーム	Ω	V/A	$m^2 \cdot kg \cdot s^{-3} \cdot A^{-2}$
組立単位の例	面積	平方メートル	m^2		コンダクタンス	ジーメンス	S	A/V	$m^{-2} \cdot kg^{-1} \cdot s^3 \cdot A^2$
	体積	立方メートル	m^3		磁界の強さ	アンペア毎メートル	A/m		
	密度	キログラム毎立方メートル	kg/m^3		磁束	ウェーバー	Wb	$V \cdot s$	$m^2 \cdot kg \cdot s^{-2} \cdot A^{-1}$
	モル濃度	モル毎立方メートル	mol/m^3		磁束密度	テスラ	T	Wb/m^2	$kg \cdot s^{-2} \cdot A^{-1}$
	速さ	メートル毎秒	m/s		インダクタンス	ヘンリー	H	Wb/A	$m^2 \cdot kg \cdot s^{-2} \cdot A^{-2}$
	角速度	ラジアン毎秒	rad/s		光束	ルーメン	lm		$cd \cdot sr$
	加速度	メートル毎秒毎秒	m/s^2		照度	ルクス	lx	lm/m^2	$m^{-2} \cdot cd \cdot sr$
	角加速度	ラジアン毎秒毎秒	rad/s^2		放射能	ベクレル	Bq		s^{-1}
	輝度	カンデラ毎平方メートル	cd/m^2		吸収線量	グレイ	Gy	J/kg	$m^2 \cdot s^{-2}$
	力のモーメント	ニュートン・メートル	$N \cdot m$		線量当量	シーベルト	Sv	J/kg	$m^2 \cdot s^{-2}$
	熱容量	ジュール毎ケルビン	J/K	組立単位の例	電界の強さ	ボルト毎メートル	V/m		$m \cdot kg \cdot s^{-3} \cdot A^{-1}$
					誘電率	ファラド毎メートル	F/m		$m^{-3} \cdot kg^{-1} \cdot s^4 \cdot A^2$
					透磁率	ヘンリー毎メートル	H/m		$m \cdot kg \cdot s^{-2} \cdot A^{-2}$

3. 接頭語（SI）

倍数	接頭語	記号	倍数	接頭語	記号
10^{18}	エクサ	E	10^{-1}	デシ	d
10^{15}	ペタ	P	10^{-2}	センチ	c
10^{12}	テラ	T	10^{-3}	ミリ	m
10^{9}	ギガ	G	10^{-6}	マイクロ	μ
10^{6}	メガ	M	10^{-9}	ナノ	n
10^{3}	キロ	k	10^{-12}	ピコ	p
10^{2}	ヘクト	h	10^{-15}	フェムト	f
10	デカ	da	10^{-18}	アト	a

4. 数 学 公 式

（1） 直角三角形の比

右の△OABにおいて，

$$\sin\theta = \frac{AB}{OB}, \quad \cos\theta = \frac{OA}{OB}, \quad \tan\theta = \frac{AB}{OA}$$

$$\tan\theta = \frac{\sin\theta}{\cos\theta}, \quad \sin^2\theta + \cos^2\theta = 1$$

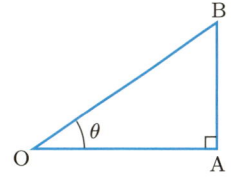

（2） 三角関数の公式

（a） 加法定理

$$\sin(\alpha \pm \beta) = \sin\alpha\cos\beta \pm \cos\alpha\sin\beta$$
$$\cos(\alpha \pm \beta) = \cos\alpha\cos\beta \mp \sin\alpha\sin\beta$$

（b） 積を和に直す公式

$$\sin\alpha\cos\beta = \frac{1}{2}\{\sin(\alpha+\beta) + \sin(\alpha-\beta)\}$$

$$\cos\alpha\cos\beta = \frac{1}{2}\{\cos(\alpha+\beta) + \cos(\alpha-\beta)\}$$

$$\sin\alpha\sin\beta = -\frac{1}{2}\{\cos(\alpha+\beta) - \cos(\alpha-\beta)\}$$

（c） 和と差を積に直す公式

$$\sin A + \sin B = 2\sin\frac{A+B}{2}\cos\frac{A-B}{2}$$

$$\sin A - \sin B = 2\cos\frac{A+B}{2}\sin\frac{A-B}{2}$$

$$\cos A + \cos B = 2\cos\frac{A+B}{2}\cos\frac{A-B}{2}$$

$$\cos A - \cos B = -2\sin\frac{A+B}{2}\sin\frac{A-B}{2}$$

（3） 弧度法（単位：ラジアン [rad]）

$$\theta\,[\text{rad}] = \frac{\text{円弧の長さ}}{\text{半径}} = \frac{l}{r} \quad \therefore \quad \pi\,[\text{rad}] = 180°$$

$$1\,[\text{rad}] = \frac{180°}{\pi} \fallingdotseq 57°17'45''$$

$$1° = \frac{\pi}{180} \fallingdotseq 0.01745329\,[\text{rad}]$$

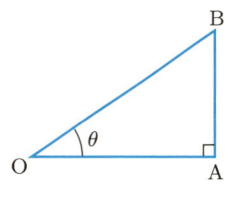

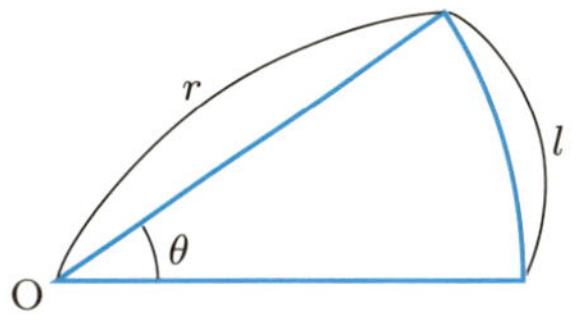

$0 < \theta < \frac{\pi}{2}$ の範囲で　　$\sin\theta < \theta < \tan\theta$　　が成り立つ．

$\theta\,[\text{rad}]$ が十分小さいとき　　$\theta \fallingdotseq \sin\theta \fallingdotseq \tan\theta$

5. 元素の周期

族 周期	1	2	3	4	5	6	7	8	9
1	1 **H** 水素 1.008								
2	3 **Li** リチウム 6.938〜6.997	4 **Be** ベリリウム 9.012							
3	11 **Na** ナトリウム 22.99	12 **Mg** マグネシウム 24.31							
4	19 **K** カリウム 39.10	20 **Ca** カルシウム 40.08	21 **Sc** スカンジウム 44.96	22 **Ti** チタン 47.87	23 **V** バナジウム 50.94	24 **Cr** クロム 52.00	25 **Mn** マンガン 54.94	26 **Fe** 鉄 55.85	27 **Co** コバルト 58.93
5	37 **Rb** ルビジウム 85.47	38 **Sr** ストロンチウム 87.62	39 **Y** イットリウム 88.91	40 **Zr** ジルコニウム 91.22	41 **Nb** ニオブ 92.91	42 **Mo** モリブデン 95.95	43 **Tc*** テクネチウム (99)	44 **Ru** ルテニウム 101.1	45 **Rh** ロジウム 102.9
6	55 **Cs** セシウム 132.9	56 **Ba** バリウム 137.3	57〜71 ランタノイド	72 **Hf** ハフニウム 178.5	73 **Ta** タンタル 180.9	74 **W** タングステン 183.8	75 **Re** レニウム 186.2	76 **Os** オスミウム 190.2	77 **Ir** イリジウム 192.2
7	87 **Fr*** フランシウム (223)	88 **Ra*** ラジウム (226)	89〜103 アクチノイド	104 **Rf*** ラザホージウム (267)	105 **Db*** ドブニウム (268)	106 **Sg*** シーボーギウム (271)	107 **Bh*** ボーリウム (272)	108 **Hs*** ハッシウム (277)	109 **Mt*** マイトネリウム (276)

表示例: 原子番号 6, 元素記号 **C**, 元素名 炭素, 原子量 12.01

- 典型非金属元素
- 典型金属元素
- 遷移金属元素

注1: 安定同位体が存在しない元素には元素記号の右肩に＊を付す.
注2: 安定同位体がなく, 天然で特定の同位体組成を示さない元素については, その元素の放射性同位体の質量数の一例を( )内に示す.
備考: 超アクチノイド(原子番号104番以降の元素)については, 周期表の位置は暫定的である. また, 電子配置が未確定であるので, 白地としてある.

| | | | 57〜71 ランタノイド | 57 **La** ランタン 138.9 | 58 **Ce** セリウム 140.1 | 59 **Pr** プラセオジム 140.9 | 60 **Nd** ネオジム 144.2 | 61 **Pm*** プロメチウム (145) | 62 **Sm** サマリウム 150.4 |
| | | | 89〜103 アクチノイド | 89 **Ac*** アクチニウム (227) | 90 **Th*** トリウム 232.0 | 91 **Pa*** プロトアクチニウム 231.0 | 92 **U*** ウラン 238.0 | 93 **Np*** ネプツニウム (237) | 94 **Pu*** プルトニウム (239) |

表と原子量

10	11	12	13	14	15	16	17	18	族/周期
								2 **He** ヘリウム 4.003	1
			5 **B** ホウ素 10.81	6 **C** 炭素 12.01	7 **N** 窒素 14.01	8 **O** 酸素 16.00	9 **F** フッ素 19.00	10 **Ne** ネオン 20.18	2
			13 **Al** アルミニウム 26.98	14 **Si** ケイ素 28.09	15 **P** リン 30.97	16 **S** 硫黄 32.07	17 **Cl** 塩素 35.45	18 **Ar** アルゴン 39.95	3
28 **Ni** ニッケル 58.69	29 **Cu** 銅 63.55	30 **Zn** 亜鉛 65.38	31 **Ga** ガリウム 69.72	32 **Ge** ゲルマニウム 72.63	33 **As** ヒ素 74.92	34 **Se** セレン 78.97	35 **Br** 臭素 79.90	36 **Kr** クリプトン 83.80	4
46 **Pd** パラジウム 106.4	47 **Ag** 銀 107.9	48 **Cd** カドミウム 112.4	49 **In** インジウム 114.8	50 **Sn** スズ 118.7	51 **Sb** アンチモン 121.8	52 **Te** テルル 127.6	53 **I** ヨウ素 126.9	54 **Xe** キセノン 131.3	5
78 **Pt** 白金 195.1	79 **Au** 金 197.0	80 **Hg** 水銀 200.6	81 **Tl** タリウム 204.4	82 **Pb** 鉛 207.2	83 **Bi**[*] ビスマス 209.0	84 **Po**[*] ポロニウム (210)	85 **At**[*] アスタチン (210)	86 **Rn**[*] ラドン (222)	6
110 **Ds**[*] ダームスタチウム (281)	111 **Rg**[*] レントゲニウム (280)	112 **Cn**[*] コペルニシウム (285)	113 **Nh**[*] ニホニウム (284)	114 **Fl**[*] フレロビウム (289)	115 **Mc**[*] モスコビウム (288)	116 **Lv**[*] リバモリウム (293)	117 **Ts**[*] テネシン (293)	118 **Og**[*] オガネソン (294)	7

63 **Eu** ユウロピウム 152.0	64 **Gd** ガドリニウム 157.3	65 **Tb** テルビウム 158.9	66 **Dy** ジスプロシウム 162.5	67 **Ho** ホルミウム 164.9	68 **Er** エルビウム 167.3	69 **Tm** ツリウム 168.9	70 **Yb** イッテルビウム 173.1	71 **Lu** ルテチウム 175.0
95 **Am**[*] アメリシウム (243)	96 **Cm**[*] キュリウム (247)	97 **Bk**[*] バークリウム (247)	98 **Cf**[*] カリホルニウム (252)	99 **Es**[*] アインスタイニウム (252)	100 **Fm**[*] フェルミウム (257)	101 **Md**[*] メンデレビウム (258)	102 **No**[*] ノーベリウム (259)	103 **Lr**[*] ローレンシウム (262)

6. 三角関数表

度数	sin	cos	tan	度数	sin	cos	tan
0	0.0000	1.0000	0.0000	45	0.7071	0.7071	1.0000
1	0.0175	0.9998	0.0175	46	0.7193	0.6947	1.0355
2	0.0349	0.9994	0.0349	47	0.7314	0.6820	1.0724
3	0.0523	0.9986	0.0524	48	0.7431	0.6691	1.1106
4	0.0698	0.9976	0.0699	49	0.7547	0.6561	1.1504
5	0.0872	0.9962	0.0875	50	0.7660	0.6428	1.1918
6	0.1045	0.9945	0.1051	51	0.7771	0.6293	1.2349
7	0.1219	0.9925	0.1228	52	0.7880	0.6157	1.2799
8	0.1392	0.9903	0.1405	53	0.7986	0.6018	1.3270
9	0.1564	0.9877	0.1584	54	0.8090	0.5878	1.3764
10	0.1736	0.9848	0.1763	55	0.8192	0.5736	1.4281
11	0.1908	0.9816	0.1944	56	0.8290	0.5592	1.4826
12	0.2079	0.9781	0.2126	57	0.8387	0.5446	1.5399
13	0.2250	0.9744	0.2309	58	0.8480	0.5299	1.6003
14	0.2419	0.9703	0.2493	59	0.8572	0.5150	1.6643
15	0.2588	0.9659	0.2679	60	0.8660	0.5000	1.7321
16	0.2756	0.9613	0.2867	61	0.8746	0.4848	1.8040
17	0.2924	0.9563	0.3057	62	0.8829	0.4695	1.8807
18	0.3090	0.9511	0.3249	63	0.8910	0.4540	1.9626
19	0.3256	0.9455	0.3443	64	0.8988	0.4384	2.0503
20	0.3420	0.9397	0.3640	65	0.9063	0.4226	2.1445
21	0.3584	0.9336	0.3839	66	0.9135	0.4067	2.2460
22	0.3746	0.9272	0.4040	67	0.9205	0.3907	2.3559
23	0.3907	0.9205	0.4245	68	0.9272	0.3746	2.4751
24	0.4067	0.9135	0.4452	69	0.9336	0.3584	2.6051
25	0.4226	0.9063	0.4663	70	0.9397	0.3420	2.7475
26	0.4384	0.8988	0.4877	71	0.9455	0.3256	2.9042
27	0.4540	0.8910	0.5095	72	0.9511	0.3090	3.0777
28	0.4695	0.8829	0.5317	73	0.9563	0.2924	3.2709
29	0.4848	0.8746	0.5543	74	0.9613	0.2756	3.4874
30	0.5000	0.8660	0.5774	75	0.9659	0.2588	3.7321
31	0.5150	0.8572	0.6009	76	0.9703	0.2419	4.0108
32	0.5299	0.8480	0.6249	77	0.9744	0.2250	4.3315
33	0.5446	0.8387	0.6494	78	0.9781	0.2079	4.7046
34	0.5592	0.8290	0.6745	79	0.9816	0.1908	5.1446
35	0.5736	0.8192	0.7002	80	0.9848	0.1736	5.6713
36	0.5878	0.8090	0.7265	81	0.9877	0.1564	6.3138
37	0.6018	0.7986	0.7536	82	0.9903	0.1392	7.1154
38	0.6157	0.7880	0.7813	83	0.9925	0.1219	8.1443
39	0.6293	0.7771	0.8098	84	0.9945	0.1045	9.5144
40	0.6428	0.7660	0.8391	85	0.9962	0.0872	11.4301
41	0.6561	0.7547	0.8693	86	0.9976	0.0698	14.3007
42	0.6691	0.7431	0.9004	87	0.9986	0.0523	19.0811
43	0.6820	0.7314	0.9325	88	0.9994	0.0349	28.6363
44	0.6947	0.7193	0.9657	89	0.9998	0.0175	57.2900
45	0.7071	0.7071	1.0000	90	1.0000	0.0000	―

問・問題・練習問題の解答

第1章

- 問 1.1　30 m/s, 108 km/h
- 問 1.2　15 m
- 問 1.3　36 m/min
- 問 1.4　8.7 m/s, 5.0 m/s; 5.0 m/s, −8.7 m/s
- 問 1.5　80 m/s, 西向き; 50 m/s, 西向き
- 問 1.6　10 m/s, 西向き; 90 m/s, 西向き; 60 m/s, 西向き; 図略
- 問 1.7　12 m/s
- 問 1.8　約 1.7 m/s^2
- 問 1.9　2.0 m/s^2
- 問 1.10　−3.0 m/s^2
- 問 1.11　v-t グラフと横軸との間の面積を，$v \geq 0$ の部分と $v \leq 0$ の部分とに分けて求め，和を求める．
- 問 1.12　20 m/s, 75 m
- 問 1.13　−1.3 m/s^2
- 問 1.14　加速度は出発後2秒までは 3.0 m/s^2, 出発後2秒から8秒までは 0 m/s^2, 8秒から12秒までは −1.5 m/s^2. 距離は 54 m.
- 問 1.15　44 m, 29 m/s
- 問 1.16　式 (1.7)〜(1.9) で $a = g$, $x = y$ とおく．
- 問 1.17　式 (1.16), (1.18) で $v = 0$, $t = T$, $y = H$ とすればよい．
- 問 1.18　$2v_0/g$ [s], $-v_0$ [m/s]
- 問 1.19　4.3×10^2 m
- 問 1.20　上昇時間：2秒間．最高点：塔頂より 19.6 m. 1, 3, 5秒後の位置はそれぞれ 14.7 m, 14.7 m, −24.5 m. 初速の半分になる位置：14.7 m.

問題 1.1

1. 253 km/h, 70 m/s
2. 22°, 5.4 m/s. 真北から西へ 22° の方向．5.4 m/s
3. 72 km/h
4. （a）144 km/h　（b）360 s　（c）12.6 km
5. 1800 m
6. 17 m/s
7. 22 m/s

- 問 1.21　3.27 N
- 問 1.22　電車が急停車したり，急に動き出したりすると，乗客が倒れる現象など．
- 問 1.23　（c）
- 問 1.24　20 m/s^2
- 問 1.25　294 N
- 問 1.26　（a）4.9 N　（b）5.4 N　（c）下向きの等加速度運動 5.8 m/s^2

問題 1.2

1. 1.7×10^4 N
2. 速さ：14 m/s, 力：140 N
3. 5.9 N
4. 加速度：2.0 m/s^2, 張力：2.4×10^2 N
5. （a）$a = \dfrac{m}{m+M} g$
   （b）$T = \dfrac{mM}{m+M} g$
   （c）$v = \dfrac{m}{m+M} gt$, $x = \dfrac{m}{2(m+M)} gt^2$

- 問 1.27　N = kg·m/s^2 であることを用いる．
- 問 1.28　力積：21 N·s, 運動量：21 kg·m/s, 速さ：7 m/s
- 問 1.29　17 N·s, 1.7×10^3 N
- 問 1.30　$v/3$ [m/s]
- 問 1.31　逆方向に 5.0 m/s
- 問 1.32　0.75
- 問 1.33　A は静止，B は 2.0 m/s
- 問 1.34　（a）[LT^{-1}]　（b）次元なし　（c）次元なし　（d）[MLT^{-1}]　（e）[MLT^{-1}]

問題 1.3

1. 8.0 N·s, はじめの進行方向に対し 127°, 3.2×10^2 N
2. 水平に対し 45° の角度で速さ 283 m/s
3. 8.6 m/s, 54 N

4. 3 kg の物体は衝突前と逆向きに速さ 0.3 m/s，7 kg の物体は運動の向きは変わらず，速さは 3.7 m/s となる．
5. $mv/(M-m)$
6. 点 o から距離 ba，点 a から距離 ob の点 c を定めれば，C の進む方向が作図で定まる．

作図

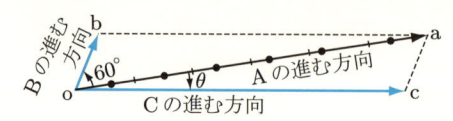

問 1.35　動いている物体を止めようとする場合の止める力のする仕事（ブレーキなど）．
問 1.36　mgh
問 1.37　9.8 J
問 1.38　力の大きさと動かす距離の関係を考える．
問 1.39　4.9×10^3 W
問 1.40　6.1×10^2 W
問 1.41　6.9×10^4 J
問 1.42　式 (1.9), (1.25) を利用せよ．
問 1.43　2.0×10^3 J，-9.8×10^2 J
問 1.44　0.10 J
問 1.45　$v = \sqrt{2gl(1-\cos\theta)}$

● 問題 1.4

1. 3.7×10^5 W
2. 19 J，0.73 J
3. (a)　0.25 J　(b)　1.0 m/s
4. $x = \sqrt{\dfrac{m}{k}}\, v$
5. 11 m/s，6.8×10^3 J，99%
6. $\dfrac{mg + \sqrt{m^2 g^2 + 2kmgh}}{k}$
7. (a)　$\sqrt{\dfrac{2mgh}{k}}$　(b)　$\sqrt{\dfrac{kx'^2}{m} - 2gh}$
   (c)　$\dfrac{3v^2}{8g} + h$

問 1.46　式 (1.47) の第 1 式から t を求め，第 2 式に代入する．
問 1.47　(a)　2 秒後　(b)　30 m
　　　　(c)　24.7 m/s
問 1.48　124 m
問 1.49　0.83
問 1.50　1.6 s
問 1.51　(a)　車のブレーキなど
　　　　(b)　ボールベアリングなど
問 1.52　0.49 m
問 1.53　式 (1.53) で $F_0 = mg\sin\theta_0$，$N = mg\cos\theta_0$ である．
問 1.54　45 N
問 1.55　周期：0.40 s，角速度：5π [rad/s]，速さ：31 m/s，加速度：4.8×10^2 m/s^2，向心力の大きさ：74 N
問 1.56　(a)　12° 後方へ
　　　　(b)　3.8° 外側へ
問 1.57　5.96×10^{24} kg
問 1.58　(a)　7.90×10^3 m/s，84 分
　　　　(b)　6.50×10^3 m/s，150 分
問 1.59　振幅：0.50 m，角振動数 6π [rad/s]，振動数 3.0 Hz，周期：0.33 s
問 1.60　15.8 N/m
問 1.61　速度：$v = A\sqrt{\dfrac{k}{m}}\cos\left(\sqrt{\dfrac{k}{m}}\,t\right)$，
　　　　加速度：$a = -A\dfrac{k}{m}\sin\left(\sqrt{\dfrac{k}{m}}\,t\right)$
問 1.62　ばねをつり合いの位置から x だけ引き伸ばしたとき，ばねにはたらく力は $ma = -kx$ である．
問 1.63　12 N/m，0.57 s
問 1.64　0.25 m，0.99 m

● 問題 1.5

1. 30 m/s，20 m/s，36 m/s，20 m
2. $0.98\,\text{N} \leqq F \leqq 6.9\,\text{N}$
3. 3.3 N
4. $1.4\,\text{N} \leqq F \leqq 6.8\,\text{N}$
5. $0.099\,\text{N} \leqq T \leqq 0.13\,\text{N}$
6. 10.5 N，52.5 J，-52.5 J，0 J，0 J
7. (a)　S：糸の張力，W：小球にはたらく重力，F_C：向心力（S と W の合力），F_I：遠心力（見かけの力）　(b)　1.3 s
8. 1.8×10^{27} kg
9. 1 時間 25 分
10. 床に 6.1×10^2 N の力を及ぼす．
11. 車中の人：ブレーキがかかっている間，おもりは静止している．そしてその人は，おもりにはたらく三つの力，重力，張力，慣性力がつり合っていると理解する．

車外の人：ブレーキがかかっている間，おもりは進行方向と逆向きに，加速度 0.5 m/s² を受ける．そしてその人は，おもりにはたらく二つの力，重力，張力の合力により，この加速度が生じると理解する．

12. 0.16 s
13. （a） 0.25 m （b） 0.63 s
    （c） 0.16 s，-2.5 m/s
    （d） -1.5 m/s，20 m/s²

問 1.65 力 $\vec{A}$ を点 Q まで移動すればよい．
問 1.66 棒は反時計まわりに回転する．
問 1.67 偶力の作用線間の距離を考える．
問 1.68 偶力になるように考えればよい．
問 1.69 たとえば点 A について式（1.79）に対応する式を考えよ．
問 1.70 圧力の強さはどうなるか，考えよ．
問 1.71 9.8×10^4 Pa，9.8×10 Pa
問 1.72 9.8×10^5 N
問 1.73 1.01×10^5 Pa
問 1.74 7.9 km
問 1.75 2.0×10^5 Pa
問 1.76 斜めの面にはたらく力の鉛直方向，水平方向の分力を考えよ．
問 1.77 上向きに $Sh\rho g$
問 1.78 88%

● 問題 1.6

1. 50 kg，A から 2.4 m
2. 円板と内接円との中心を結ぶ軸上にあり，円板の中心から内接円とは逆の方向に距離 $r/6$ の点．
3. （a） W：重力，T：張力，N：抗力，F：摩擦力
   （b） $F = T\sin\beta$
   （c） $N + T\cos\beta = W$
   （d） W と T，
   $-W \times \dfrac{l}{2}\sin\alpha + Tl\sin(\alpha - \beta) = 0$，
   $T = \dfrac{W\sin\alpha}{2\sin(\alpha - \beta)}$
   （e） N と F と W，
   $-Fl\cos\alpha - Nl\sin\alpha + W\dfrac{l}{2}\sin\alpha = 0$
4. 糸の張力：$0.5\,Mg$，

    $R = \dfrac{\sqrt{5}}{2}Mg$

5. 3.9×10^2 N
6. 水平な力：1.4×10^2 N，壁からの抗力：1.4×10^2 N，床からの抗力：4.9×10^2 N

● 練習問題 1

1.1 （a） 張力：3.9 N，板による力：5.9 N
    （b） 張力：5.6 N，加速度：4.2 m/s²
1.2 （a） 14 m/s²，35 N
    （b） 11 m/s²，35 N
1.3 （a） 9.0 m/s （b） 0.48
1.4 7 m
1.5 半径 0.95 m の円を描く
1.6 60 m，4.9×10^3 N
1.7 0.4
1.8 静止摩擦係数：0.58，運動摩擦係数：0.46，力学的エネルギー：3.9 J
1.9 $\dfrac{m^2 gh}{x(M+m)} + (M+m)g$，$\left(1 + \dfrac{v^2}{2gh}\right)x$
1.10 1.4 s
1.11 （a） 20 cm （b） 0.89 s
     （c） 1.4 cm
1.12 24°，3.6×10^2 N，静止摩擦力，0.45

● 第 2 章

問 2.1 1.8 cm
問 2.2 120.05 cm
問 2.3 4.51×10^4 J
問 2.4 2.6×10^3 J
問 2.5 （a） 78 J/K （b） 0.125 J/(g·K)
問 2.6 3.4×10^5 J
問 2.7 2.7×10^3 J
問 2.8 6.9×10^2 m
問 2.9 3.3×10^4 cal
問 2.10 2.5 atm，2.5×10^5 Pa
問 2.11 0.0018 m³
問 2.12 1 m³
問 2.13 1.84×10^3 m/s，1.09 倍
問 2.14 0.8 J

● 練習問題 2

2.1 1.6 cm³
2.2 $l_0^3(1 + \beta t) = l_0^3(1 + \alpha t)^3 = l_0^3(1 + 3\alpha t + 3\alpha^2 t^2 + \alpha^3 t^3)$，$\beta = 3\alpha + 3\alpha^2 t + \alpha^3 t^2$，$\alpha$ は 10^{-5} のけたであり，右辺の 2 項以下は

十分小さいので無視すると，$\beta = 3\alpha$．

2.3 （a） $500 \times 4.2 + 400 \times 0.39 = 2.3 \times 10^3$ J/K

（b） 水と熱量計がx℃に温度上昇した．この熱量はアルミニウム球が失った熱量に等しい．
$$500 \times 0.90 \times (100 - x)$$
$$= 2256 \times (x - 10)$$
$$\therefore \quad x = 25\,℃$$

2.4 4.2 J

2.5 25 分

2.6 （a） 727 ℃　（b） 3.04×10^2 J

2.7 $R = 8.31$ J/mol·K，$M = 3.2 \times 10^{-2}$ kg，$T = 300$ K であるから，
$$v = \sqrt{3 \times 8.31 \times 300 / 3.2 \times 10^{-2}}$$
$$\fallingdotseq 4.8 \times 10^2 \text{ m/s}$$

2.8 1.8×10^4 t

第3章

問 3.1 音の波は，空気，水，鉄などを媒質とする．弦を振動させたときに生じる波の媒質は，弦である．同様にして，ばねに生じる波の媒質は，ばねである．

問 3.2 5×10^2 m，6×10^{14} Hz

問 3.3 （a） AからIまでの，グラフのつくり方をよく理解したのち，Iから1波長先まで延長すればよい．

（b） 疎：AとI，密：E，不変：CとG．

（c） 下図にAからGまでの部分を示した．

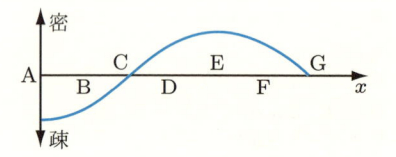

（d） （a）と（c）の変位と密度のグラフを，それぞれ1/8波長，正の向きに平行移動すればよい．たとえば，点Cの変位と密度は，1/8周期後には，点Dに同じ変位と密度が現れる．

問 3.4 振幅：5 m，周期：$\dfrac{\pi}{4}$ s，振動数：$\dfrac{4}{\pi}$ Hz，波長：$\dfrac{2\pi}{7}$ m，速さ：$\dfrac{8}{7}$ m/s，初期位相：-4．これはx方向に進む波である．

問 3.5 時刻t [s]における変位y [cm]が，$y = 5\sin[40\pi(t - 10)]$で与えられる振動．

問 3.6 Sとσの次元式は，それぞれ，MLT^{-2}，ML^{-1}であることを用いよ．

問 3.7 下図において，BB′HC′Cが合成波である．

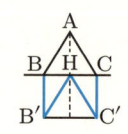

問 3.8 下図において，○印の点は，式 (3.8) を満たし，波が強めあう点である．また，△印の点は，式 (3.9) を満たし，波が打ち消しあって弱くなる点である．このような点を全図にわたって求め，なめらかな線で結ぶと，何本かの双曲線の形をした干渉じまが現れる．

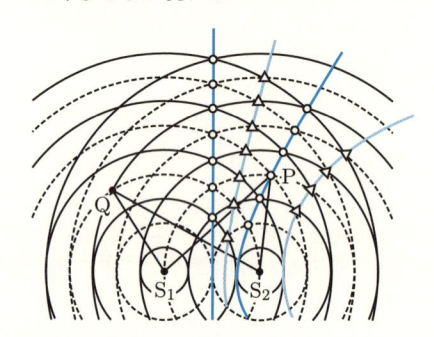

問 3.9 （a） x 軸と一致する．

（b） AとBが，それぞれA′とB′になったとすれば，次ページの図に示したようにA′とB′は一致する．また合成波は，波Cで表される．

（c） たとえば，1/8周期後の合成波を求めても，次ページの図のO，N_1, N_2, N_3, …などは，つねに変位がゼロで定常波の節，L_1, L_2, L_3, …などは各時刻において変位最大で定常波の腹になっていることが確かめられる．

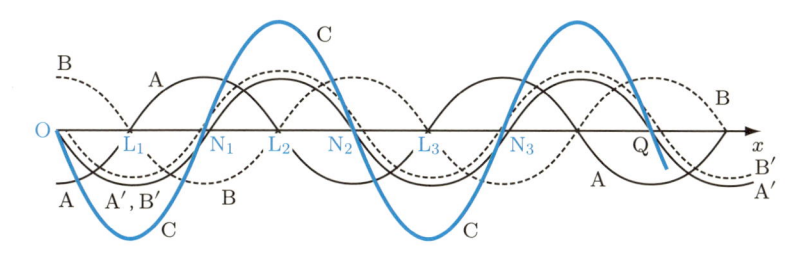

問 3.10 細い弦．弦をしめると高い音，指で押さえても高い音になる．
問 3.11 1.8×10^2 Hz
問 3.12 物体表面の小さい部分ごとに正反射が行われると考えてよい．
問 3.13 たとえば，n_{21} は媒質 I の媒質 II に対する相対屈折率である．（a）は式（3.13）を用いて，n_{21}, n_{12} を波の媒質中の速さの比で表せば確かめられる．（b）も同様である．
問 3.14 （a） 1.4
　　　　（b） 7.1 m/s, 1.4 m
問 3.15 $n_{21} = 0.752$, $i_c = 48.8°$
問 3.16 臨界角：14.5°
問 3.17 495 Hz, 34.0 m/s
問 3.18 変わらない
問 3.19 720 Hz, 505 Hz
問 3.20 （a） 60 dB, 60 フォン
　　　　（b） 約 20 フォン
問 3.21 （a） 長さ l が一定な閉管内の気柱に生じる定常波を，右段の上の図に示す．$n = 1, 2, 3, 4$ に対応する定常波の波長は図に記入したとおりである．したがって，一般に波長は，
$$\lambda = \frac{4}{2n-1} l$$
となる．これと式（3.2）から，
$$f_n = \frac{2n-1}{4l} v$$
$(n = 1, 2, 3, 4, \cdots)$
となる．
（b） 定常波は右段の図の下のようになる．（a）と同様にして，固有振動数が，
$$f_n = \frac{n}{2l} v$$
であることが確かめられる．

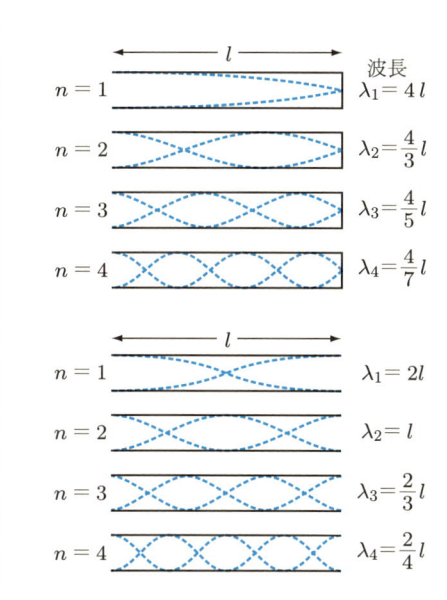

問 3.22 433 Hz

● 問題 3.1
1．（a） 0.30 m （b） 1.6 m （c） 4.0 m/s
　（d） 2.5 Hz （e） 0.40 s
　（f） $y = -0.3 \sin [\pi(5t - 1.25 x)]$
2．（a） B, D, F （b） C, G
　（c） A, E （d） C, G
3．（a） 下図のとおり．

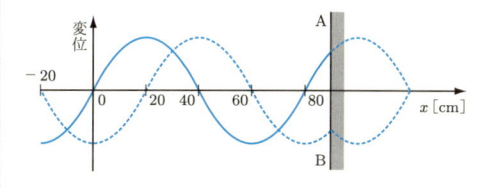

（b） $x = -10$ cm, 30 cm, 70 cm, …など
4．（a） 4.0 Hz

(b) A, Bそれぞれ 1.000 m と 1.012 m
(c) 337 m/s
(d) Aが 337 Hz, Bは 333 Hz

問 3.23　30°
問 3.24　1.2 mm
問 3.25　5.0×10^{-7} m
問 3.26　2.5×10^{-5} cm
問 3.27　2.0×10^2 cm
問 3.28　図 3.46 において,
$$n = \frac{\sin i}{\sin r}, \quad \tan i = n \quad \therefore \quad \sin r = \cos i$$
$$\therefore \quad i + r = 90°$$
問 3.29　紫のほうが屈折率が大きい.
問 3.30　1.00×10^{-3} cm
問 3.31　太陽光の成分のうち, 波長の短い光は大気圏でレイリー散乱をうけやすい. 波長の最も長い赤色光は散乱されにくく, 赤く見える.

問題 3.2

1. 斜面と平行に進み, 上面で全反射し, 斜面で屈折して上面に平行に出ていく.
2. $d > a/\sqrt{n^2 - 1}$
3. 1.0×10^{-5} m

問 3.32　身長の 1/2
問 3.33　レンズの後方 120 cm, 2 倍
問 3.34　レンズの前方 24 cm, 0.4 倍
問 3.35　凹レンズから凸レンズ側へ 60 cm, 4 倍
問 3.36　10 倍
問 3.37　n_2/n_1

問題 3.3

1. 1.7 m, -2.2 m
2. 20 cm, 0.67 倍；-12 cm, 0.40 倍
3. 凸レンズの後方 100 cm, 実像, 1.0 倍
4. 下図のとおり.

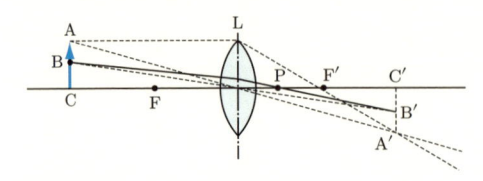

5. (a) -30 cm, 虚像

(b) 6 cm, 実像　(c) -15 cm, 虚像
(d) -6 cm, 虚像

練習問題 3

3.1　50 m, 5 s
3.2　$y = -2 \sin\left[\pi\left(t - \dfrac{x}{4}\right)\right]$
3.3　合成波：$y = 2A \sin\left(2\pi \dfrac{t}{T}\right) \cos\left(2\pi \dfrac{x}{\lambda}\right)$
3.4　3.51 m/s, 825 m
3.5　(a) 1.06　(b) 30°　(c) 45°
3.6　(a) 24 回　(b) 511 nm
　　(c) 2.5×10^{-2} mm
3.7　(a) λ_0/n　(b) nd/λ_0
　　(c) $\{L + (n-1)d\}/\lambda_0$　(d) L/λ_0
　　(e) $(n-1)d/\lambda_0 = m \, (m = 1, 2, \cdots)$
3.8　(a) 2.5 mm　(b) 1.9 mm
　　(c) しまの間隔は変化しない. しまは全体的に左方にずれる.

第 4 章

問 4.1　順に, 負, 負, 正.
問 4.2　帯電している. Bに近いほうは負, 遠いほうは正.
問 4.3　はくの電荷が正：さらに開く. はくの電荷が負：はじめに閉じて, さらに近づけるとしだいに開く.
問 4.4　引力, 2×10^{-3} N
問 4.5　8.2×10^{-8} N
問 4.6　電界と同じ向きに 3 N.
問 4.7　2×10^5 N/C
問 4.8　線分 AB 上で, Aから 5 cm の点.
問 4.9　(a) 2.2×10^{-10} C
　　　　(b) 1.5×10^4 N/C
　　　　(c) 2.5×10^4 N/C
問 4.10　20 J
問 4.11　30 V
問 4.12　5.4×10^3 V
問 4.13　1.0×10^2 V/m, 4.0×10^{-6} J
問 4.14　88.5 pF
問 4.15　(a) 2 倍　(b) 2 倍　(c) 2 倍
問 4.16　(a) 2 倍　(b) 変わらない
　　　　(c) 変わらない　(d) 1/2 倍
問 4.17　6.0 µF, 1.0×10^3 V
問 4.18　1.2 µF, ともに 1.2×10^{-3} C, 6.0×10^2 V および 4.0×10^2 V.

問 4.19　0.27 J
問 4.20　0.20 C, 4.0×10^{-4} F
問 4.21　12 倍

問題 4.1
1. 静電誘導を考えよ．
2. 2×10^{-9} C
3. $E_x = -1.3 \times 10^4$ V/m, $E_y = 0$, $V = 0$
4. 6.1×10^{-3} V
5. 1.6×10^{-19} J, 5.9×10^5 m/s
6. 1.7×10^3 V
7. （a）2.0×10^5 V/m　（b）3.5 pF
   （c）3.5×10^{-9} C　（d）1.8×10^{-6} J
8. 2.0×10^2 V, 0.75 J, おもに熱に変わる．
9. （a）$\varepsilon_r C_0 V_0$, V_0, $\frac{1}{2}\varepsilon_r C_0 V_0^2$
   （b）$C_0 V_0$, V_0/ε_r, $\frac{1}{2\varepsilon_r} C_0 V_0^2$
10. （a）7.0 μF　（b）40 V
    （c）4.0×10^{-5} C　（d）9.0×10^{-3} J

問 4.22　6.0×10^{18} 個
問 4.23　10 V/m, 1.6×10^{-18} N
問 4.24　30 Ω, 10 Ω
問 4.25　0.9 Ω
問 4.26　5 Ω, 2 A, 4 V と 6 V
問 4.27　20 Ω, 2.0 A と 0.40 A と 1.6 A, 60 V と 40 V
問 4.28　2.0 A, 1.9 V
問 4.29　$2V_0/(R+2r)$
問 4.30　I_1：仮定と逆向きに 0.5 A, I_2：仮定の向きに 0.7 A, I_3：仮定の向きに 1.2 A
問 4.31　2.5 Ω
問 4.32　100 V
問 4.33　20 Ω, 3×10^4 J, 320 W
問 4.34　（a）2 : 3
　　　　（b）$1/2 : 1/3 = 3 : 2$

問題 4.2
1. （a）6.0 Ω　（b）15 V
2. 1.5 V, 1.0 Ω
3. （a）0.40 A　（b）12 V
   （c）8.0 V　（d）6.2 V
4. （a）1.6×10^{-4} C
   （b）3.2×10^{-4} C
   （c）上向きに 3.0 A
5. 4 Ω の抵抗：A → C, 4 A, 6 Ω の抵抗：B → C, 2 A, 4 V の電池：B → A, 4 A, 12 V の電池：C → B, 6 A
6. （a）2.5 A, 1.5 A, 1.0 A
   （b）3.0×10^3 J, 2.7×10^3 J, 1.8×10^3 J
7. （a）500 W　（b）2 kW
8. 約 16 分

問 4.35　10.0 A/m
問 4.36　20 A/m
問 4.37　6.0×10^{-3} A
問 4.38　1.8×10^{-4} N
問 4.39　1.3×10^{-2} T, 4.0×10^{-6} Wb
問 4.40　しりぞけ合う, 1.2×10^{-2} N/m
問 4.41　1.7 cm, 1.8×10^{-8} s
問 4.42　4 N, 0.4 N·m, 0.2 N·m, 0
問 4.43　（a）ml　（b）ml

問題 4.3
1. 1.0×10^{-5} Wb
2. z 軸の正の向き（上向き）, 16 A/m
3. （a）1.1×10^{-3} A
   （b）1.0×10^7 A/m
   （c）1.2×10^{-29} Wb·m
4. （a）AB：下向き, CD：上向き, BC：左向き, DA：右向き
   （b）8.3×10^{-5} N, 引力
5. （a）0°　（b）1 : 1　（c）0.45 N·m

問 4.44　0.3 V
問 4.45　コイル内の下向きの磁束が増加．それを妨げる向きは上向き．
問 4.46　0.94 V
問 4.47　1×10^{-4} H
問 4.48　コイルに流れる電流が同じでも，比透磁率の大きな鉄心を入れると磁束密度が大きくなるため，コイルを貫く磁束が増すから．
問 4.49　2 H
問 4.50　141 V
問 4.51　31 Ω, 38 Ω
問 4.52　80 Ω, 1.6×10^3 Ω
問 4.53　200 V
問 4.54　347 pF 〜50 pF (1 pF $= 10^{-12}$ F)

● 問題 4.4
1. 流れない.
2. 棒磁石が上から近づくと，輪には上から見て反時計まわりの誘導起電力が生じ，その大きさはしだいに大きくなるが，中心より少し上の位置で最大になり，それから減少して中心を通るときにはゼロになる．下側に出ると，逆向きの起電力が生じ，その大きさは中心より少し下がった位置で最大になり，その後はしだいに減少してゼロに近づく．
3. 0.40 V（ヒント：$V = vBl$ を使用せよ），左端
4. 車は左向きの磁界からの力を受けて，左に走り出す．しかし，それと同時に車は磁束を切るので，電池の起電力と逆向きの誘導起電力が生じる．時間が経過すれば，それが電池の起電力とつり合って電流が流れなくなる．そこで車は等速運動をするようになる．その速さ v は，電池の起電力＝誘導起電力から求められる．$v = \dfrac{V_0}{Bl}$
5. B から遠ざかる（斥力）
6. 下のグラフとなる.

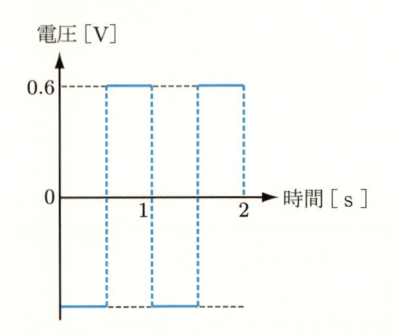

7. $R = 20\,\Omega$, $Z = 37\,\Omega$ ∴ $L = 0.10$ H
8. 133 μF
9. 4.0×10^3 Hz

● 練習問題 4
4.1 （a） 30 V，点Pが高い
    （b） 3.0×10^{-9} J
    （c） $W(=qV) = mv^2/2$ より 0.50 m/s
4.2 （a） スイッチを入れた瞬間はコンデンサーの電荷がゼロであるから，両端間の電圧はゼロ．十分に時間が経つとコンデンサーに流れ込む電流はゼロになり，抵抗は無限大，4.0×10^{-5} A，1.0×10^{-5} A
    （b） 1.5×10^{-2} C
    （c） コンデンサーに蓄えられていたエネルギーがジュール熱として発生する．2.3×10^{-2} J
4.3 BからCに向かって 2.0 cm, 4.5 Ω
4.4 （a） $1.2 \times 10^3\,\Omega$ （b） 30 V
4.5 A→CおよびD→B：3 A, A→DおよびC→B：4 A, D→C：1 A, 電池：7 A, 4 Ω
4.6 5 mA, 15 V
4.7 （a） 10 Ω （b） 12 kV
    （c） 15 MW （d） 8.8×10^8 J
    （e） 1/4 になる．
4.8 軸に平行で N→S の向き，$2\sqrt{2}\,m/(4\pi\mu_0 l^2)$
4.9 （a） 西向き
    （b） 20 A/m, 2.5×10^{-5} T
    （c） 5.8 A
4.10 $a \to b$, 7.5 A
4.11 （a） lvB/R （b） l^2vB^2/R
    （c） $l^2v^2B^2/R$
    （d） $l^2v^2B^2/R$, 棒を動かすのに使われた力学的エネルギーは，発生した電気的エネルギーに等しい．
4.12 （a） コンデンサーに蓄えられた電荷 q は，図 4.98（b）から面積を計算して得られる．さらに，$v = q/C$ から両端間の電圧 v が得られる．コイル電圧 $v = -L(\Delta i/\Delta t)$
    （b） 下図のとおり．

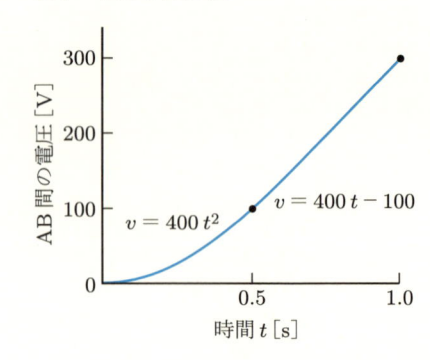

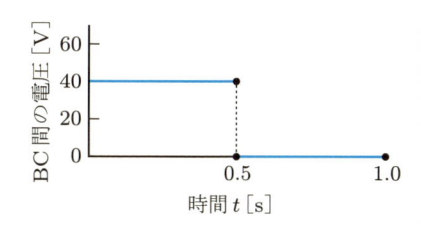

第 5 章

- 問 5.1 $\dfrac{eVl^2}{2mdv_0^2}$, $\sqrt{v_0^2+\left(\dfrac{eVl}{mdv_0}\right)^2}$
- 問 5.2 1.8×10^{11} C/kg
- 問 5.3 $e=1.61\times 10^{-19}$ C
- 問 5.4 3.2×10^{-17} J, 8.4×10^6 m/s
- 問 5.5 2×10^6 m/s
- 問 5.6 （a） 4.8×10^{-16} N, 5.3×10^{14} m/s^2, 図の下向き
  （b） 2.5×10^{-9} s
  （c） $\tan\theta = v_y(電界方向の速さ)/v_x(入射速度)=0.066$
  （d） $eE=evB$ より 1.5×10^{-4} T, 紙面に垂直で上向き
- 問 5.7 3.4×10^{-19} J, 2.1 eV
- 問 5.8 6.5×10^{-7} m
- 問 5.9 3.79×10^5 m/s
- 問 5.10 4.1×10^{-11} m
- 問 5.11 2.79×10^{-10} m
- 問 5.12 （a） 4 個　（b） 1.71×10^{-23} cm^3
- 問 5.13 （a） 1.05×10^{-10} m
  （b） 1.1×10^{-34} m

問題 5.1

1. （a） 上向きに 3.9×10^{-14} N
   （b） $E=4.9\times 10^{-15}$ N/電気素量
   （c） $E=3.0\times 10^4$ N/C, 1 電気素量 $=1.6\times 10^{-19}$ C
   （d） +8 電気素量
2. （a） 1.3×10^5 m/s
   （b） $q/m=9.6\times 10^7$ C/kg
3. $r=\dfrac{1}{B}\sqrt{\dfrac{2mV}{e}}$, $\dfrac{2\pi m}{Be}$
4. （a） 5.9×10^6 m/s
   （b） 1.7×10^{11} C/kg
5. $\sqrt{2}$ 倍, 変わらない.
6. （a） 2.2×10^{-26} kg·m/s
   （b） 6.6×10^{-18} J　（c） 24 個/s
7. （a） 5.4×10^{-24} kg·m/s
   （b） 0.12 nm　（c） 適する.

- 問 5.14 92 nm
- 問 5.15 6 回, 4 回
- 問 5.16 8 時間

問題 5.2

1. α 崩壊 8 回, β 崩壊 6 回
2. 経過時間 t を半減期の n 倍とすると, $t=nT$. 一方, 半減期ごとに N_0 の $1/2$ 倍となるので, 半減期の n 倍の時間後の原子数 N は $N=N_0\times(1/2)^n$. $n=t/T$ だから, $N=N_0(1/2)^n=N_0(1/2)^{t/T}$. $1/\sqrt{2}$, 5316 年後
3. 1.5×10^6 m/s （解放される核エネルギーは 14.9×10^{-15} J となることから計算できる）
4. （1 核子あたりの結合エネルギーの差）× $235 \fallingdotseq 2.1\times 10^2$ MeV

- 問 5.17 u, d クォークの電荷は $2/3\,e$, $-1/3\,e$ であるから,

$$陽子: \dfrac{2}{3}e\times 2 - \dfrac{1}{3}e = e$$

$$中性子: \dfrac{2}{3}e - \dfrac{1}{3}e\times 2 = 0$$

練習問題 5

5.1 約 400 個
5.2 0.54 m
5.3 2.3×10^{15} 個/cm$^2\cdot$s
5.4 約 $1/1800$
5.5 1.02×10^{-7} m $=102$ nm
5.6 3.94 MeV
5.7 電子の加速度 $=\dfrac{ev\mu_0 H}{m}=\dfrac{v^2}{r}$ より

$$\dfrac{r}{v}=\dfrac{m}{e\mu_0 H} \quad \therefore\quad T=\dfrac{2\pi r}{v}=\dfrac{2\pi m}{e\mu_0 H}$$

さくいん

あ 行

圧力の強さ　54
アボガドロ定数　72
アモルファス　67
粗い　37
アルキメデスの原理　56
α 線　211
α 崩壊　211
アンペア　145

異常光線　95
位相　44, 84, 86
位置エネルギー　29
一次コイル　182
色収差　119
陰極線　190
インコヒーレント　123
インピーダンス　180

ウェーバ　156
ウェーバーーフェヒナーの法則
　100
浮き上がり現象　107
宇宙線　217
うなり　103
うなりの振動数　103
運動エネルギー　28
運動の第1法則　16
運動の第3法則　19
運動の第2法則　17
運動の法則　16
運動方程式　17, 18, 19, 37
運動摩擦係数　36
運動摩擦力　35
運動量　22
運動量保存の法則　23

液化熱　68
液体　54
SI（国際単位系）　3
S 極　156
X 線　184, 199
X線スペクトル　199
x-t グラフ　2
N 極　156

エネルギー準位　206
MKS 系　2
円運動　38
遠視　120
遠心力　40
鉛直ばね振り子　47

凹レンズ　117
オシロスコープ　176
音の大きさ　100
音の強弱　99
音の高低　98
音の三要素　98
オーム　146
オームの法則　146
オーム・メートル　147
重さ　12
オングストローム　84
音波　98
音波の速さ　101

か 行

開管　102
開口端の補正　102
回折格子　115
回転数　38
回転のエネルギー　40
外分　51
回路　145, 150
ガウスの定理　134
角運動量　40
核子　209
角周波数　177
角振動数　44
角速度　38
核分裂　215
核融合反応　216
重ね合わせの原理　132
加速度　7, 39
硬いX線　199
可聴音　98
慣性座標系　16
慣性の法則　16
慣性モーメント　39
慣性力　40
完全弾性衝突　24

完全非弾性衝突　24
γ 線　211
気化熱　68
輝線スペクトル　205
気体　54
気体定数　72
基底状態　208
起電力　149, 171
基本音　92
基本振動　92
基本単位　2, 24
基本単位系　2
キャベンディシュ　43
吸収線量　213
球面収差　120
球面波　93
キュリー　212
凝固点　67
凝固熱　67
強磁性体　166
共振　102
共振周波数　181
鏡像　117
共鳴　102
共鳴箱　102
許容電流　154
虚像　119
キルヒホッフの法則　150
キロワット時　154
近視　120

空間格子　199
偶力　51
偶力のモーメント　51
クォーク　217
屈折角　94
屈折の法則　95, 106
屈折率　95, 107
組立単位　3, 22
グレイ　213
クーロン　131
クーロンの法則　156
クーロン力　128

ケプラー　41

ケプラーの法則　41	磁　化　166	純　音　99
ケルビン　61	磁　荷　156	潤滑剤　36
原　音　92	磁　界　156, 157	瞬間の速さ　1
原子核　205	磁界のエネルギー　176	昇　華　68
原子核の結合エネルギー　214	磁界の強さ　156	常光線　95
原子核反応　213	磁化曲線　167	状態方程式　72
原子番号　209	磁化の強さ　166	焦　点　89, 117
原子量　210	磁気に関するクーロンの法則	焦点距離　117
原子炉　215	156	初期位相　86
顕微鏡　121	磁気ヒステリシス　167	磁力線　157
	磁気分極　166	真空の透磁率　156, 167
光学的筒長　121	磁気モーメント　168	真空の誘電率　131, 144
光　子　198	磁　極　156	真空放電　190
格子定数　115	次　元　25	人工衛星　44
向心力　39, 40	自己インダクタンス　175	進行波　91
合成抵抗　148	仕　事　26	振動数　45, 84
合成波　87	仕事関数　194, 196	振動数条件　206
剛性率　54	仕事の原理　27	振　幅　44, 84
光速度　105	仕事率　27	
合速度　4	自己誘導　175	水銀柱　55
剛　体　49	CGS系　2	垂直抗力　35, 37, 53
剛体のつり合いの条件　52	磁　針　156	スカラー　4
光電効果　196	磁　束　161	スペクトル　114
光電子　194	磁束線　161	スリットによる回折と干渉
効　率　80	磁束密度　161	109
交　流　176	実効値　178	ず　れ　54
合　力　15, 51	実　像　119	ずれ弾性率　54
光路差　109, 110, 111, 115	質　点　15	ずれの応力　54
光路長　108	質　量　2, 12, 17	ずれの角　54
国際単位系　3	質量欠損　214	ずれの弾性　54
固定端　90	質量数　209	
弧度法　38	磁　場　156	正弦波　86
コヒーレント　123	シーベルト　213	正　視　120
固有X線　199	斜　面　37	静止摩擦係数　35
固有周波数　181	シャルルの法則　71	静止摩擦力　35
固有振動数　92, 102	周　期　38, 45, 84	静水圧　56
ころがり摩擦力　36	収　差　119	静電エネルギー　142
コンデンサー　138	重　心　51	静電気力　128
コンプトン効果　201	重水素　209	静電しゃへい　138
	終速度　192	静電誘導　130
さ　行	自由端　90	正反射　94
最大静止摩擦力　35	自由電子　129	斥　力　128
作　用　19	周波数　84, 177	節　91
作用線　49	重陽子　209	絶縁体　129, 142
作用線の定理　49	自由落下運動　9	絶対温度　61, 71, 72
作用点　49	重量キログラム　13	絶対屈折率　95, 107
作用・反作用の法則　14, 19	重　力　32, 37, 40, 55	全圧力　54
三角形法　4	重力加速度　10, 18, 43	線スペクトル　114
3倍音　92	重力単位　13	全反射　96
3倍振動　92	重力による位置エネルギー　28	線膨張率　62
散　乱　116	重力の大きさ　13	線密度　87
残留磁化　167	ジュール　26, 63	
	ジュール熱　154	相互インダクタンス　174

さくいん **239**

相対屈折率　95
相対速度　5
速度　3
速度の合成　4
速度ベクトル　3, 38
素元波　93
疎密波　84
素粒子　217
ソレノイド　158

た 行

第1宇宙速度　44
第一種の永久機関　77
大気圧　55
帯電　128
耐電圧　140
第2宇宙速度　44
第二種の永久機関　81
体膨張率　61
太陽年　42
縦波　84
単位格子　199
端子電圧　149
単振動　44
弾性　53
弾性エネルギー　29
弾性力　14
断熱変化　77
断熱変化の状態方程式　80
単振り子　25, 47

力　13
力の大きさ　13
力の合成　15
力のつり合い　14
力のつり合いの条件　15
力の分解　15
力の平面　49
力のモーメント　50
中間子　217
中性子　209
超音波　98
張力　40, 87
直流　145, 149
直流電流計　165
直流モーター　165
直列　140, 147, 180

つるまきばね　45

定圧モル比熱　79
抵抗　146, 151
抵抗率　147

ティコ・ブラーエ　41
定常状態　206
定常電流　145
定常波　91
定積（定容）モル比熱　78
デシベル　100
テスラ　161
電圧　135
電圧計　152
電圧降下　148, 150
電位　135
電位差　135
電荷　129, 130
電界　131, 172
電気振動　182
電気素量　129, 193
電気抵抗　146
電気に関するクーロンの法則　130
電気容量　139
電気力線　133
電気量　129, 130
電子　192
電子線　194
電磁波　184
電子ボルト　144, 194
電磁誘導　171
電磁誘導の法則　171
電束電流　183
電池の起電力　149
電場　131
電波　184
天文単位　42
電離作用　212
電流　145
電流が磁界から受ける力　159
電流計　152
電力　154
電力量　154

同位体　209
統一原子質量単位　210
等加速度直線運動　8, 37
透磁率　167
等速円運動　38, 42
等速直線運動　1
導体　129, 138
等電位面　137
ドップラー効果　97
凸レンズ　117
トムソンの実験　190

な 行

内部エネルギー　76
内部抵抗　149
内分　51
波の回折　93
波の重ね合わせの原理　87
波の干渉　88
波の節線　89
波の独立性　88
なめらか　37

二次コイル　182
二次波　93
2倍音　92
2倍振動　92
入射角　94
ニュートリノ　217
ニュートン　17, 42
ニュートンリング　111

音色　99
ねじればかり　43
熱核融合反応　216
熱電子　194
熱の仕事当量　68
熱平衡　60
熱膨張　61
熱容量　64
熱力学の第1法則　76
熱力学の第2法則　81
熱量計　65

伸びの弾性　53

は 行

媒質　83
倍振動　92
π中間子　217
バイメタル　63
倍率器　153
白色光　114
薄膜による干渉　110
波源　83
パスカルの原理　55
波長　84
パッシェン系列　206
波動性　203
波動説　105
はね返り係数　24
ばね定数　14, 29, 45
ばね振り子　45
波面　88

速さ 1
腹 91
バリオン 217
パルス波 87
バルマー系列 206
半減期 211
反作用 19
反射角 94
反射と屈折 106
反射の法則 94, 106
半導体 147
反発係数 24
万有引力 43
万有引力定数 43
万有引力による位置のエネルギー 43
万有引力の法則 43
反粒子 217

光 105, 184
光ファイバー 122
ひずみ 53
非弾性衝突 24
引っ張りの応力 54
比電荷 192
比透磁率 167
比熱 64
比誘電率 143
標準重力加速度 18
表面波 86

ファラデーの電磁誘導の法則 172
ファラド 139
フィゾーの測定 106
v-t グラフ 2, 7, 8, 9
フォン 100
複合音 99
フックの法則 14, 46
物質波 202
物理量 24
フラウンホーファー線 114
ブラッグの条件 200
プランク定数 198
フーリエ解析 87
振り子の等時性 47
プリズムによる屈折 108
浮力 56
ブルースターの法則 113
ふれの角 108
フレミングの左手の法則 160
分光器 114
分光分析 114

分散 114
分流器 152
分力 15, 32

閉管 102
平均の力 22
平均の速さ 1
平行四辺形の法則 4
平行板コンデンサー 138
平面鏡 116
平面波 93
並列 140, 148
ベクトル 3, 4
ベクトルの大きさ 5
ベクトルの分解 5
ベクレル 212
β線 211
β崩壊 211
ヘルツ 39, 177
変圧器 182
変位 1, 8, 44
変位電流 183
偏光 113
偏光角 113
偏光子 113
ヘンリー 174

ボーア半径 208
ポアソンの式 80
ホイートストンブリッジ 152
ホイヘンスの原理 94
ボイル-シャルルの法則 72
ボイルの法則 70
望遠鏡 122
放射性系列 211
放射性同位体 210
放射性崩壊 210
放射能 210, 212
法線 94
放電管 190
放物運動 34
包絡面 94
飽和磁化 167
保磁力 167
保存力 27, 30
ホドグラフ 39
ボルツマン定数 74
ボルト 135
ホログラフィー 124
ホログラム 124

ま 行

摩擦角 38

摩擦力 35

見かけの膨張 63
右ねじの法則 157
ミリカンの実験 192

虫めがね 120

明視の距離 120
メイマン 123
メソン 217
眼の構造 120
面積速度 42

モル 72

や 行

軟らかいX線 199
ヤングの実験 109
ヤング率 54

融解 66
融解熱 67
融点 67
誘電体 143
誘電分極 143
誘電率 144
誘導起電力 171
誘導磁界 183
誘導電界 172
誘導リアクタンス 179

陽子 209
容量リアクタンス 180
横波 84

ら 行

ライマン系列 206
ラジアン 38
ラジオアイソトープ 210
乱反射 95

リアクタンス 180
力学的エネルギー 26, 29
力学的エネルギー保存の法則 30
力積 21
力積の法則 22
理想気体 72
理想気体の内部エネルギー 74
立方格子 199
粒子性 203
粒子説 105

流　体　54	レーザー　123	レンツの法則　172
リュードベリ定数　206	レーマーの測定　105	
量子条件　207	レプトン　217	ローレンツ力　163, 171
量子数　207	連鎖反応　215	
臨界角　96, 107	レンズ　117	**わ　行**
臨界量　215	レンズの公式　119	惑星の運動　41
	レンズの収差　119	ワット　27, 154
励起状態　208	連続X線　199	
レイリー散乱　116	連続スペクトル　114	

編集担当	大橋貞夫・小林巧次郎（森北出版）
編集責任	石田昇司（森北出版）
組　　版	創栄図書印刷
印　　刷	同
製　　本	同

やさしく学べる基礎物理［新装版］　© 基礎物理教育研究会　2012

2000 年 12 月 14 日　第 1 版第 1 刷発行　　【本書の無断転載を禁ず】
2010 年 3 月 10 日　第 1 版第 11 刷発行
2012 年 11 月 15 日　新装版第 1 刷発行
2021 年 2 月 22 日　新装版第 7 刷発行

編 著 者	基礎物理教育研究会
発 行 者	森北博巳
発 行 所	森北出版株式会社

東京都千代田区富士見 1-4-11（〒102-0071）
電話 03-3265-8341／FAX 03-3264-8709
https://www.morikita.co.jp/
日本書籍出版協会・自然科学書協会　会員
JCOPY ＜（一社）出版者著作権管理機構　委託出版物＞

落丁・乱丁本はお取替えいたします．

Printed in Japan／ISBN978-4-627-15282-3

MEMO

MEMO

MEMO